U0191976

新型建造方式与工程项目管理创新丛书　分册 3

建设工程项目管理体系创新

贾宏俊　白思俊　等著

中国建筑工业出版社

图书在版编目（CIP）数据

建设工程项目管理体系创新 / 贾宏俊等著．—北京：中国建筑工业出版社，2021.11（2023.11重印）
（新型建造方式与工程项目管理创新丛书；分册 3）
ISBN 978-7-112-26746-0

Ⅰ.①建… Ⅱ.①贾… Ⅲ.①建筑工程—工程项目管理 Ⅳ.① TU712.1

中国版本图书馆 CIP 数据核字（2021）第 211280 号

责任编辑：封 毅 张礼庆
责任校对：董 楠

新型建造方式与工程项目管理创新丛书 分册 3
建设工程项目管理体系创新
贾宏俊 白思俊 等著
*
中国建筑工业出版社出版、发行（北京海淀三里河路 9 号）
各地新华书店、建筑书店经销
北京建筑工业印刷厂制版
北京富诚彩色印刷有限公司印刷
*
开本：787 毫米×1092 毫米 1/16 印张：20¼ 字数：381 千字
2022 年 10 月第一版 2023 年 11 月第二次印刷
定价：**65.00** 元
ISBN 978-7-112-26746-0
（38573）

课题研究及丛书编写指导委员会

课题研究及丛书编写委员会

徐　坤　中建科工集团有限公司总工程师
刘明生　陕西建工控股集团有限公司党委常委、董事
王海云　黑龙江建工集团公司顾问总工程师
王永锋　中国建筑第五工程局华南公司总经理
张宝海　中石化工程建设有限公司EPC项目总监
李国建　中亿丰建设集团有限公司总工程师
张党国　陕西建工集团创新港项目部总经理
苗林庆　北京城建建设工程有限公司党委书记、董事长
何　丹　宏盛建业投资集团公司总工程师
李继军　山西四建集团有限公司副总裁
陈　杰　天一建设集团有限公司副总工程师
钱　红　江苏苏中建设集团总工程师
蒋金生　浙江中天建设集团总工程师
安占法　河北建工集团总工程师
李　洪　重庆建工集团副总工程师
黄友保　安徽水安建设公司总经理
卢昱杰　同济大学土木工程学院教授
吴新华　山东科技大学工程造价研究所所长

课题研究与丛书编写委员会办公室

主　任: 贾宏俊　尤　完
副主任: 郭中华　李志国　邓　阳　李　琰
成　员: 朱　彤　王丽丽　袁金铭　吴德全

《建设工程项目管理体系创新》
编委会

丛书总序

2021年是中国共产党成立100周年，也是“十四五”期间全面建设社会主义现代化国家新征程开局之年。在这个具有重大历史意义的年份，我们又迎来了国务院五部委提出在建筑业学习推广鲁布革工程管理经验进行施工企业管理体制改革35周年。

为进一步总结、巩固、深化、提升中国建设工程项目管理改革、发展、创新的先进经验和做法，按照党和国家统筹推进“五位一体”总体布局，协调推进“四个全面”战略布局，全面实现中华民族伟大复兴“两个一百年”奋斗目标，加快建设工程项目管理资本化、信息化、集约化、标准化、规范化、国际化，促进新阶段建筑业高质量发展，以适应当今世界百年未有之大变局和国内国际双循环相互促进的新发展格局，积极践行“一带一路”建设，充分彰显建筑业在经济社会发展中的基础性作用和当代高科技、高质量、高动能的“中国建造”实力，努力开创我国建筑业无愧于历史和新时代新的辉煌业绩。由山东科技大学、中国亚洲经济发展协会建筑产业委员会、中国（双法）项目管理研究专家委员会发起，会同中国建筑第八工程局有限公司、中国建筑第五工程局有限公司、中建科工集团有限公司、陕西建工集团有限公司、北京城建建设工程有限公司、天一投资控股集团有限公司、河南国基建设集团有限公司、山西四建集团有限公司、广联达科技股份有限公司、瑞和安惠项目管理集团公司、苏中建设集团有限公司、江中建设集团有限公司等三十多家企业和西北工业大学、中国社科院大学、同济大学、北京建筑大学等数十所高校联合组织成立了《中国建设工程项目管理发展与治理体系创新研究》课题研究组和《新型建造方式与工程项目管理创新丛书》编写委员会，组织行业内权威专家学者进行该课题研究和撰写重大工程建造实践案例，以此有效引领建筑业绿色可持续发展和工程建设领域相关企业和不同项目管理模式的创新发展，着力推动新发展阶段建筑业转变发展方式与工程项目管理的优化升级，以实际行动和优秀成果庆祝中国共产党成立100周年。我有幸被邀请作为本课题研究指导委员会主任委员，很高兴和大家一起分享了课题研究过程，颇有一些感受和收获。该课题研究注重学习追踪和吸收国内外业内专家学者研究的先进理念和做法，归纳、总结我国重大工程建设的成功经验和国际工程的建设管理成果，坚持在研究中发现问题，在化解问题中深化研究，体现了课题团队深入思考、合作协力、用心研究的进取意识和奉献精神。课题研究内容既全面深入，又有理论与实践相结合，其实效性与指导性均十分显著。

一是坚持以习近平新时代中国特色社会主义思想为指导，准确把握新发展阶段这个战略机遇期，深入贯彻落实创新、协调、绿色、开放、共享的新发展理念，立足于构建以国内大循环为主题、国内国际双循环相互促进的经济发展势态和新发展格局，研究提出工程项目管理保持定力、与时俱进、理论凝练、引领发展的治理体系和创新模式。

二是围绕“中国建设工程项目管理创新发展与治理体系现代化建设”这个主题，传承历史、总结过去、立足当代、谋划未来。突出反映了党的十八大以来，我国建筑业及工程建设领域改革发展和践行“一带一路”国际工程建设中项目管理创新的新理论、新方法、新经验。重点总结提升、研究探讨项目治理体系现代化建设的新思路、新内涵、新特征、新架构。

三是回答面向“十四五”期间向第二个百年奋斗目标进军的第一个五年，建筑业如何应对当前纷繁复杂的国际形势、全球蔓延的新冠肺炎疫情带来的严峻挑战和激烈竞争的国内外建筑市场，抢抓新一轮科技革命和产业变革的重要战略机遇期，大力推进工程承包，深化项目管理模式创新，发展和运用装配式建筑、绿色建造、智能建造、数字建造等新型建造方式提升项目生产力水平，多方面、全方位推进和实现新阶段高质量绿色可持续发展。

四是在系统总结提炼推广鲁布革工程管理经验35年，特别是党的十八大以来，我国建设工程项目管理创新发展的宝贵经验基础上，从服务、引领、指导、实施等方面谋划基于国家治理体系现代化的大背景下“行业治理—企业治理—项目治理”多维度的治理现代化体系建设，为新发展阶段建设工程项目管理理论研究与实践应用创新及建筑业高质量发展提出了具有针对性、实用性、创造性、前瞻性的合理化建议。

本课题研究的主要内容已入选住房和城乡建设部2021年度重点软科学题库，并以撰写系列丛书出版发行的形式，从十多个方面诠释了课题全部内容。我认为，该研究成果有助于建筑业在全面建设社会主义现代化国家的新征程中立足新发展阶段，贯彻新发展理念，构建新发展格局，完善现代产业体系，进一步深化和创新工程项目管理理论研究和实践应用，实现供给侧结构性改革的质量变革、效率变革、动力变革，对新时代建筑业推进产业现代化、全面完成“十四五”规划各项任务，具有创新性、现实性的重大而深远的意义。

真诚希望该课题研究成果和系列丛书的撰写发行，能够为建筑业企业从事项目管理的工作者和相关企业的广大读者提供有益的借鉴与参考。

张基尧

二〇二一年六月十二日

张基尧

中共第十七届中央候补委员，第十二届全国政协常委，人口资源环境委员会副主任

国务院原南水北调工程建设委员会办公室主任，党组书记（正部级）

曾担任鲁布革水电站和小浪底水利枢纽、南水北调等工程项目总指挥

丛书前言

改革开放40多年来，我国建筑业持续快速发展。1987年，国务院号召建筑业学习鲁布革工程管理经验，开启了建筑工程项目管理体制和运行机制的全方位变革，促进了建筑业总量规模的持续高速增长。尤其是党的十八大以来，在以习近平同志为核心的党中央坚强领导下，全国建设系统认真贯彻落实党中央“五位一体”总体布局和“四个全面”的战略布局，住房城乡建设事业蓬勃发展，建筑业发展成就斐然，对外开放度和综合实力明显提高，为完成投资建设任务和改善人民居住条件做出了巨大贡献。从建筑业大国开始走向建造强国。正如习近平总书记在2019年新年贺词中所赞许的那样：中国制造、中国创造、中国建造共同发力，继续改变着中国的面貌。

随着国家改革开放的不断深入，建筑业持续稳步发展，发展质量不断提升，呈现出新的发展特征：一是建筑业现代产业地位全面提升。2020年，建筑业总产值263 947.04亿元，建筑业增加值占国内生产总值的比重为7.18%。建筑业在保持国民经济支柱产业地位的同时，民生产业、基础产业的地位日益凸显，在改善和提高人民的居住条件生活水平以及推动其他相关产业的发展等方面发挥了巨大作用。二是建设工程建造能力大幅度提升。建筑业先后完成了一系列设计理念超前、结构造型复杂、科技含量高、质量要求严、施工难度大、令世界瞩目的高速铁路、巨型水电站、超长隧道、超大跨度桥梁等重大工程。目前在全球前10名超高层建筑中，由中国建筑企业承建的占70%。三是工程项目管理水平全面提升，以BIM技术为代表的信息化技术的应用日益普及，正在全面融入工程项目管理过程，施工现场互联网技术应用比率达到55%。四是新型建造方式的作用全面提升。装配式建造方式、绿色建造方式、智能建造方式以及工程总承包、全过程工程咨询等正在成为新型建造方式和工程建设组织实施的主流模式。

建筑业在取得举世瞩目的发展成绩的同时，依然还存在许多长期积累形成的疑难问题和薄弱环节，严重制约了建筑业的持续健康发展。一是建筑产业工人素质亟待提升。建筑施工现场操作工人队伍仍然是以进城务工人员为主体，管理难度加大，施工安全生产事故呈现高压态势。二是建筑市场治理仍需加大力度。建筑业虽然是最早从计划经济走向市场经济的领域，但离市场运行机制的规范化仍然相距甚远。挂靠、转包、串标、围标、压价等恶性竞争乱象难以根除，企业产值利润率走低的趋势日益明显。三是建设工程项目管理模式存在多元主体，各自为政，互相制约，工程实施主体责任不够明确，监督检查与工程实际脱节，严重阻碍了工程项目管理和工程总体质量协同发展提升。四是创新驱动发展动能不足。由于建筑业的发展长期依赖于固定资产投资的拉动，同时企业自身资金积累有限，因而导致科技创新能力不足。在新常态背景下，当经济发展动能从要素驱动、投资驱动转向创新驱动时，对于以劳动密集型为特征的建筑业而言，创新驱动发展更加充满挑战性，创新能力成为建筑业企业发展的短板。这些影响建筑业高质量发展的痼疾，必须要彻底加以革除。

目前，世界正面临着百年未有之大变局。在全球科技革命的推动下，科技创新、传播、应用的规模和速度不断提高，科学技术与传统产业和新兴产业发展的融合更加紧密，一系列重大科技成果以前所未有的速度转化为现实生产力。以信息技术、能源资源技术、生物技术、现代制造技术、人工智能技术等为代表的战略性新兴产业迅速兴起，现代科技新兴产业的深度融合，既代表着科技创新方向，也代表着产业发展方向，对未来经济社会发展具有重大引领带动作用。因此，在这个大趋势下，对于建筑业而言，唯有快速从规模增长阶段转向高质量发展阶段、从粗放型低效率的传统建筑业走向高质高效的现代建筑业，才能跟上新时代中国特色社会主义建设事业发展的步伐。

现代科学技术与传统建筑业的融合，极大地提高了建筑业的生产力水平，变革着建筑业的生产关系，形成了多种类型的新型建造方式。绿色建造方式、装配建造方式、智能建造方式、3D打印等是具有典型特征的新型建造方式，这些新型建造方式是建筑业高质量发展的必由路径，也必将有力推动建筑产业现代化的发展进程。同时还要看到，任何一种新型建造方式总是与一定形式的项目管理模式和项目治理体系相适应的。某种类型的新型建造方式的形成和成功实践，必然伴随着项目管理模式和项目治理体系的创新。例如，装配式建造方式是来源于施工工艺和技术的根本性变革而产生的新型建造方式，则在项目管理层面上，项目管理和项目治理的所有要素优化配置或知识集成融合都必须进行相应的变革、调整或创新，从而才能促使工程建设目标得以顺利实现。

随着现代工程项目日益大型化和复杂化，传统的项目管理理论在解决项目实施过程中的各种问题时显现出一些不足之处。1999年，Turner提出“项目治理”理论，把研究视角从项目管理技术层面转向管理制度层面。近年来，项目治理日益成为项目管理领域研究的热点。国外学者较早地对项目治理的含义、结构、机制及应用等问题进行了研究，取得了较多颇具价值的研究成果。国内外大多数学者认为，项目治理是一种组织制度框架，具有明确项目参与方关系与治理结构的管理制度、规则和协议，协调参与方之间的关系，优化配置项目资源，化解相互间的利益冲突，为项目实施提供制度支撑，以确保项目在整个生命周期内高效运行，以实现既定的管理战略和目标。项目治理是一个静态和动态相结合的过程：静态主要指制度层面的治理；动态主要指项目实施层面的治理。国内关于项目治理的研究正处于起步阶段，取得一些阶段性成果。归纳、总结、提炼已有的研究成果，对于新发展阶段建设工程领域项目治理理论研究和实践发展具有重要的现实意义。

党的十九届五中全会审议通过的《中共中央关于制定国民经济和社会发展第十四个五年规划和二〇三五年远景目标的建议》，着眼于第二个百年奋斗目标，规划了“十四五”乃至2035年间我国经济社会发展的目标、路径和主要政策措施，是指引全党、全国人民实现中华民族伟大复兴的行动指南。为了进一步认真贯彻落实党的十九届五中全会精神，准确把握新发展阶段，深入贯彻新发展理念，加快构建新发展格局，凝聚共识，团结一致，奋力拼搏，推动建筑业“十四五”高质量发展战略目标的实现，由山东科技大学、中国亚洲经济发展协会建筑产业委员会、中国（双法）项目管理研究专家委员会发起，会同中国建筑第八工程局有限公司、中国建筑第五工程局有限公司、中建科工集团有限公司、陕西建工集团有限公司、北京城建建设工程有限公司、天一投资控股集团有限公司、河南国基建设集团有限公司、山西四建集团有限公司、广联达科技股份有限公司、瑞和安惠项目管理集团公司、苏中建设集团有限公司、江中建设集团有限公司等三十多家企业和西北工业大学、中国社科院大学、同济大学、北京建筑大学等数十所高校联合组织成立了《中国建设工程项目管理发展与治理体系创新研究》课题，该课题研究的目的在于探讨在习近平新时代中国特色社会主义思想和党的十九大精神指引下，贯彻落实创新、协调、绿色、开放、共享的发展理念，揭示新时代工程项目管理和项目治理的新特征、新规律、新趋势，促进绿色建造方式、装配式建造方式、智能建造方式的协同发展，推动在构建人类命运共同体旗帜下的“一带一路”建设，加速传统建筑业企业的数字化变革和转型升级，推动实现双碳目标和建筑业高质量发展。为此，课题深入研究建设工程项目管理创新和项目治理体系的内涵及内容构成，着力探索工程总承包、全过程工程咨询等工程建设组织实施方式对新型建造方式的作用机制和有效路径，系统总结“一带一路”建设的国际化项目管理经验和创新举措，深入研讨项目生产力理论、数字化建筑、企业项目化管理的理论创新和实践应用，从多个层面上提出推动建筑业高质量发展的政策建议。该课题已列为住房和城乡建设部2021年软科学技术计划项目。课题研究成果除《建设工程项目管理创新发展与治理体系现代化建设》总报告之外，还有我们著的《建筑业绿色发展与项目治理体系创新研究》以及由吴涛著的《“项目生产力论”与建筑业高质量发展》，贾宏俊和白思俊著的《建设工程项目管理体系创新》，校荣春、贾宏俊和李永明编著的《建设项目工程总承包管理》，孙丽丽著的《“一带一路”建设与国际工程管理创新》，王宏、卢昱杰和徐坤著的《新型建造方式与钢结构装配式建造体系》，袁正刚著的《数字建筑理论与实践》，宋蕊著的《全过程工程咨询管理》《建筑企业项目化管理理论与实践》，张基尧和肖绪文主编的《建设工程项目管理与绿色建造案例》，尤完和郭中华著的《绿色建造与资源循环利用》《精益建造理论与实践》，沈兰康和张党国主编的《超大规模工程EPC项目集群管理》等10余部相关领域的研究专著。

本课题在研究过程中得到了中国（双法）项目管理研究委员会、天津市建筑业协会、河南省建筑业协会、内蒙古建筑业协会、广东省建筑业协会、江苏省建筑业协会、浙江省建筑施工协会、上海市建筑业协会、陕西省建筑业协会、云南省建筑业协会、南通市建筑业协会、南京市住房城乡建设委员会、西北工业大学、北京建筑大学、同济大学、中国社科院大学等数十家行业协会、建筑企业、高等院校以及一百多位专家、学者、企业家的大力支持，在此表示衷心感谢。《中国建设工程项目管理发展与治理体系创新研究》课题研究指导委员会主任、国务院原南水北调办公室主任张基尧，第十届全国人大环境与资源保护委员会主任毛如柏，原铁道部常务副部长、中国工程院院士孙永福亲自写序并给予具体指导，为此向德高望重的三位老领导、老专家致以崇高的敬意！在研究报告撰写过程中，我们还参考了国内外专家的观点和研究成果，在此一并致以真诚谢意!

二〇二一年六月三十日

肖绪文

中国建筑集团首席专家，中国建筑业协会副会长、绿色建造与智能建筑分会会长，中国工程院院士。本课题与系列丛书撰写总主编

本书前言

《建设工程项目管理体系创新》是住房和城乡建设部2021年建筑业转型升级软科学研究项目《中国建设工程项目管理发展与治理体系创新研究》课题总报告的核心成果之一，该课题是在以张基尧、孙丽丽院士为主任的指导委员会和丛书编委会肖绪文、吴涛主任指导下进行的。在前期研究的基础上，经过一年多的时间编撰形成了“新型建造方式与工程项目管理创新丛书”，其中本书是系列丛书的第三册，由贾宏俊、白思俊、李志国、吴新华等教授和专家共同研究并执笔完成。

建筑业经过40多年的改革开放和发展，已经成为国民经济的支柱产业、民生产业和基础产业，但仍然存在制约建筑业持续健康和高质量发展的疑难问题和薄弱环节。党的十八大以来，习近平新时代中国特色社会主义思想成为全党全国人民为实现中华民族伟大复兴而奋斗的行动指南，也是我们做好各项工作的根本遵循。在全球新技术革命和新型产业革命的迅速兴起的大环境下，现代科学技术、新一代信息技术与传统建筑产业深度融合，激发中国工程项目管理创新走向高维度项目治理，催生中国建筑业裂变出多种类型的新型建造方式，工程建设组织实施模式得到优化。在此新的发展阶段，中国建筑业必须与时俱进，在双循环格局和双碳目标背景下，引领时代潮流，加快高质量发展步伐，进一步推动中国建造走向世界，彰显中华民族实力，开拓“一带一路”国际市场。

“项目生产力论”是在我国建筑业改革开放和创新发展的实践中形成的具有原创意义的理论体系，对于完善工程建设投资管理体制、促进建筑企业管理和工程项目管理提升变革发挥了不可或缺的历史性作用。《中国建设工程项目管理发展与治理体系创新研究》课题研究是以习近平新时代中国特色社会主义思想为指导，以“项目生产力论”为理论支撑，全面贯彻创新、协调、绿色、开放、共享的发展理念，形成一套具有现实指导意义的研究成果。同时，其系列成果又从理论的深度和实践的高度赋予了“项目生产力论”新的内涵。其创新点主要是基于数字经济新型生产要素和生产关系的相互作用，面向实现“十四五”规划任务和2035年远景目标，从建设主管部门、行业管理和企业层面准确把握新发展阶段、贯彻新发展理念、构建新发展格局，寻求新动能，力图新突破，实现新目标。着力打造以创新驱动的建筑产业转型升级的新动能，加快推动中国建筑产业的绿色化、智能化、新型工业化、精益化、国际化发展。

本书以我国建筑业和建筑市场为背景，从项目管理与治理全局出发，对工程项目管理的基本原理、工程项目实施模式、工程项目治理体系构成和优化、工程项目管理与项目治理绩效、工程项目管理过程控制、工程项目管理创新管理六个方面进行了较为详细的阐述。

本书在编写过程中既体现了建设工程项目管理与治理理论知识的系统性和完整性，又兼顾了建设工程项目管理与治理方法、手段和过程的实践可操作性，重点总结了工程建设中项目管理创新的新理论、新方法、新经验和项目治理体系现代化的新思路、新内涵、新特征、新架构，并提出了具有针对性、实用性、创新性和前瞻性的合理化建议，旨在着力推进项目管理与治理体系创新及治理能力现代化，全面促进新时期建筑业的高质量发展。

本书在写作过程中得到了国内数十家行业协会、建筑企业、高等院校、科研机构、软件企业等的众多专家、学者、企业家的大力支持，其中，山东科技大学吴涛、兴润建设集团公司王丽丽、山东大学梁艳红、山东省住房和城乡建设厅辛平、山东科技大学孙凌志、西北工业大学李琰做了大量的工作，在此深表谢意！除已经附注的参考文献外，我们还吸收了相关专家的观点和建议，在此一并致谢！书中尚有许多欠妥和不当之处，恳请各位同仁批评指正！

贾宏俊

二〇二二年六月三十日

目录

第 1 章

建设工程项目管理的基本原理与方法

1.1　项目管理特征

建设工程项目管理，就是为了使建设工程项目在一定的约束条件下取得成功，对项目的所有活动实施决策与计划、组织与协调、组织与指挥、控制与协调等一系列工作的总称。

建设工程项目管理具有以下特征：

1. 建设目标明确性。建设项目以形成固定资产为特定目标。政府主要审核建设项目的宏观经济效益和社会效益，企业则更重视盈利能力等微观的经济效益。

2. 建设项目的整体性。在一个总体设计或初步设计范围内，建设项目是由一个或若干个互相有内在联系的单项工程所组成的，建设中实行统一核算、统一管理。

3. 建设过程程序性。建设项目需要遵循必要的建设程序和经过特定的建设过程。一般建设项目的全过程都要经过提出项目建议书、进行可行性研究、设计、建设准备、建设施工和竣工验收交付使用等六个阶段。

4. 建设项目的约束性。建设项目的约束条件主要有：① 时间约束，即有合理的建设工期时限限制；② 资源约束，即有一定的投资总额、人力、物力等条件限制；③ 质量约束，即每项工程都有预期的生产能力、产品质量、技术水平或使用效益的目标要求。

5. 建设项目的一次性。按照建设项目特定的任务和固定的建设地点，需要进行专门的单一设计，并应根据实际条件的特点，建立一次性组织进行施工生产活动，建设项目资金的投入具有不可逆性。

6. 建设项目的风险性。建设项目的投资额巨大，建设周期长，投资回收期长。期间的物价、市场需求、资金利率等相关因素的不确定性会带来较大风险。

1.2 项目管理目标

1.2.1 工程建设项目目标管理的程序和基本环节

建设工程项目目标管理的全过程是由若干个循环过程所组成的，而循环控制要持续到项目建成动用。在控制过程中，都要经过投入、转换、反馈、对比、纠正等基本环节。如果缺少这些基本环节中的某一个，动态控制过程就不健全，就会降低控制的有效性。

1. 按计划要求投入

控制过程首先从投入开始。一项计划能否顺利地实现，基本条件是能否按计划所要求的人力、建筑材料、工程设备、施工机具、方法和信息等进行投入。符合计划确定的资源数量、质量和投入的时间是保证计划正常实施的基本条件，也是实现计划目标的基本保障。

2. 做好转换过程的控制工作

建设工程项目的实现总是要经由投入到产出的转换过程。正是由于这样的转换，才使投入的人、财、物、方法、信息转变为产出品，如设计图纸、分部（分项）工程、单位（单项）工程，最终输出完整的工程项目。在转换过程中，计划的执行往往会受到来自外部环境和内部系统多因素的干扰，造成实际进展情况偏离计划轨道。而这类干扰往往是潜在的，未被预料或无法预料的。同时，由于计划本身不可避免地存在着不同程度的问题，因而造成实际输出结果与期望输出结果之间发生偏离。为此，项目管理人员应当做好“转换”过程的控制工作：跟踪了解工程实际进展情况，掌握工程转换的第一手资料，为今后分析偏差原因，确定纠正偏差措施提供可靠依据。同时，对于可以及时解决的问题，采取“即时控制”措施，及时纠正偏差，避免“积重难返”。

3. 控制的基础工作——反馈

反馈是控制的基础工作。即使对于一项认为制定得相当完善的计划，项目管理人员也难以对其运行结果有百分之百的把握。因为在计划的实施过程中，实际情况的变化是绝对的，不变是相对的。每个变化都会对预定目标的实现带来一定的影响。因此，项目管理人员必须在计划与执行之间建立密切的联系，及时捕捉工程进展信息并反馈给控制部门，为控制服务。

为使信息反馈能够有效地配合控制的各项工作，使整个控制过程流畅地进行，需要设计信息反馈系统。它可以根据需要建立信息来源和供应程序，使每个控制和管理部门都能及时获得所需要的信息。

4. 对比目标以确定是否偏离

对比是将实际目标成果与计划目标成果相比较，以确定是否发生偏离。对比工作首先是收集工程实施成果并加以分类、归纳，形成与计划目标相对应的目标值，以便进行比较。其次是对比较结果进行分析，判断实际目标成果是否出现偏离。例如，某网络进度计划在实施过程中，发现其中一项工作比计划要求拖延了一段时间，如果该工作是关键工作，或者虽然不是关键工作，但它拖延的时间超过了项目的总时差，那么这种拖延肯定会影响总计划工期，对此工作必须采取纠偏措施。如果未发生偏离或所发生的偏离属于允许范围之内，则可以继续按原计划实施。

5. 取得纠正控制效果

当出现实际目标成果偏离计划目标的情况时，就需要采取措施加以纠正。如果是轻度偏离，通常可采用较简单的措施进行纠偏。如果目标有较大偏离时，则需要改变局部计划才能使计划目标得以实现。如果已经确定的计划目标不能实现，那就需要重新确定目标，然后根据新目标制定新计划，使工程在新的计划状态下运行。当然，最好的纠偏方法是把管理的各项职能结合起来，采取系统的办法。这不仅需要在计划上做文章，还要在组织、人员配备、领导等方面做文章。

项目实施过程的每一次控制循环结束都有可能使工程呈现出一种新的状态，或者是重新修订计划，或者是重新调整目标，使工程项目在这种新状态下继续开展。

1.2.2 工程建设项目目标管理控制的内容

建设工程项目管理有工程进度、工程质量和投资成本三大控制目标。

1. 进度控制

工程进度是工程项目管理的三大控制目标之一，对工程进度进行管理是对工程建设项目的工作程序和持续时间进行的规划、实施、检查、调查等一系列管理活动。由此可见，工程项目进度控制是对工程项目从策划与决策开始，经设计与施工，直至竣工验收交付使用为止全过程的控制。

事前控制的主要内容是编制或审核项目实施总进度计划。审核项目的阶段性计划。制定或审核材料供应采购计划，找出进度控制点，确定完成日期。

事中控制主要是建立反映工程进度情况的日记，进行工程进度检查对比，对有关进度及时计量并进行签证，召开现场进度协调会等。

事后控制是当实际进度和计划发生差异时，必须及时制定对策。首先制定保证不突破总工期的对策措施，包括组织措施、技术措施、经济措施等。其次制定总工期突破后的补救措施，然后调整其他计划，建立新的计划，并按其实施。

2. 质量控制

任何建筑最重要的问题都是质量问题。工程项目质量控制是指在力求实现工程建设项目总目标的过程中，为满足项目总体质量要求所开展的有关监督管理活动。其任务是通过建立健全有效的质量监督工作体系，认真贯彻各种规章制度的执行，随时检查质量目标与实际目标的一致性，来确保项目质量达到预期制定的标准和等级要求。在工程项目的三大目标控制当中，质量控制是主题，项目质量永远是考察和评价项目成功与否的首要方面。

事前控制：首先掌握质量控制的技术标准和依据，制定保证质量的各种可行措施，对承揽项目任务的单位进行资质审查，对涉及项目质量的材料进行验收和控制，对设备进行预检控制，对有关的计划和方案进行审查。

事中控制：首先对工艺质量进行控制，然后对工序交接、隐蔽工程检查、设计的变更审核、质量事故的处理、质量和技术签证等进行控制，对出现违反质量规定的事件、容易形成质量隐患的做法立即采取措施予以制止。建立实施质量日记、现场质量协调会、质量汇报会等制度以了解和掌握质量动态，及时处理质量问题。

事后控制：通过项目的阶段验收和竣工验收、技术资料整理、文件档案的建立来实现。

3. 投资控制

成本是项目施工过程中各种耗费的综合。工程项目投资控制是指在整个项目的实施阶段开展管理活动。项目投资费用是由项目合同界定的，因此应在满足项目的使用功能、质量要求和工期要求的前提下，阶段性检查费用的支出状况，控制费用支付不超过规定值，并严格审核设计的修改和工程的变更，实现项目实际投资不超过计划投资。

事前控制主要进行风险预测，采取相应的防范措施。熟悉项目设计图纸与设计要求，分析项目价格构成因素，事前分析费用最容易突破的环节，从而确定投资控制的重点。

事中控制要定期检查和对照费用支付情况，定期或不定期对项目费用超支或节约情况做出分析，并提出改进方案，完善信息制度，掌握国家调价范围和幅度。

事后控制为审核工程结算书，公正地处理索赔。

1.2.3　工程建设项目目标管理的控制措施

为了取得目标控制的理想成果，应从多方面采取措施对项目实施控制。

1. 组织措施

各部门职能人员要按计划要求监督投入的劳动力、机具、设备、材料，经常到现场巡视、检查运行情况，及时进行对工程信息的收集、加工、整理、反馈，发现和预测目标偏差，采取纠正措施等。事先落实控制的组织机构，委任执行人员，授予相应职权，明确任务、权利和责任，制定工作考核标准，并力求使之一体化运行。在控制过程中需要考虑采取的措施有：充实控制机构，挑选与其工作相称的人员；对工作进行考核、评估、改进、挖掘潜在工作能力、加强相互沟通；在控制过程中激励人们来调动和发挥他们实现目标的积极性、创造性；培养人员等。

2. 技术措施

控制在很大程度上要通过技术来解决问题。为了对项目目标实施有效的控制，要对多个可能的主要技术方案进行技术可行性分析，对各种技术数据进行审核、比较，事先确定设计方案的评选原则，通过科学试验确定新材料、新工艺、新设备、新结构的适用性，对各投标文件中的主要技术方案做必要的论证，对施工组织设计进行审查，并想方设法在整个项目实施阶段寻求节约投资、保障工期和质量的技术措施。为使计划能够达到期望的目标，需要依靠掌握特定技术的人才以及采取一系列有效的技术措施，来实现项目目标的有效控制。

3. 经济措施

一个工程项目的建成动用，归根结底是一项投资的实现。从项目的提出到项目的实现，始终伴随着资金的筹集和使用工作。无论是对工程造价实施控制，还是对工程质量、进度实施控制，都离不开经济措施。为了实现工程项目目标，项目管理人员需要收集工程经济信息和数据，对各种实现项目的计划进行资源、经济、财务诸方面的可行性分析，对经常出现的各种设计变更和其他工程变更方案进行技术经济分析，以力求减少对计划目标实现的影响。对工程概、预算进行审核，编制资金使用计划，对工程付款进行审查等工作。如果项目管理人员在目标控制时忽视了经济措施，不但使工程造价目标难以实现，而且会影响工程质量和进度目标的实现。

4. 合同措施

工程项目建设需要设计单位、施工单位和材料设备供应单位分别承担项目实施中的相应工作。通常他们分别根据与业主签订的设计合同、施工合同和供销合同来参与工程项目建设，即他们与工程项目业主构成了承发包关系。承包设计的单位应根据合同要求，保障工程项目设计的安全可靠性，提高项目的适用性和经济性，并保证设计工期的要求；承包施工的单位应根据合同要求，在规定的工期、造价范围内保证完成规定的工程量，并使其达到规定的施工质量要求；承包材料和设备供应的单位应当根据合同要求，保证按质、按量、按时供应材料和设备。由此可见，确定对目标控制有利的承发包模式和合同结构，拟订合同条款，参加合同谈判，处理合同执行过程中的问题，以及做好防止索赔和处理索赔的工作等，是项目管理人员进行目标控制的重要手段。

1.3　项目管理决策理论

建筑工程由于具有投资大、工期长、施工难度大、技术复杂以及工程参与方众多的特点，在建设过程中不可预见的因素多，因此建筑工程的建设是一项高风险的事业，工程建设各参与方均不可避免地面临着各种风险，如不加防范，很可能会影响工程建设的顺利进行，甚至酿成严重后果。

1.3.1　工程项目不确定性分析

1. 盈亏平衡分析

盈亏平衡分析是指在项目达到设计生产能力的条件下，通过盈亏平衡点（Break-Even Point，BEP）分析项目成本与收益的平衡关系。盈亏平衡点是项目的盈利与亏损的转折点，即在这一点，销售（经营）收入等于总成本费用，正好盈亏平衡，用以考察项目对产出品变化的适应能力和抗风险能力。一般而言，盈亏平衡点越低，项目盈利的可能性就越大，对不确定性因素变化带来的风险承受能力就越强。

2. 敏感性分析

（1）敏感性分析的含义

敏感分析法将多目标、多准则的复杂决策问题进行分解，化为多层次单目标问题，将难以全部量化的问题进行系统分解，对同一层级的元素通过两两比较的方法构建判断矩阵，从而计算该层级元素对上一层某元素的权重。该方法将人们的思维过程数学化、系统化，通过简单的数学运算达到最终目的，使人们更易于掌握和接受。敏感分析法所需定量数据少，问题的分解和判断矩阵的构建更多的是依靠评价者对问题、要素的理解和判断，平衡了风险评估中定量数据难以获得的问题。敏感分析法将定性和定量分析紧密融合，使得问题的分析更加系统且更具层次化，在一定程度上来说，能够为决策和管理提供有力的依据。然而，敏感分析法并不完美，其局限性主要表现在：敏感分析法只能做到择优选取，无法为决策提供新的方案。当现有的可选方案并不包括最优方案时，这种方法只是从中选取了一个较为理想的方案，并不一定是解决问题的最优方案，可能会影响目标的达成；敏感分析法所用的定量数据少，更多的是对定性成分的运用，更难以让人信服。因此，对于精度要求较高的决策问题，不适用敏感分析法。当指标层因素较多时，各因素的权重难以确定，且数据统计工作繁复，尤其是当判断矩阵不具有一致性时，问题更加棘手，更加难以解决。

（2）敏感性分析的方法

① 单因素敏感性分析法

单因素敏感性分析法，是指当单个不确定因素发生变化时，对方案经济效果的影响进行分析。具体分析方法类似于数学多元函数的偏微分，假定在除需计算的变化因素外，其他因素均不发生变化的条件下，计算其对经济效果指标的影响。具体计算公式如下：

$$\beta=\left|\frac{\Delta y_i}{\Delta \chi_i}\right|$$

式中 $\Delta\chi_i$——第 i 个变量 χ 变化的幅度；

Δy_i——第 i 个指标 y 由于 χ 变量引起的变动幅度；

β——敏感度。

单因素敏感性分析法计算简便，但分析存在片面性，假定过于理想化。在实际项目计算中，假设其他因素不变，可能造成经济评价风险后果不准确，而给投资者带来损失。

② 多因素敏感性分析法

项目在进行经济评价的实际情况中，通常不是单因素而是许多因素都会发生变动，且各因素会相互影响。因此，采用多因素敏感性分析法显然比单因素敏感性分析法更符合实际。

多因素敏感性分析法是指分析两种或两种以上不确定性因素同时发生变动时，项目经济效益值的影响程度，以确定敏感性因素及其范围。多因素敏感性分析与单因素敏感性分析基本原理大体相同，只是多因素敏感性分析须进一步假定同时变动几个相互独立、发生变化概率相同的因素。

③“三项预测值”敏感分析

在双因素敏感性分析基础上，加上项目生命期或折现率所组成的三因素敏感性分析，称作是“不完整的”或“准”三因素敏感性分析。真正的三因素敏感性分析应是除生命期和折现率之外的其他正常影响因素导致的变动。

三因素敏感性分析给出多因素变化下项目经济性的分析方法，同样根据变化率所处范围来判断项目经济效果的优劣情况。旨在确保工程项目的经济可行性和可持续性，并让其成为工程项目今后发展的内在推动力。

（3）项目敏感性分析的步骤

① 选择需要分析的不确定性因素

不确定性因素是指影响项目分析指标的所有因素，由于项目的不确定性因素很多，所以没有必要对项目所有的不确定性因素都进行敏感性分析。工程项目中一般选择分析的不确定性因素包括项目总投资额、项目建设周期、产品单价、产品产量、经营成本、折现率等。

② 确定分析指标

对项目进行评价的分析指标有很多，如经济效益评价指标：净现值、内部收益率、效益费用比等；风险性分析指标有可靠度以及风险率等。而一般要求，进行敏感性分析的项目分析指标的选择应该与确定性分析中的项目分析指标一致。

③ 计算各个不确定性因素的变化分别对项目分析指标的影响程度

工程中使用比较多的敏感性分析方法是单因素分析法，这种方法是在其他不确定性因素不变的情况下，分别计算每个不确定性因素在规定的范围内的变动对项目分析指标的影响程度，并将结果用表或图的形式表示出来。

④ 确定敏感性因素

所谓的敏感性因素就是在其他因素不变的情况下，各个因素在同等变化范围内，能够显著影响项目分析指标的因素。

⑤ 决策

为了直观地给出不确定性因素对项目分析指标的影响程度，需要绘制敏感性分析图，在敏感性分析图中表示每个不确定因素的变化对项目分析指标的影响程度，进而找出敏感性因素，提醒决策者提高对敏感性因素的重视程度，提高决策的科学性和可靠性。

1.3.2　工程项目不确定性分析与风险分析的联系与区别

工程项目的不确定性是指影响工程项目的诸多因素存在着不确定性，使工程项目经济效果的预期值与实际值可能会出现偏差，称为工程项目的不确定性。

工程项目的风险是由于随机原因所引起的项目经济效果的预期值和实际值之间的差异，是项目经济效果向不利方向变化的各种可能性（概率）。从理论上定义为可测定的不确定性。

（1）二者的联系

由于人们对未来事物认识的局限性，可获信息的有限性以及未来事物本身的不确定性，使得投资建设项目的实施结果可能偏离预期目标，这就形成了投资建设项目预期目标的不确定性，从而使项目可能得到高于或低于预期的效益，甚至遭受一定的损失，导致投资建设项目“有风险”。通过对拟建项目具有较大影响的不确定性因素进行分析，计算基本变量的增减变化引起项目财务或经济效益指标的变化，找出最敏感的因素及其临界点，可以预测项目可能承担的风险，使项目的投资决策建立在较为稳妥的基础上，达到风险防范的目的。不确定性分析找出的敏感因素又可以作为风险因素识别和风险估计的依据。

（2）二者的区别

通过不确定性分析可以找出影响项目效益的敏感因素，确定敏感程度，但不知这种不确定性因素发生的可能性及影响程度，因而不能代替风险分析。通过风险分析可以得到不确定性因素发生的可能性以及给项目带来经济损失的程度。

1.4 项目治理基本理论

1.4.1 项目治理概念与内涵

经济社会日益发展，新技术层出不穷，企业的资金规模以及人员规模不断扩大，业务类型逐渐多样，企业所面临的竞争态势日益残酷。在这充满变革的时代，项目为了应对变化而存在，为企业提供了一种应对时代变化的生存和发展方式。正确理解项目以及项目管理内涵，可帮助我们更好理解项目治理内涵。

关于项目内涵，不同学者与研究机构对此有不同的看法及认识。美国项目管理协会将项目定义为“为完成某一独特的产品或服务所做的一次性努力”；国际项目管理协会将项目定义为“一个被分配了一定资源的临时性组织，为了实现有益的变化而进行工作”；国内学者提出项目可以定义为“为完成临时性、独特性任务并满足其各利益相关方需求而构建的社会网络平台”。

关于项目管理内涵，根据美国项目管理协会将项目管理定义为“将知识、技能、工具与技术应用于项目活动，从而有效地满足项目的要求”；国际项目管理协会将项目管理定义为“对分配临时性组织资源的工作进行管理和控制的一种手段，从而交付有益的变化”；国内学者提出项目管理可以定义为“对项目利益相关方社会网络平台进行管理，以完成项目成果并使利益相关方满意的过程”。

由于项目规模越来越大，同时项目利益相关方在项目中所发挥的作用越来越大，更多的项目需要利益相关方之间协作，传统的项目管理相关理论主要关注项目中单一利益相关方管理问题，难以系统性解决项目中所遇到的问题。因此项目治理越来越受到重视。

目前国内关于项目治理的定义以及本质还未形成一致意见。有不同的理解，如项目治理即为最终实现项目目标，使项目按照符合自身利益的方向发展；项目治理是公司治理的另外一个研究方向，对于项目治理研究，应当从公司治理角度出发；项目治理基于项目利益相关方彼此关系间治理的一种治理机制，它确定为实现最终项目目标，应采取的手段。在以上关于项目治理内涵的解释中，主要存在以下两点问题：（1）项目治理概念同项目管理概念区分不明显，以上关于项目治理的相关概念解释未能完全脱离项目管理范畴。（2）项目治理区别于公司治理。公司的所有者和经营者有明确的权责范围，但是由于项目具有特异性，不同项目以及同一项目不同利益相关方之间，权责范围相对不明确。

综上，项目治理即建立和维护项目利益相关方之间规制关系的过程，该过程可以降低治理角色承担的风险，为确立项目以及实现其目标提供可靠的管理环境。项目治理的主要工作是设定项目目标、提供完成项目所需要的资源、决定实现项目目标的方法和监控绩效的手段。

1.4.2　项目治理的本质

项目治理是治理的一种，根据经济合作与发展组织（Organization for Economic Cooperation and Development，OECD）2001 年的定义指出：治理即是关系。此定义强调治理在明确了组织内部或外部的各种利益相关者之间的关系、组织中不同参与者，或其他合法利益相关者（包括外部审计师、监管者）的权利、责任和关系方面的作用。这一定义明确了治理的基本作用机理，并被应用于项目管理领域。项目治理的本质是在项目的情境之中构建治理关系，即建立和维护项目利益相关方之间的规制关系。这一项目特征的阐述方式假设项目存在多个利益相关方，且他们之间存在互动关系，并因此形成一个项目临时性组织。项目治理机制，在项目临时性组织的视角下，成为项目内部的制度安排。

项目治理的定义存在多种方式，首先，狭义的项目治理可以指的是针对一个项目的治理，它通常由指导委员会（Steering commitee）来执行，指导和控制项目经理。该委员会通常任命项目经理，确定项目的范围、手段（如方法）和目的（如目标），并提供实现目标的资源。其次，项目治理还可以指的是针对多个项目的治理，如项目治理还可以指的是公司治理中针对项目工作开展的治理。英国项目管理协会（Association for Project Management，APM）将项目治理定义为："项目管理的治理涉及与项目活动具体相关的公司治理领域。项目管理的有效治理确保组织的项目组合与组织的目标相一致，高效的交付，并且是可持续的。"再者，项目治理的内涵可能指的是对于项目利益相关方关系之间的治理，这也是基于 OECD 治理定义并被广泛接受的定义。项目被视为一个由规则和组织安排的结构所治理的内外部条约的联结。交易是在一个三级体系中管理的，在这个体系中有一个制度环境层、一个治理层和一个行为层，从制度与交易视角分析，将项目治理定义为：项目治理是一种制度框架，体现了项目参与各方和其他利益相关方之间权、责、利关系的制度安排，在此框架下完成一个完整的项目交易。Tuomas（2014）的综述性文章中指出，项目治理主要可分为两种（图 1-1），一种是作为任何特定项目外部的项目治理，即一个基于项目的组织同时开展多个项目；另一种是指作为特定项目内部的项目治理，即多个基于项目的组织共同开展一个项目。项目治理多视角的定义之间存在分歧，但也有学者认为两种视角并不完全矛盾。两种看似不同的定义方式，其实存在着共同之处，Ralf Miiller 在 2017 年国际项目管理研究联盟会议（The International Research Network on Organizing by Projects，IRNOP）中就两种视角的关系进行了阐释（图 1-2），即对于任何一种大型项目而言，随着项目中的利益相关方逐渐增加，其对于某一基于项目的组织可以是其多个治理项目中的一个（项目组合管理）；而对于这个项目而言，则可能存在多个利益相关者（某一特定项目）。因此，更加广义的项目治理的目标最终指向项目绩效，既包含项目中的利益相关者关系，也包括多个项目的资源协调机制。

工程项目治理与项目管理之间存在概念差异。工程项目治理与项目管理的区别在于工程项目管理追求的是生产成本的最小化，属于战术层面的手段。而工程项目治理则关心利益相关者之间的关系，追求交易成本的最小化或者代理成本的最小化，属于战略层面的设计。因此，工程项目管理和工程项目治理的理论存在层次差异，工程项目治理的理论多聚焦于制度层和跨层关系，如委托代理理论（Agency theory）、交易成本理论（TCE）、管家理论（Stewardship theory）、利益相关者理论

（The stakeholder theory）以及制度理论（Institutional theory）。在工程项目治理中，在交易成本视角下，确定项目和外部利益相关者的角色和责任，重点放在交易行为方面（包括承包商和供应商）。在工程项目作为临时性项目组织而言，项目治理机制是其临时组织内部的正式与非正式制度的体现。

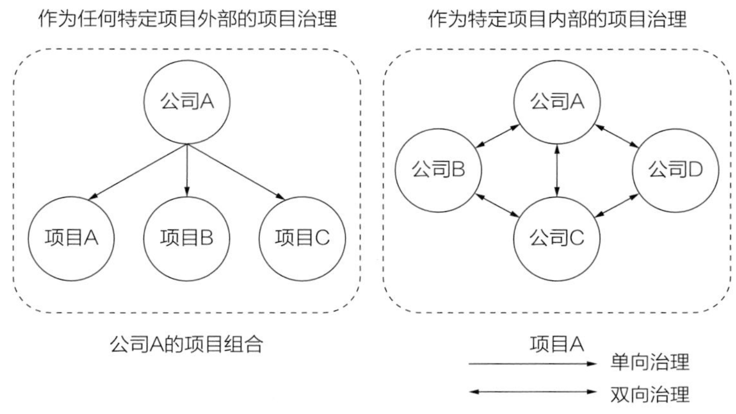

图 1-1　两种项目治理研究视角的示意图

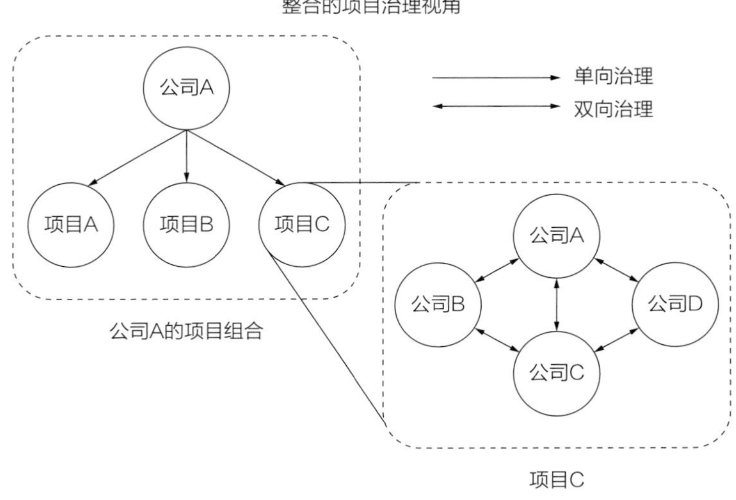

图 1-2　整合的项目治理视角

综上，从制度理论视角和交易成本理论视角，将项目治理定义为：一种制度框架，对于项目利益相关方关系之间的治理，体现了项目参与各方和其他利益相关方之间权、责、利关系的制度安排，并在此框架下完成一个完整的项目交易。

1.4.3　项目治理与项目管理的异同

对于建设项目理论的研究，不仅要考虑管理层面的问题，还要考虑治理层面的问题。项目管理和项目治理可以说是建设项目研究的两个不同侧面，如图 1–3 所示。项目管理主要是在方法上考虑如何将项目做好，项目治理主要是通过对项目利益相关者进行协调制约来把项目做好。前者的项目目标主要是成本、质量、工期，后者主要着眼于项目利益相关者之间权责利的安排与制衡。

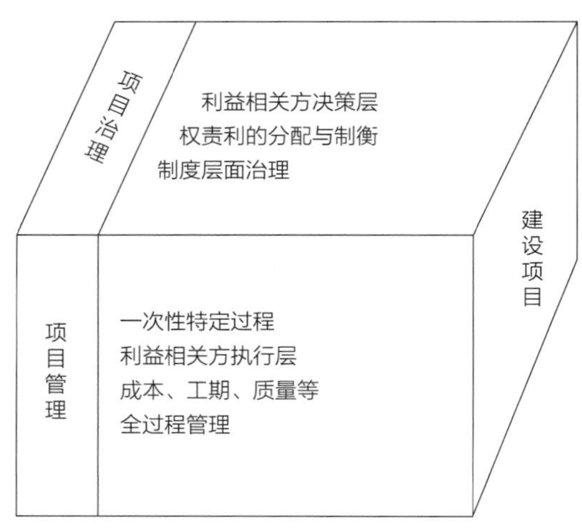

图 1-3　项目管理与项目治理的关系

综上所述，在当前这种由项目管理不断向项目治理转变的背景下，除了在传统的"铁三角"成果上考虑项目的绩效，还应该考虑项目利益相关者的利益诉求和未来的合作。因此，从项目治理的角度考虑来全面、系统地衡量工程项目的绩效。但是，从项目治理的角度考虑其项目绩效评价指标体系研究目前尚少，需要针对 EPC 总承包项目的特点，借鉴原有研究成果，建立一套科学、有效、实用的指标体系。

所谓项目治理指的是一种制度框架，在这个框架中，包含着参与项目的各个行为体之间的权力、责任与利益的关系的安排，在这种关系的指导下，完成项目的实施。而项目治理的主要功能就是对这些不同的行为体进行激励、监督与风险的分配。对于项目管理，则是在项目治理的框架下，运用一定的管理技术、管理方法以及管理工具使项目得以正常实施。如果一个项目没有一个良好的治理框架，即使有着再为精巧的管理技术、手段与方法，都无法实现项目目标。而如果没有合适的项目管理方法，项目治理的框架再为完美，也只不过是美好的想象。因此，项目治理与项目管理二者虽然作用不尽相同，但却是缺一不可的，只有二者的紧密结合才能够实现项目的真正价值（表 1–1）。

项目管理与项目治理的区别　表 1-1

	目标	主体	对象	实现途径	内容
项目管理	实现项目目标且项目相关方满意	项目承包方（项目经理）	资源	对资源统筹规划	完成任务
项目治理	实现项目目标且项目相关方满意	利益相关方	组织和人	组织和制度安排	相关方的治理角色关系

1.4.4　项目治理构成原则与机制

项目治理的相关研究主要围绕项目治理的内容，项目治理的原则以及项目治理的机制展开。工程项目治理的内容是项目利益相关方之间的规制关系，即由项目利益相关者构成的网络关系。其项目治理的目的是有效整合资源与化解冲突，减少交易成本的产生，并最终实现项目利益相关方之间权、责、利关系的平衡。

项目治理内容因层次而存在差异，其中针对单一项目的治理的主要是项目治理的对象，即确定目标，提供资源以及控制流程。现有文献对工程项目治理的内容总结为四个方面：（1）项目目标的设定；（2）项目目标实现方式的确定；（3）项目管理过程的监控；（4）项目治理的同意过程。项目目标实现方式的确定包括项目全生命周期的流程控制视角、项目利益相关方的组织方式协调视角、基于预防和驱动的绩效管理管控视角。分别代表了项目治理中对于过程要素、结构要素和评价要素的引导和控制。对于项目管理过程的监控则是针对项目实施过程中风险因素、信息披露以及审计与控制。而针对过程监控的视角又与现有研究中针对关系治理机制的内涵有重叠。

项目治理的基本原则：透明度（Transparency）、问责机制（Accountability）、责任（Responsibility）以及公平（Fairness）。透明度涉及投资者（如项目发起人）和其他利益相关者对项目整体效率的信心，这取决于项目能否及时准确地披露有关项目和组织绩效的信息。这些信息应该实现高清晰、一致性和可对比。问责机制则涉及主要参与者（如项目经理、发起人、项目和项目组合经理）的角色、权利和责任的明确性，以确保治理的有效性，指导委员会的职责是让项目经理对项目发起人负责，以实现项目目标，而指导小组本身则对其管理层负责，以完成项目的推进。责任是在追求项目或组织目标时遵守行业惯例与准则。这包括治理机构确保个人、团队和组织遵守法律，并认同专业标准，以及不断组织项目成员进行的教育和培训。公平是指对员工、供应商、承包商之间的公平待遇，例如在承包或雇佣关系方面，以及抑制非法行为，推进合同关系的稳健执行。

项目治理的内容与原则为项目治理机制服务，项目治理的内容为项目治理机制提供治理对象要素，项目治理原则为项目治理机制提供目标导向。现有文献中针对项目治理机制的研究主要分为两类，一类为契约治理机制（Contractual Governance），另一类为关系治理机制（Relational Governance）。两种治理机制分别通过正式与非正式的手段，在约束利益相关者关系方面扮演重要角色。在以项目为目标的多利益相关者构成的临时性组织中，项目治理的契约和关系手段对各方的协调与合作应对危机可能存在差异化的影响以及不同的作用机制。

1.4.5 项目治理风险

伴随项目规模日益增大以及项目技术复杂度不断提升，参与项目的利益相关方越来越多，由于某些因素致使项目利益相关方无法兑现其所应当承担的项目角色时，就会导致角色风险，进而会使项目处于高风险水平。

项目风险来源是多方面的，不同的项目风险会有不同的引发来源。主要包括：

（1）自然风险：指由于自然因素的不确定性对房地产项目造成影响，从而对房地产开发商和经营者造成损失。

（2）政治风险：指由于政策的潜在变化给房地产开发和经营者带来的经济损失。包括：政治环境风险、政治体制改革风险、环保政策变化风险、战争风险、经济体制改革风险、土地使用制度改革风险、住房制度改革风险等。

（3）经济风险：指一系列与经济环境和经济发展有关的不确定因素，对建设工程产生的影响。包括：融资、财务、地价、市场供求、工程招标投标、国内经济状况变化等方面的风险。

（4）技术风险：指由于科学技术进步、技术结构及其相关变量的变动给工程投资可能带来的损失。包括：科技进步，建筑施工技术和工艺革新、建筑材料改变和更新、设计变更和计算失误、生产力短缺等风险。

（5）社会风险：指由于人文社会环境因素的变化对房地产市场的影响，从而给从事建设工程商品生产和经营者带来损失的可能性。包括：城市规划、容积率变更、区域发展和文物保护、社会治安、公众干预等风险。

（6）国际风险：指因国际经济环境的变化导致对地区性的经济活动的影响。包括：国际投资环境风险、货币汇率变化风险。

（7）内部决策和治理风险：指由于开发商策划失误、决策错误或经营治理不善导致预期的收益水平不能实现。包括：投资方式、地点、类型选择、组织治理、时间治理、合同治理等风险。

目前，在进行风险管理研究时将风险定义为“事件发生的不确定性”。这种定义忽略了项目治理中“人”这一关键要素，尚未考虑到利益相关方的行为对项目的影响。因此，项目治理风险是项目利益相关方不确定行为产生的可能性、影响程度以及可管理程度。

项目利益相关方行为的不确定性会导致项目风险，由于利益相关方所导致的风险主要包括两种类型，即属性风险与结构风险。属性风险由单个项目利益相关方所导致。结构风险由项目利益相关方所构成的社会网络结构导致。

在项目治理过程中，不同项目利益相关方对项目诉求不同，会导致所构成的利益相关方网络形态随之发生变化。此外，在项目全生命周期中，所涉及的项目利益相关方会不断发生变化，同时利益相关方的角色也会不断发生变化，使利益相关方网络形态不断发生改变。项目治理研究主要是针对利益相关方网络形态进行研究，项目治理风险研究主要针对利益相关方网络形态风险展开研究。

在涉及利益相关方较多的项目中，利益相关方彼此之间的关系构成项目治理结构网络，利益相关方彼此之间关系的变化对项目治理结构网络影响较大。项目治理结构网络关系对项目中利益相关方有很强的规制力，同时对网络中利益相关方的行为也会产生较大影响，进而影响项目中各个利益相关方的收益水平。因此，项目治理网络整体结构风险属于项目治理风险研究范畴。

项目治理同项目管理边界比较难以准确界定，主要是由于管理在广义上包含了项目治理，治理可被理解为“对于管理的管理”。在项目中，项目经理所承担的责任越大的同时，所应拥有的权力应当越大。但是，在实际项目中，项目经理所承担的权责并不对等，公司高层关键者通常要求项目经理对整个项目负责，但同时未授予项目经理足够的权限，使项目经理对资源调配能力不足，导致项目经理无法强有力地推进项目，使项目处于高风险水平。因此，项目经理授权缺失风险是项目治理风险的重要来源。

在项目中，项目利益相关方坦诚合作的基础是基于合同契约，正式的合同契约可降低利益相关方之间的交易成本。但是，由于项目的复杂性以及无法预估的外界因素的变化，导致在项目合同执行过程中充满不确定性。合同执行过程中不确定性越大，项目风险水平越高。项目中的利益相关方，都想尽可能避免承担风险，当发生对自己不利的情况时，会将个体主观意愿凌驾于合同条款之上，以寻求逃避风险或者将风险转嫁于其他利益相关方。在充满不确定性的外界环境中，如果单纯地依靠项目合同管理，会使管理僵化，很难适应复杂变化的外界环境，难以满足项目中所有利益相关方的需求。因此针对项目合同执行不确定性风险，必须从项目治理角度出发，通过针对利益相关方之间的关系来治理，以满足利益相关方的需求，降低合同执行风险。

项目沟通所要实现的目标为保障项目内外部的信息能够及时、准确地产生、收集、传递、处理和储存，保障项目有条不紊地建设和实施。在导致项目失败的因素中，沟通是一个很重要的因素。与项目沟通有关的因素有：同项目利益相关方之间关系不协调、同业主关系不协调、缺乏公司管理者对项目的支持等。

项目沟通并非单纯指一个个体同另一个个体的沟通，项目沟通指的是项目利益相关方彼此之间的沟通。针对项目沟通风险的研究，若单纯从项目管理角度进行研究，机械化地采用沟通手段以及方法，难以系统地解决项目沟通风险问题。因此，必须基于项目治理视角，分析项目利益相关方彼此之间的关系，将项目利益相关方有效地关联起来，从而系统性地解决项目沟通风险问题。

综上所述，针对项目风险管理研究，必须紧紧围绕项目中“人”这一关键要素，基于项目治理视角，以项目中利益相关方彼此间的关系为主要研究对象。利益相关方整体网络结构风险、项目经理授权缺失风险、合同不确定性风险以及项目沟通风险都可以基于项目治理相关理论进行研究。

1.5 项目管理与治理基本要求

根据项目不同主体间（业主与项目团队、承包企业与项目团队）不同的治理方式，可以将项目的基本治理分为交易治理和公司治理两个维度。在对项目治理的主客体以及目标进行分析时，也要从这两个维度分别进行分析。

1.5.1 项目管理和项目治理的主体和目标

项目管理和项目治理都是以项目为中心，实现项目目标。然而，两者的管理主体是不同的。建设工程项目管理的主体主要是：业主方的项目管理（投资方、开发方、代表业主利益的项目管理服务）；设计方的项目管理；施工方的项目管理（执行施工任务的）；供货方的项目管理；建设项目工程总承包方的项目管理。业主方是项目管理的核心，也是建设工程项目生产过程的总集成者和总组织者，项目管理的主体是项目的代理方，也就是项目的承包方；而项目治理的主体是项目的发起人，也就是项目的业主方，或者承包项目的公司管理层。此外，即使项目管理和项目治理的终极目标是相同的，但是其管理的期望值是不同的。对于工程承包方项目管理的期望，是通过对知识、技能、工具与技术的合理高效的应用，降低工程的建造费用，实现企业的利润。在工程项目治理中，业主方项目治理的期望是在既定工程功能、质量标准和建设工期的条件下，获得造价最低的交易客体（工程对象），公司管理层治理的目标是在完成交易合同任务的同时，获得更高的企业利润。

1.5.2　项目管理和项目治理的客体和内容

根据项目管理的定义以及将项目管理概念引入我国的初始目的，可以看出项目管理的管理对象是资源。在对各项资源进行统筹规划，追求资源的最优化利用，其中对人的管理属于人力资源管理范畴，仅仅认为人是一种资源，即使存在激励管理，也是在系统科学的思想下进行的，目的旨在提高人力资源的利用效率。

项目治理是为了实现业主方合理调节与项目代理方之间权、责、利关系，是基于委托代理关系，因此，治理的对象是组织和人，是以组织和制度的安排来实现的。交易治理的治理对象是项目及承包公司（包括项目团队），公司治理的治理对象是项目及项目团队。项目治理中交易治理的内容：交易合同的安排和合同履行过程的监管；而（承包）公司治理的内容：在交易合同和公司管理制度的规定下，项目团队与公司项目协议的安排，以及该协议落实的监管。在对项目团队和人进行治理的时候，涉及一个重要的假设，即人是私利的，有机会主义倾向，因此，就需要用到激励约束机制进行治理。

第 2 章 建设工程项目实施模式

2.1 项目融资模式

建设工程项目在规划与施工时，由于自然与社会人为复杂因素的影响，其项目风险较高。特别是近年来，随着建设规模的扩大与市场的国际化，单个工程项目对于资金条件较为苛刻，无论是资金保有量，还是融资与资金管理都在考验着工程项目的效益与价值，某一环节出现漏洞时都会影响整个工程项目的实施，所以在融资模式决策过程中，大多数项目融资主体倾向选择融资成本低、融资风险小、融资收益大的理想融资模式，但是项目在建设、运营和管理过程中会遇到各种影响要素，如融资规模和风险、项目管理和控制、政府部门政策变化和相关法律法规变化等，这些要素影响项目融资模式的选择。因此，进行项目融资模式决策，需要重点分析考虑这些要素在不同融资模式下给项目带来的影响，要发挥有利因素作用，限制不利影响因素，为项目选择最优融资方案。

2.1.1 PPP 融资模式

1. PPP 模式定义及特征

（1）PPP 模式的定义

PPP（Public-Private Partnership），即政府和社会资本合作模式，是政府为增强公共产品和服务供给能力、提高供给效率，通过特许经营、购买服务、股权合作等方式，与社会资本建立的利益共享、风险分担及长期合作关系。PPP 模式创新了公共服务供给机制，政府通过选择资本实力强，运营管理能力强的社会资本来提供公共服务，有效地提高了公共服务供给质量及效率。

（2）PPP 模式的特征

1）社会资本与政府是长期合作关系

在 PPP 模式下，社会资本与政府在自愿、平等的情况下签订合同，是一种合作关系，不存在领导与被领导的关系，社会资本与政府的地位是平等的。按照 PPP 相关制度的规定，政府和社会资本的合作关系最短不得低于 10 年，而对于合作关系最长多少年没有具体规定，因此，PPP 模式是长期合作关系。

2）合作领域为基础设施和公共服务领域

根据相关规定，我国的 PPP 模式应用在基础设施和公共服务领域，这一特征也决定了 PPP 模式是提供公共产品或公共服务的属性。

3）利益共享、风险分担

利益共享、风险共担是合作关系的基础，在 PPP 模式下，利益共享并不是政府和社会资本进行简单的利润分享，在这个过程中政府对社会资本进行有效的监督和控制，在保证社会资本获得稳定投资回报的同时，限制社会资本获得过高的利润。

在传统的合作模式下，双方总会尽最大可能减小自己需要承担的风险，而在 PPP 模式中，双方通过发挥自己的优势承担合作过程中可能发生的风险，减小对方所承担的风险。通过利益共享和风险分担机制，实现了收益与风险的平衡，为长期合作提供了保障。

2. 影响 PPP 项目融资的因素

（1）资产流动性不足

PPP 项目集中在基础设施建设领域，如交通、污水处理、环境保护等。PPP 项目的资产大多属于提供公共服务的固定资产，其投资规模大、运营时间长、资产转让难。PPP 项目的运营期一般为 10～30 年，加之现阶段我国 PPP 项目股权转让受限，致使股权投资者需要长时间持有项目股权，难以根据自身的资金需求，将固定资产转换为流动资金。资产流动性不足，必然会导致投资风险增加，多数投资者对此类项目持观望的态度，投资意愿不高，这也是造成 PPP 项目融资难的一个重要因素。

（2）资产所有权归政府所有

在 PPP 模式下，政府和社会资本通过签订合同建立合作关系，在这个合作关系中，政府持有项目资产的所有权，项目公司持有基于PPP项目资产的收益权，项目公司股东（社会资本、金融机构、政府等）拥有项目公司股权。在这种情况下，项目公司可以通过项目资产产生的效益获得收益，但是不能对PPP项目资产进行处置，也就意味着项目公司不能以抵押、出售项目资产的方式进行融资，也不能用项目资产作为融资担保，只能通过抵押、出售收益权或者项目股权的方式进行融资或者通过第三方担保进行融资。这一特征也是PPP项目与其他固定资产投资项目最主要的区别。

（3）资产专用性强

资产专用性是指资产的特定用途形成以后难以改变，如果将特定用途改变，资产的价值会大幅降低，甚至变为无价值的资产。基础设施项目基本都是为提供特定服务建设的，用途具有唯一性，项目一旦建设完成，其用途也就被锁定，如果将来不能再提供特定的服务，很难另作他用，这样会导致前期巨大的资金投入变得毫无价值，产生高额的沉没成本。资产专用性太强，间接导致投资风险增加，不利于项目进行融资。

（4）资金需求量大

基础设施建设项目多数为大型建设项目，属于重型固定资产，其规模大、造价高，动辄需要几亿、十几亿的投资，资金需求量巨大。项目前期需要资金完成项目资本金出资，建设期需要资金进行项目建设，运营期需要资金实现再融资，退出期需要资金支持社会资本等股权投资人退出，资金需求分布在PPP项目整个生命期，在项目建设阶段资金需求最大。

（5）收回投资期限长

在PPP模式下，政府和社会资本最短的合作期限为10年，多数PPP项目长达20～30年，加之现阶段我国PPP项目股权转让受限，如果在项目退出时才能收回全部投资，收回投资的期限将长达10～30年，相比于其他类型的项目，投资回收期限较长。在考虑资金的时间成本和机会成本的情况下，是否能够实现预期投资收益的不确定性较大。

3. PPP项目融资模式分类

PPP项目融资模式主要分为股权融资模式与债权融资模式两大类，PPP项目融资的资金来源主要集中在政府、社会资本、银行、保险公司、信托公司等机构。社会资本是PPP项目融资的发起者，政府在这个过程中发挥了监督、管理的作用。

（1）股权融资模式

股权融资，根据相关规定，基础设施建设项目资本金的出资比例最低为 20%，基础设施建设项目的投资规模都比较大，社会资本往往难以用自有资金完成资本金的出资。为了补充项目资本金，会引进金融机构作为财务投资人出资，持有项目公司股权。

银行理财资金是 PPP 项目股权融资中的主要金融资本，其需要通过信托计划、券商资管计划、保险资管计划、私募基金等资管通道参与股权投资，而不能直接对项目股权投资。PPP 项目股权融资结构如图 2–1 所示。

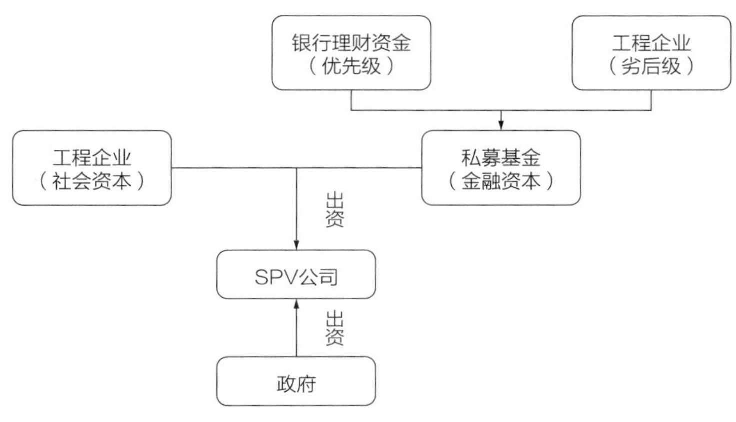

图 2-1　PPP 项目股权融资结构

（2）债权融资模式

债权融资一般是在项目建设阶段、运营阶段，通过银行贷款、项目收益债券、ABS、融资租赁等金融工具进行的借贷融资。除了项目资本金，项目建设、运营的资金都是通过债权融资获得的，债权融资对于 PPP 项目意义重大。在 PPP 项目债权融资过程中，政府不对债权融资承担任何风险，风险由项目公司承担或者社会资本通过担保承担。按是否由社会资本增信，分为社会资本担保融资模式和项目融资模式，分别如图 2–2 及图 2–3 所示。

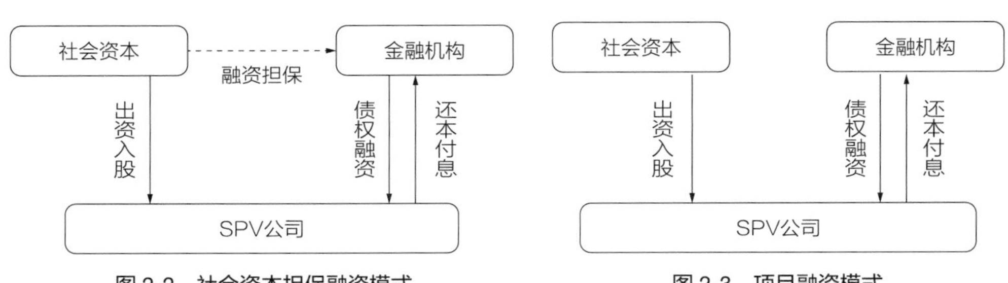

图 2-2　社会资本担保融资模式　　　图 2-3　项目融资模式

4. 我国 PPP 项目主要融资模式

（1）银行资金参与 PPP 项目融资模式

目前我国 PPP 项目融资的资金主要来源于商业银行，银行资金在 PPP 项目融资中扮演着最重要的角色。银行可以通过发放贷款的方式，对 PPP 项目公司进行债权投资，也可以通过发行理财产品，募集个人投资者或机构投资者的理财资金，然后通过信托计划、私募基金等方式，对 PPP 项目进行股权投资。商业银行参与 PPP 项目融资的优势很大，我国银行规模庞大，能够满足大型 PPP 项目的资金需求，由于银行吸收了大部分低利率的存款，获取资金的成本低，所以其可以以较低的利率发放贷款。商业银行的劣势在于，对借贷主体的信用要求较高，PPP 项目由于是新建项目，项目自身信用不足。随着银行贷款的增长，公司资产负债率不断上升，贷款可获得性降低，过多的银行贷款会导致公司资本结构失衡。

（2）ABS 参与 PPP 项目融资模式

ABS 是指将具有可预期的、持续稳定未来现金流的缺乏流动性的资产，通过对资产进行组合及信用增级，发行可以在金融市场上流通的有价证券，从而实现融资的过程。ABS 作为创新性的融资工具，能够实现主体信用与产品信用的分离，是一种重要的结构化金融工具或技术。ABS 产品可以在二级市场进行交易，产品的信用不依赖发起人的主体信用，运用破产隔离降低投资风险。我国 ABS 操作模式包括信贷资产证券化、资产支持专项计划、资产支持计划、资产支持票据。

股权、债权、收费权等都可以发行 ABS 产品，发行比较灵活，而 PPP 项目只能依靠抵押、出售项目收费权或者股权进行融资，ABS 似乎是为 PPP 项目量身定做的融资工具，通过发行 ABS 产品获得的资金不受使用用途限制，从而发行主体可以进行更多的项目投资。通过对股权发行 ABS 产品，可以实现股权资本的退出，缩短了投资回收期，提高了资金的周转率。PPP 项目 ABS 是现阶段政府重点支持对象之一。

（3）PPP 基金参与 PPP 项目融资模式

PPP 基金是指政府、金融机构、社会资本单独或者联合发起，委托经规定程序确认的具备相关业务资质的机构负责，为 PPP 项目提供投融资管理、运营管理等服务的私募性质的投资基金。政府投资基金、政府出资产业基金、政府引导基金、基础设施投资基金、城市发展基金、城市基础设施建设基金等以私募股权的方式募集资金并投资于 PPP 项目的都属于 PPP 基金。PPP 基金既属于基础设施投资基金范畴也属于产业投资基金范畴。

PPP 基金的最大特点是结构化和杠杆效应。将基金进行优先、劣后分级，一方面降低了优先级投资人的投资风险，另一方面使基金的劣后级能够撬动更大的资金。PPP 基金既可以进行股权投资也可以进行债权投资，目前我国发展 PPP 基金的主要目的是推动 PPP 项目的股权融资，政府引导基金对 PPP 项目股权出资，提高了 PPP 项目股权融资的效率。PPP 基金是现阶段政府重点支持对象之一。

（4）债券融资参与 PPP 项目融资模式

债券融资是发债主体对外发行债券，进行债务融资的一种融资方式，属于债权融资。债券融资的优势在于融资成本低、市场接受度高，募资便利，项目收益债以现金流为支撑，只对债项进行评级，不需要借助政府或社会资本的信用。但是债权融资的局限比较大，对发行主体的要求较高，一般在 AA 或 AA +以上，公开发行的债券额度一般不能超过公司净资产的 40%，限制了 PPP 项目的融资规模，随着银行贷款等金融工具的融资成本逐渐降低，债券的融资成本不再有优势，项目收益债只能用于使用者付费和可行性缺口补助类项目。通过对优势和劣势的分析，债权融资难以在 PPP 项目融资中大规模应用。

（5）保险资金参与 PPP 项目融资模式

保险资金可以通过信托计划、券商计划、私募基金等，对 PPP 项目进行股权投资；可以通过认购公开发行的公司债、企业债、ABS 份额，进行债权投资。保险资金的投资期限可以长达 20～30 年，能够有效地解决投资期限与 PPP 项目期限错配问题。保险资金的规模巨大，能够满足 PPP 项目的资金需求，由于保险资金偏好投资风险低的项目，所以对收益率要求不高。由于保险资金能承受的风险较低，所以对项目和融资主体的要求很高，对担保、增信的要求相对较高，导致现阶段保险资金参与 PPP 项目融资的案例很少。因此保险资金大规模参与 PPP 项目融资，还需要进行更多的努力。

2.1.2　BOT 融资模式

BOT（Build-Operate-Transfer）即建设—经营—转让，是一种经典的项目融资形式，实际上就是一种对于基础设施的投资、建设和经营的一种新型形式。与 PPP 模式相似，这是政府和私人机构之间达成的一种协议，但是与 PPP 模式不一样的是，PPP 模式指的是政府与私人企业进行合作，双方共担风险，从而降低融资难度和实现利益共享；而对于 BOT 模式，从合作关系上而言，政府和企业之间更为直接的关系是垂直性的关系，也就是政府将建造经营设施的权利授予私企，许可其融资建设和经营该建设，并在规定的许可范围内，私企有权利获得相应的费用，由此获得利润。可以说，BOT 项目融资模式是典型的一种市场机制和政府干预机制相融合的混合经济机制。综合看来，BOT 这种经典的项目融资模式有利也有弊，一方面可以促进经济发展，降低政府负担的同时，回报率也明显；另一方面，对于私企来说融资风险相较而言比较大。如图 2–4 所示，它是指私营机构参与国家项目一般是基础设施或公共工程项目的开发和运营，政府机构和私营公司之间形成一种“伙伴关系”，以此在互惠互利、商业化、社会化的基础上分配与项目的计划和实施有关的资源、风险和利益。模式的基本思路是由项目所在国政府或所属机构为项目的建设和经营提供一种特许权协议作为项目融资的基础，由本国公司或外国公司作为项目的投资者和经营者安排融资、承担风险、开发建设项目并在特许权协议规定的时间内经营项目获取商业利润，最后根据特许权协议将该项目转让给相应的政府机构。

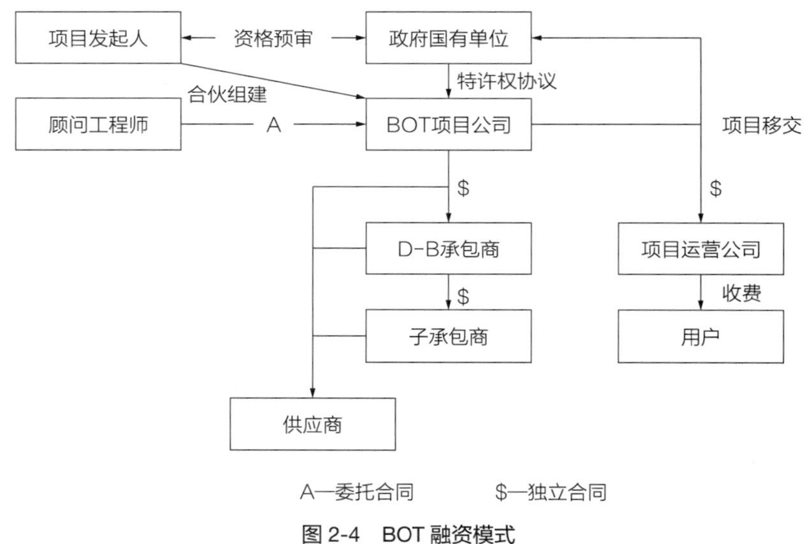

图 2-4　BOT 融资模式

从图 2–4 可以看出，BOT 融资模式的实质是一种债务和股权相混合的产权，它是以项目构成的有关单位，包括承包商、运营商等组成财团，并成立一个股份组织，对项目的设计、咨询、供货和施工实行一揽子总承包，且在项目竣工后在特许期内进行运营，向用户收取服务费，以收回投资、偿还债务、赚取利润，最终将项目移交给政府。

BOT 项目不同于传统意义上的合资、独资或以交钥匙方式建设，其主要区别在于：

1）主体的特殊性。项目的法律主体为政府部门与私营部门。

2）有限追索或无追索的贷款。作为一种项目融资方式，其贷款具有有限追索或无追索的特点。追索，是指在借款人未按期偿还债务时贷款人要求借款人用以除抵押资产之外的其他资产偿还债务的权力。有限追索即贷款人可以在贷款的某个特定阶段对项目借款人实行追索，或者在一个规定的范围内对项目借款人实行追索，除此之外，无论项目出现任何问题，贷款人均不能追索到项目借款人除该项目资产、现金流量以及所承担的义务之外的任何形式的财产。无追索即贷款百分之百地依赖于项目的经济强度。

3）授权期满转让给政府。项目的特许运营期满后，设施需无偿地转让给政府。

4）政府是项目成功的关键角色之一。项目的执行是一个非常复杂的任务和过程，它牵涉很多关键的、需要相互之间能良好协调和合作的关系人，例如项目的投资者、政府、股东、承包商、贷款方、项目产品的用户、保险公司等以及许多经济和金融因素，例如混合贷款、资金偿还利息、用户购买力等。由于项目涉及公众利益并且需要一个大规模的“系统工程”例如土地、交通、能源、通信、人力资源等为基础来实施，因此，项目的成功在很大程度上要取决于政府是否给予了强有力的支持。

5）经营管理的灵活性。项目的经营管理一般是在政府的特许范围内由项目投资者依照自己的模式或委托来进行的。

6）投资规模大，经营周期长。项目一般都是由多国的十几家或几十家银行或金融机构组成银团贷款，再由一家或数家承包商组织实施。一方面，利用这种方式可以拓宽吸引外资的渠道，且银团贷款市场上融资技术颇多创新，如利率结构的灵活多变、资金风险的调节控制以及融资组合的弹性选择等，有利于降低融资成本，并带来先进的技术、设备和管理经验等。另一方面，从与东道国政府协商谈判、进行可行性研究，到经营周期最终结束，时间跨度往往达数年、数十年甚至更长，因此不可避免地存在着多种风险，如政策变动、贸易和金融市场变动等。

7）项目难度大。每个项目都各具特点，一般均无先例可循，每个项目都是一个新课题，都得从头开始研究。

8）要求各方通力合作。项目的规模决定了参加方为数众多，它要求参加方都参与分担风险和管理。参加项目的各方只有通力合作才能保证项目顺利实施、如期完工。

2.1.3 BT 融资模式

BT（Build-Transfer）即建设—移交，是 BOT 的一种演变。由于一些公益性工程项目，企业无法独立实现经济运营，取得投资收益，所以，将“BOT”中的“O”即企业运行过程排除，形成“BT”融资方式。政府授权企业对项目融资建设，项目建成后交给政府，政府用以后的财政预算资金，以偿付企业的融资本金及利息的一种新型融资模式。

作为最为适合我国当下政治、经济和法律环境的融资模式之一，BT 项目融资模式既进一步拓宽了基础设施建设项目的投融资渠道，为政府解决了资金周转的难题；又创新了项目投资建设的管理方式，成为项目投资方新的发展投资途径；同时让银行和其他金融机构获得了稳定的融资贷款收益，使得社会剩余价值最大化。但与此同时，由于国内当前的政治、法律、经济、政策、管理标准等配套的不完善，致使 BT 模式在实践过程中也存在着诸多问题。例如 BT 项目本身耗时长、项目融资难、回款难和建设期中的权责划分及产权归属问题，以及“变相垫资施工”等问题，都极大地影响和制约着 BT 模式的推广和应用。

BT 方式一般涉及各主体：业主建设单位、工程总承包企业、银行（工程总承包企业的 BT 合作银行）。该方式主要是指业主全权委托工程总承包企业建设的某项工程，建设期的资金由工程总承包企业安排，建设期的风险由工程总承包企业承担，在项目建成后工程总承包企业向业主收回融资本金及约定费用，并转让项目的工程建设方式，实施过程简要说明如下：

1. 业主确定项目建设方式并公开招标或议标。
2. 投标前，工程总承包企业与合作银行签订项目合作意向书。
3. 业主与工程总承包企业签订项目建设合同。
4. 业主对工程总承包企业出具全额付款保证，项目建设合同生效。
5. 合作银行与工程总承包企业签订财务顾问协议。
6. 工程总承包企业投资设立项目建设公司。
7. 合作银行以业主的全额付款为担保与项目签订贷款协议。
8. 项目公司通过招标方式选定各标段或分项工程实施单位并组织工程建设。
9. 工程竣工验收备案。
10. 业主付款、项目转让。

2.1.4 TOT 融资模式

TOT（Transfer-Operate-Transfer）即移交—经营—移交，是将建设好的公共工程项目，如桥梁、公路，移交给外商企业或私营企业进行一定期限的运营管理，该企业组织利用获取的经营权，在一定期限内获得收入。在合约期满之后，再交回给所建部门或单位的一种融资方式。在移交给外商或私营企业中，政府或其所设经济实体将取得一定的资金以再建设其他项目。

TOT 多用于桥梁、公路、电厂、水厂等基础设施项目，政府部门或原企业将项目移交出去后，能够取得一定资金，用于再建设其他项目。因此 TOT 通过模式引进私人资本，可以减少政府财政压力，提高基础设施运营管理效率。TOT 方式与 BOT 方式相比具有许多优点，TOT 融资方式只涉及经营权转让，不存在产权、股权之争，有利于盘活国有资产存量，为新建基础设施筹集资金，加快基础设施建设步伐有利于提高基础设施的技术管理水平，加快城市现代化的步伐。

2.1.5 ABS 融资方式

ABS（Asset Backed Securitization）是以项目所属的资产为支撑的证券化融资。具体而言，它是以项目所拥有的资产为基础，以项目资产可以带来的预期收益为保证，通过在资本市场发行债券来募集资金的一种项目融资方式。这种融资方式的特点在于通过其特有的信用等级提高方式，使原本信用等级较低的项目照样可以进入国际高档债券市场，利用该市场信用等级高、债券安全性和流动性高、债券利率低的优势，大幅度降低项目融资投资。

同其他融资方式相比，ABS 证券可以不受项目原始权益人自身条件的限制，绕开一些客观存在的壁垒，筹集大量资金，具有很强的灵活性。其优势具体表现在：

1. 政府通过授权代理机构投资某些基础设施项目，通过特设信托机构发行 ABS 证券融资，用这些设施的未来收益偿还债务，可以加快基础设施的建设速度，刺激经济增长。这样，政府不需用自身的信用为债券的偿还进行担保，不受征税能力、财政预算如发行债券法规约束，不会增加财政负担，缓解了财政资金压力。

2. 采用 ABS 融资，虽然在债券的发行期内项目的资产所有权归 SPV 所有，但项目的资产运营和决策权依然归原始权益人所有。因此，在运用 ABS 融资时，不必担心项目是关系国计民生的重要项目被外商所控制和利用。这是其他融资所不具备的。

3. 发债者与投资者纯粹是债权债务关系，并不改变项目的所有权益。因而，避免了项目被投资者控制，保证了基础设施运营产生的利润不会大幅度外流。作为业主的政府无须为项目的投资回报做出承诺和安排。

4. 减轻了银行信贷负担，有利于优化融资结构和分散投资风险，也为广大投资者提供了更广的投资渠道。

2.2 项目承发包模式

现如今我国正处于一个经济平稳发展的时代，社会不断进步，人们的生活水平也在不断提高，由我国国情决定，我国将长期处于社会主义初级阶段，经济建设作为增强综合国力的基本因素，必须要进行严格管理。建设行业的发展与经济发展的关系紧密，人们也越来越重视建设工程的质量，因此对于建设工程团队来说，提高施工技术，加强团队人员综合素质能力愈发重要，随着建筑规模的扩大，相关建设工程项目承发包模式的选择也受到了各种因素的影响，因此要强化建筑工程管理，选择一个合理的建设工程项目承发包模式，来提高建设工程质量。

2.2.1 建设工程项目发包的法律条文分析

在目前建设工程发展迅速的前提下，国家也提出了一系列有关提高建筑行业质量和建设效率的法律法规，例如《中华人民共和国建筑法》《建设工程质量管理条例》等，在这些法律法规中，表明了国家严格禁止建筑工程肢解发包，提倡对建筑工程实行总承包。所以在我国建设工程施工当中，必须要保证总承包单位承包全部建设工程主体结构，分包行为按照国家的规定是违法的，所以要严格禁止。这种违法行为主要有：

1. 分包对象为基础设施差、相关施工条件无法满足建设工程正常开展的单位；

2. 在未经建设单位认可、相关合同未有约定的情况下，将工程分包给其他单位；

3. 建设主体工程结构交给其他单位施工。

2. 2. 2　建设工程项目常见发包模式

目前，在国内建筑市场上，一种是采用由建设单位分别选定设计单位、施工总承包单位和施工专业承包单位，由施工总承包单位对各施工专业承包单位进行管理和各专业工程之间进行协调配合管理的承包模式。该模式在名称上像是施工总承包模式，但其实质内容却介于平行发包模式与施工总承包模式之间。就施工总承包单位与施工专业承包单位之间的关系而言，更接近平行发包模式。在合同关系上，由于施工总承包单位和施工专业承包单位分别与建设单位签订合同，处于平行关系，因此，在工期和质量方面，施工总承包单位仅对自行施工以及经建设单位同意后分包的工程向建设单位负责；在竣工资料方面，汇总各专业工程竣工资料并移交建设单位；在工程款支付方面，各专业工程的工程款不需经过施工总承包单位审核同意，由建设单位直接审核支付。

另一种是工程总承包，按不同组合方式可分为 EPC 模式（设计—采购—施工）、DB 模式（设计—施工）、EP 模式（设计—采购）和 PC 模式（采购—施工）。其中，EPC 模式在国外实践中广为盛行，被称为“交钥匙”模式（Turnkey），同时也是近几年我国工程建设领域力推的一种治理模式。作为工程总承包模式的一种类型，EPC 模式通常以 EPC 合同的形式出现，即设计—采购—施工合同。在 EPC 模式下，工程总承包商接受业主委托，按照合同约定对工程项目的设计、采购和施工进行总承包，并对其所承包工程的质量、安全、工期和造价等全面负责。对于业主而言，其只需负责整体性、原则性的目标治理和控制。在 FIDIC 合同条件下，采用 EPC 模式的工程总承包项目可以实现从项目可行性研究开始的全过程承包，如对“立项—方案设计—基础工程设计—详细工程设计—采购—施工—试生产及竣工—后评估”的全过程承包。

1. 平行承包模式

由业主方进行牵头，对整个项目进行管理。业主方负责项目立项和融资等一系列工作，同时成立评审小组，负责工程项目承包方招标工作，在确定了将工程交给中标单位后，同时要跟设计、施工、监理等诸多单位签订合同，保证项目能够在法律法规监管状态下进行。设计单位负责设计项目图纸，施工承包商负责在确定工程目标的情况下，根据设计图纸和国家规定的行业标准开展施工工作。项目部负责协调项目不同利益方关系。在该种管理模式下，各个供应商彼此独立、相互平行，各自完成其合同约定工作（图 2–5）。

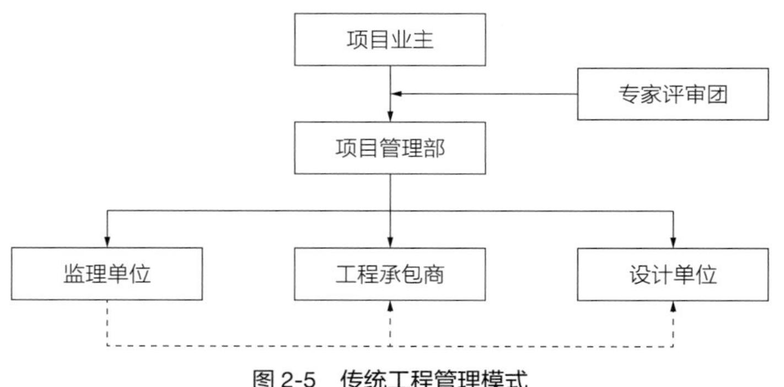

图 2-5 传统工程管理模式

传统工程管理模式对管理部门要求非常高，不仅要求他们具有高水平的管理能力，还需要配备专用技术人才。除此之外，还要求管理部门派遣人员投入大量精力协调不同利益方之间的关系，在产生技术问题时还会引发利益冲突，出现不同部门互相推诿责任的现象，影响项目最终目标的实现。这种模式一般适用于项目不复杂和规模较小的情况。

随着经济持续发展，业主角色也变得越来越复杂，一些业主开始扮演投资人的角色，希望能够通过投资获得更多投资回报，促进商业运作。但是与此同时，一些建筑公司实力不断扩大，技术水平得以提高，资质也越来越强。建筑公司面临的外部压力也越来越大，市场竞争日益激烈，建筑市场也更需要一些具有管理实力、技术实力共存的公司，项目投资人希望降低项目运行风险，于是将一部分工作外包给其他公司，在这种需求下诞生了总承包管理模式。

（1）平行发包模式的缺点

长期实践表明，平行发包模式对于建设单位的管理要求很高，需要配备设计管理、招标管理及合同管理（包括工程、设备、造价、档案资料等方面）的各类高素质专业人员，并参与协调施工过程中设计单位及各总分包单位之间的关系。但建设单位的主要任务不是建设管理，而是在专业素质上，更倾向于开发和运营策划管理。临时配备结构复杂、综合性强的建设管理团队，对建设单位本身的管理来说，是一项不小的考验。在临时组建的建设管理团队综合管理能力上，存在较大风险，而建设单位往往无力承担这样的风险。基于风险应当由最有能力承担的一方承担的理论，建设单位更需要一个长期从事建设管理和具有丰富经验的咨询机构，或选择一家具有相应管理能力的总承包单位来承担建设管理的任务。

（2）平行发包模式的优点

平行发包模式既然对建设单位要求高，管理复杂，但为何在中国持续采用多年。一方面，设计单位、施工单位均是从小到大，再到综合性的发展过程。此前，设计单位、施工单位就其专业技术和管理能力，根本无法实现设计施工一体化或在施工总承包模式下对多专业设计与施工进行综合管理。工程咨询业在中国更是从无到有的过程，工程咨询公司为建设单位提供的专业咨询管理服务也需要一个发展历程。另一方面，中国经济在快速发展阶段，各类工程项目的建设周期包括设计周期都因为多种需要而被压缩了，因此出现了分阶段设计的状况。而分阶段设计为平行发包模式创造了条件，却给工程总承包和施工总承包招标带来了阻碍。总之，其优点可概括为几个方面。

一是有利于缩短工期。设计阶段与施工阶段有可能形成搭接关系，从而缩短整个建设工程工期。

二是有利于质量控制。整个工程经过分解分别发包给各承建单位，合同约束与相互制约使每一部分能够较好地实现质量要求。

三是有利于业主选择承建单位。大多数国家的建筑市场中，专业性强、规模小的承建单位一般占较大的比例。这种模式的合同内容比较单一、合同价值小、风险小，使它们有可能参与竞争。因此，无论大型承建单位还是中小型承建单位都有机会竞争。业主可在很大范围内选择承建单位，提高择优性。

四是在费用控制方面，发包以施工图设计为基础，工程的不确定性低，通过招标选择施工单位，对降低工程造价有利。

（3）平行发包模式的发展变化

在平行发包模式实践中，随着竞争日益激烈，过去粗放的工程管理模式盈利日趋微薄，促使各专业施工单位不断提高技术和管理水平，由粗放逐渐向精细化和集约化转型，越来越多的合同管理问题由以往的不被关注变为盈利的突破口。由建设单位亲自实施建设管理的平行发包模式显示了临时组建的建设方合同管理水平的不足，合同争议问题的暴露为合同结构模式的转变及风险的合理分配意向带来了机遇，也即是为承包模式向更有利于风险控制的模式转变创造了条件。随着国内设计单位、施工单位综合能力的提高，以及咨询业的发展壮大，在技术和管理能力方面，使得承包模式的转变成为可能。

在平行发包模式下，建设单位对设计的管理相对薄弱，由于分阶段设计，各专业设计间的设计配合能力不强。某些重要功能处于后阶段设计，而如果在前阶段的结构、装修或水电设计考虑不够细致，就会导致后期出现设计变更。这不利于工期和造价控制，甚至可能引发大量的索赔事件与合同争议事件。

在国际上，发达的建筑市场的主流模式为从施工中分离出来，专门为建设单位提供咨询服务的施工总承包管理机构所形成的工程总承包管理模式，以及集施工与管理于一体的施工总承包模式，甚至在某些建设单位对需求明确的项目上，承包单位同时承担了设计任务，形成了工程总承包模式。

施工总承包模式需要较长的设计周期，完善的施工图设计文件是施工总承包招标的重要前提。施工总承包单位就整个承包项目的工期、质量、造价及安全文明施工负总责而言，最大限度地降低了建设单位的合同管理难度，转移了合同管理风险。同时也充分发挥了施工总承包单位自身的管理优势，使其与各专业分包单位间的管理关系变成“专业人士间的对话”，能够有效地避免或减少索赔事件的发生。

考虑到施工总承包模式下较长的设计周期，对于工期要求较高的工程项目适应性差，故引入了包含设计任务的工程总承包模式。在建设单位需求明确的情况下，充分发挥了承包单位的创造力和对设计优化的积极性。这种模式进一步减少了设计变更的发生，更有利于缩短工期和节约投资，建设单位只需按需求验收即可。该模式将市场经济中建筑工程管理这一复杂的建设过程变为了“简单交易”关系，充分体现了建筑工程作为商品的特性。

2. 施工总承包模式

施工总承包模式是指业主将工程项目的设计和施工任务分别发包给一个设计承包单位和一个施工承包单位，并分别与设计单位和施工单位签订承包合同。它是处于工程项目总承包和平行承包之间的一种承包模式（图 2–6）。

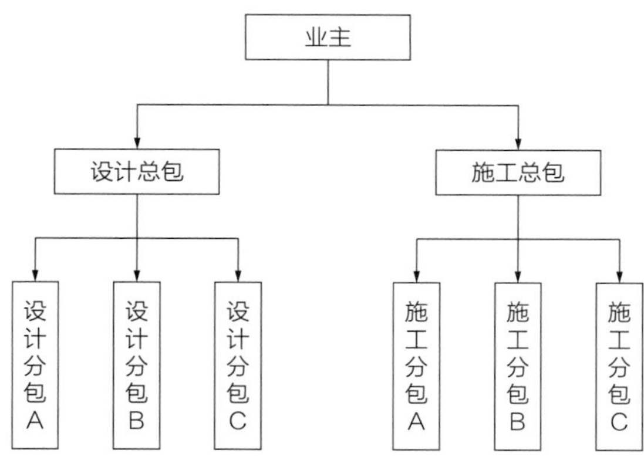

图 2-6 施工总承包管理模式合同结构示意图

设计或施工总承包管理模式的特点：

（1）有利于项目投资的控制。由于施工招标是在设计完成后进行的，所以工程的造价可以根据施工图、工程量清单和有关的费用计算资料进行比较准确的计算，结算方式和支付条件也可以在合同中作详细的约定，有利于项目业主对项目投资的控制。

（2）有利于工程质量的控制。运用这种模式时，工程质量标准和功能要求可以通过施工图纸和合同条款作详细、全面、具体的规定，使工程质量具有约束力，便于业主进行工程质量的控制。

（3）易产生设计和施工相脱节。这种模式使设计与施工相互分离，容易造成设计方案与实际施工条件脱节，忽视施工的可能性和经济性。这就要求通过业主的协调，使设计与施工尽可能相互结合。

3. EPC 总承包模式

（1）EPC 总承包模式概述

EPC（Engineering Procurement Construction）总承包是涵盖工程建设项目的设计、设备及材料采购、工程施工、工程试运行直至交付使用的全过程、全方位的总承包。通常 EPC 总承包商会选派具有符合项目要求的人员担任项目经理，同时建立由具有相应能力的设计经理、施工经理、采购经理、技术负责人等人员组成的项目领导班子，并选择专业齐全的相关人员组成项目各部门，为项目的成本、进度、质量、安全等目标而协同工作。EPC 总承包模式是对项目设计、采购、施工的集成管理，通过合理安排项目设计、采购、施工三个模块的提前交接，将实施阶段的时间进行有效的压缩，以缩短工程建设时间，如图 2–7 与图 2–8 对比所示。同时，EPC 总承包项目的设计、采购、施工一体化，一方面有利于提高总承包方压缩成本的动力；另一方面，三者集成为一家，会减少三者之间的沟通和错误成本，可以更准确地按照计划实施，从而达到降低成本的目的。

在 EPC 总承包的主要部门之中，设计部门一般是从参与或完成项目设计总策划、建筑方案、初步设计和施工图设计的各专业人员中抽调组成，从设计阶段开始负责项目成本、进度、质量和安全等目标实现工作，在施工和采购阶段承担设计内容的协调和解释工作。因为设计阶段工作对后续阶段的目标实现有着基础性的影响，因此一般 EPC 项目都会选择由设计部门牵头实施，逐渐向施工主导倾斜的工作思路。

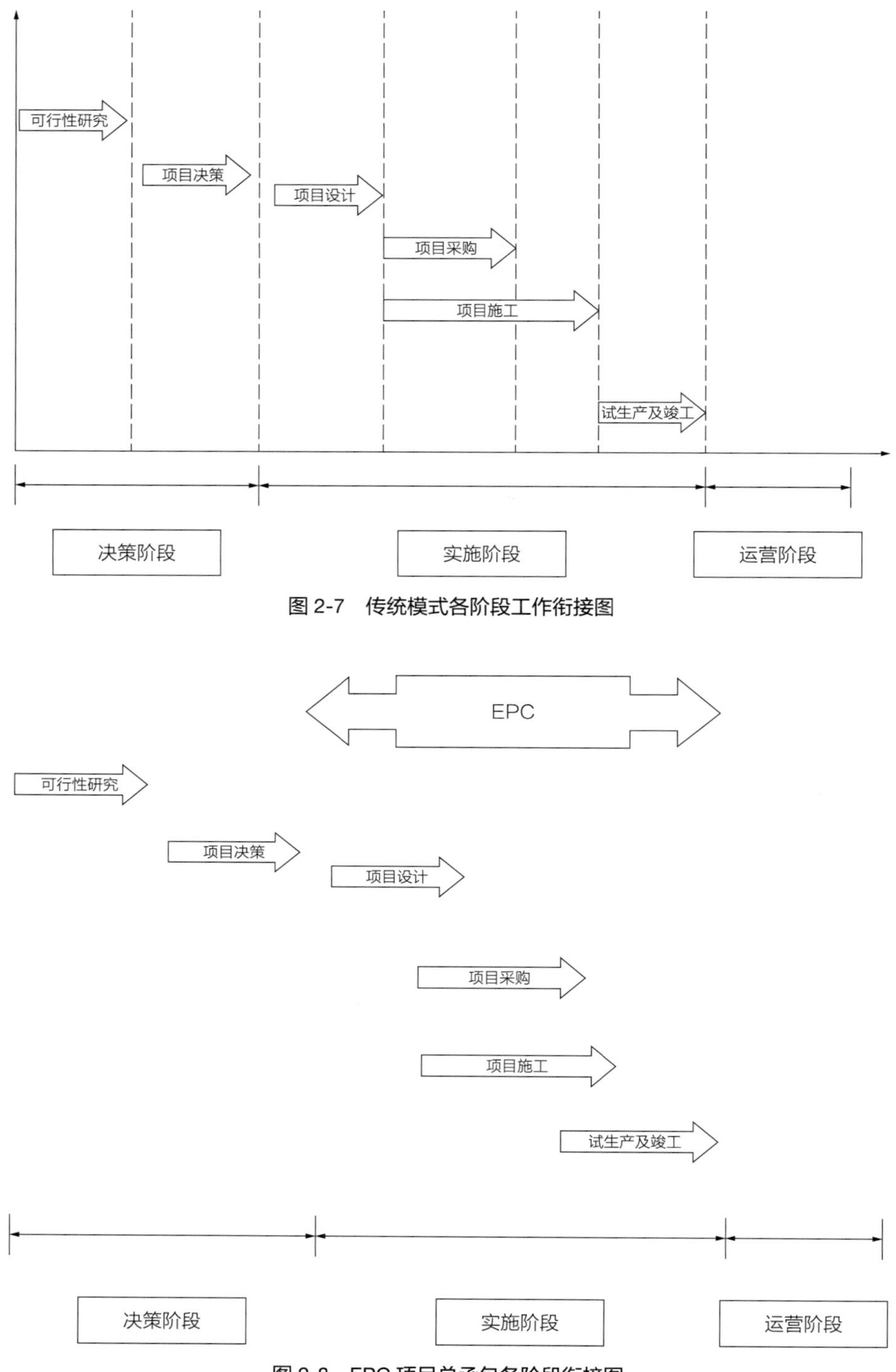

图 2-7 传统模式各阶段工作衔接图

图 2-8 EPC 项目总承包各阶段衔接图

设计阶段为了实现各个目标，需要采取一些工具方法，其中在投资控制过程中，设计人员利用价值工程原理将能够满足业主要求的功能按照严格的设计标准和设备标准进行设计，进而降低工程总造价。在质量和安全方面，由于设计主要是围绕建筑产品进行描述，因此保证图纸的准确度以及与业主功能要求的契合度是关键，一般需要反复与业主沟通确认设计意图、内容，注重合同条款和设计规范的规定，采取有效措施帮助缺乏专业经验的业主理解，同时严格审查自身设计质量，以保证建筑周期下游阶段减少因返工所造成质量及安全的负面影响，也一定程度上降低变更成本。进度方面，由于 EPC 合同模式不再是设计完成后再进行施工和采购的连续建设模式，而是在主体设计方案确定以后，就可以根据设计进展程度选择对已完成设计的部分工程进行施工和设备采购工作。虽然这种“边设计边施工”的模式能够充分利用项目各阶段的合理搭接时间以缩短项目从设计到竣工的周期。

在项目采购阶段，一般由采买、催交、检验、运输及保管等环节构成，以适时、适量、适质、适地、适价为原则制定采购计划。在成本控制方面，根据合同文件和设计文件要求对设备、材料实施选型、选材工作，以满足生产和使用设计规范要求为标准，然后进行市场行情调查，一般就近采购，选用最经济的运输方式，合理确定进货批量与批次，尽可能降低材料储备。在质量和进度控制方面，加强设备材料的生产运输，移交过程的控制，并且在施工阶段按照制定的工作程序、规定和主要控制点对物资进行管理，严格按控制程序和规定的要求开展工作，在施工准备以及实施过程中保证进度要求。

施工阶段是在设计和采购工作的基础上对建筑产品进行生产制造的过程，这个阶段占据着建筑周期的大部分成本、进度、质量和安全的工作。其中在进度控制方面，因为 EPC 工程总承包模式需要严格保证甚至压缩工期才能实现利润目标，因此 EPC 总承包项目对进度的要求很高，需要进行施工计划和进展的测量、分析以及预测，利用项目经理、技术负责人等人员的经验和先进的分析工具进行项目进度计划的制定和监控，当发现影响进度的因素时，及时采取纠正措施对其进行调整。在成本控制方面，总承包商主要通过对工程进展进行测量、各个分包商工程款的结算控制，实现对工程的施工预算、形象进度、工程量统计的同步情况进行审查对比以及施工预算、目标成本、实际成本的三算对比等。在施工质量控制方面，实施办法主要包括检查项目的各道工序，对检验批、分部分项工程、单位工程的分步检查验收，对质量进行确认；在设计人员的参与下，及时组织设计交底等工作，帮助各个施工管理人员、施工班组理解设计意图，提醒注意特殊节点施工工艺，进而减少施工错误；过程中做好对发生的质量隐患、事故的记录，分析其产生的原因，监督质量隐患或事故的整改。在施工安全管理中，制定总体安全管理计划，并要求各专业分包和劳务分包制定专项安全管理措施方案，对具有重大危险源的工程按照规范要求实施审查以及专家论证等工作；施工过程中进行现场安全监督、实行危险区域动火许可证制度、临时用电检查、对安全隐患整改等措施。

在 EPC 总承包模式中，管理方需要对工程进行设计 – 施工 – 采购一体化管理，对分包进行统一性管理，通过统一的标准和流程促进采购、设计和施工三者间的整体优化、深度交叉和内部协调，以及时解决传统模式中存在的因设计、采购、施工等阶段信息不连贯而造成的矛盾和冲突。在工程施工阶段，EPC 总承包管理方利用自身的技术优势和管理优势，实现管理过程信息透明化、公开化，高层管理者介入的手段也有助于能够及时解决实施中出现的问题，从而避免了设计、施工之间的长期相互扯皮现象，但是在整个总承包模式下，涉及业主、专业分包商、劳务分包、供应商等众多主体，如图 2–9 所示，主体之间的协调工作较为复杂。

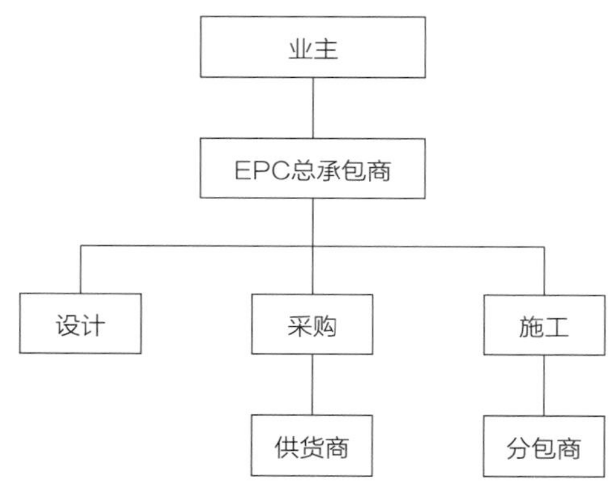

图 2-9　EPC 项目总承包合同结构图

与传统的施工建设相比，EPC 总承包方需要有对整个建设项目具有掌握的沟通力、协调力和领悟力。项目管理班子要熟悉工程设计、施工、采购及其他方面的综合协调管理能力，通过制定统一的标准和制度，减小管理过程中的障碍。

综上所述，与传统的建筑工程承发包的模式相比，EPC 工程总承包将设计与采购和施工等其他环节有机结合，充分发挥设计、采购、施工一体化的优势。

1）EPC 工程总承包由具有设计功能的承包商承担时，由于设计者对工程产品的内容了解，能够比较准确地表达业主要求，发挥设计在此方面的主导作用，有利于妥善处理业主、设备供货商、施工分包商之间的关系，尤其是改善项目设计与施工的关系。

2）EPC 工程总承包模式可以实现设计、采购、施工进度上深入交叉，帮助施工、采购在设计过程中即可以开展工作，避免了传统模式中先设计后施工所造成的时间拖延，这样可以有效地压缩工期。同时该模式通过合理衔接三个阶段，在强有力的团队领导下，可以避免设计、采购、施工相互制约和相互脱节的现象，通过有效的沟通和协调机制实现成本和质量控制目标，这样有利于总承包商获得较好的投资效益。

3）EPC 工程总承包单位往往具有较强的人才技术储备以及现代化的计算机和信息技术优势，这从一定程度上为设计、采购、施工三阶段的协同工作提供了基础，高效率的处理方法和工具帮助各部门为工程质量、成本、安全、进度目标共同努力工作。

4）EPC 工程总承包具备优化设计方案的动力，通过不断优化设计方案，可以避免资源的无故浪费，施工人员在设计的协助下制定施工方案，有利于降低采购、施工阶段的成本，而采购与施工之间的进度协调也有利于达到既满足技术要求又能节省投资的目的，并且最大限度地控制进度。

（2）目前存在的问题及原因分析

通过紧密协同设计、施工、采购，缩短三者之间的交接时间，同时不用等待设计全部完成再实施采购和施工，而是在设计达到一定要求后就可以组织施工和采购，进而有利于压缩工期，降低成本。但是在此模式下，也存在一定的弊端，包括总承包商的内部协调工作量大，对项目管理人员素质要求高，管理工具负荷大，需要从组织、经济、技术、管理等措施来总体制定管理规划。

1）项目成本控制难度大。因为总承包模式下总承包商需要控制设计、采购和施工三个阶段的工作，而且 EPC 项目周期较长，相对于传统的工程建设模式，项目材料、设备、人工等价格波动风险较大，自然会增加成本外部因素控制难度。同时在大多数情况下成本管理仅仅限于采购阶段，在设计阶段的成本控制理念不够，主要是因为传统成本管理模式主要集中在采购管理及施工管理阶段。

2）协调工作量大且难度大。EPC 工程总承包项目往往较为庞大，参与的单位较多，对内有专业分包、材料供应商、劳务分包等，对外有监理、业主方、政府单位等，而 EPC 总承包方作为总负责方，需要协调内外部各方，以达到充分调动各方资源的目的。但是在大型 EPC 总承包项目中，承包商对于工程各方面的控制深度有限，虽然业主聘请监理监督，但是如果没有成熟的管理机制，总承包商很难对发现工程中存在的所有质量、安全问题进行系统地处理，不仅增加了领导班子的压力，还容易造成各个部门的管理混乱。而分包商能力的参差不齐也会增加总承包商在总体进度控制上的压力，因此选择信誉度高、技术实力强的分包商是保证项目成功的重要因素之一。

3）工程的设计控制能力有所降低。虽然在EPC总承包项目中，设计的优势比较明显，但是由于设计部门无法全程跟踪项目实施，另外在合同实施过程中，受限于设计人员数量，对于承包商的设计已符合合同规定的标准之下，提高设计质量则成本会增加，而当面临业主变更以及多个分包对合同不符的部分提出修改时，设计承担着较大的图纸变更压力，从而降低了设计对项目施工、采购过程的参与度，如果设计单位的定位不当，会降低设计的牵头作用。

4）总承包商承担了绝大部分项目风险。EPC工程总承包合同往往是总价合同，因此大部分风险转移到了承包商。EPC总承包项目具有项目周期长、主体众多、投资相对较大的特点，以及业主将主要风险全部转移到总承包身上，导致总承包管理环境要比设计或施工等单项承包复杂得多，风险较大。

综上所述，相对于传统模式而言，由于EPC模式涵盖了工程项目的整个实施阶段，工作范围大，参与方数量大幅度增加，而且EPC总承包方承担了绝大部分风险，这就对总承包方在进度、质量、成本、安全等方面的统筹管理要求更高。因为EPC项目总承包方作为涵盖设计、采购、施工的集成管理者，必须根据三者之间的区别和联系，全过程、全方位地管理项目进度、质量、成本、安全。通过从案例实施过程分析，设计、采购、施工在完成项目目标方面各有侧重，对项目目标的影响也不尽相同。设计文件是对工程项目的描述性实施，对建筑产品功能、材料、施工、设备都进行了有依据的策划，其围绕着建筑产品的内容对整个项目的采购、施工产生影响。

采购、施工两个实施阶段建筑产品的实现过程，是对成本、进度、质量计划的实施。这两个阶段也是参与各方产生交集和冲突的主要阶段，业主、监理、政府、居民等外部相关方和设计、施工、采购、分包、供货商等内部相关方形成了EPC项目实施过程中的协调集。因此，在采购和施工阶段，不仅需要依据设计文件及规范，还需考虑本阶段所涉及的人、机、材、环境、方法等现场因素，全方位地进行进度、质量、成本、安全等方面的控制，这导致EPC管理策划相对于传统承包模式来说，更加宏观观察和策划设计、采购、施工三者之间主要节点的深度交叉，从而保证项目整体进度。设计、采购、施工对项目质量的影响存在顺序上的差异。设计质量对后续阶段的施工、采购有着重要的影响，而采购、施工在按照设计要求实施的同时，更需要控制各自阶段的质量；设计对整体成本控制影响有着先天优势，但由于设计阶段的工作主要是围绕着建筑产品而展开，因此设计对 EPC 成本控制的全面性不足，其主要是从减少设计变更等方面直接降低成本，通过提高设计质量间接影响成本，而施工、采购则主要是进行过程性的成本控制；在安全管理方面，设计阶段需要按照施工安全、使用安全规范要求进行设计工作，在原材料、工艺安排、施工方法等方面对现场安全有着间接影响，而施工阶段则是主要承担 EPC 项目的安全生产责任，因此安全策划、实施、风险控制等工作量较大。

（3）注重 EPC 工程总承包项目的策划

由于 EPC 项目较大，参与的各方较多，因此项目开始时的策划对于项目运行过程中的管理至关重要。只有参与建设各方及各个人都理解项目建设的质量、进度、安全的要求，才能提高建设的效率，保证项目按照既定的目标进行，高质量的项目策划是项目成功的开端。为了更好地加大项目的有效运转，项目部需要编制总体策划方案，主要包括承包范围及内容、主要目标、实施要点和要求、采购标段划分、主要岗位的设置、设计采购施工进度计划（里程碑进度）。

1）承包范围及内容包括承包的范围、工程和工作内容的分界，主要描述项目部、业主方及分包方的责任关系，明确项目部的承包范围及与业主方的各项工作的分界，同时明确项目部与分包方的权责关系，使项目部在后期运行时能清晰地履行职责及权利。

2）主要目标是确定项目的成本目标、进度目标、质量目标、职业健康安全目标、环境目标、保密及廉政建设目标、档案目标等。

3）项目部结合前期施工经验，针对本项目的难点重点认真分析，从建筑自身及施工过程管理方面采取措施，保证项目按照正常的轨道进行。

4）采购标段划分需要充分考虑各建筑单体情况、设计及施工进度安排情况、采购包的类型及数量等因素，做到采购包数量合理，便于招标采购，便于合同及供货管理等。专业分包将对专业性要求较强，确实需要专业队伍实施的内容进行采购。甲供材料设备将对重要的材料设备进行采购；部分服务工作将进行服务采购。根据以上要求，列清采购清单。

5）根据项目需求配置相关的管理人员，同时明确公司的各归口部门及单位的权责，保证项目的协调能力。

6）设计、采购、施工进度计划：编制总体计划，EPC 项目总体计划包括设计、采购、施工，从总体工期需求，合理编制总体计划，编制计划时邀请所在企业中的设计、采购、施工领域的专家进行编制及审批。

（4）发挥 EPC 工程总承包项目的设计优势

由于 EPC 项目中相关方众多，即使项目经理也不容易及时了解和调度各方需求，而设计作为项目产品的描述者，可以围绕着建筑产品展开总体进度、成本方面策划的优势，通过建立标准化的设计管理文件，涵盖涉及施工、采购等方面的信息。加强现场设计人员的利用，通过现场各专业设计对各个单体进行综合管线的协同处理，及时解决现场施工问题，可以有效地提高施工质量，加快进度，进而降低施工成本。另外，采用先进的信息技术，提高设计向施工、采购阶段的信息传递，降低信息孤岛的负面影响，整体调度设计、施工、采购之间的管理程序，设定信息流向，进而实现多方之间相互协同。EPC 工程总承包项目通常是设计牵头，设计对项目的进度、质量、成本等起到重要的影响。设计部门主动与施工部门沟通施工顺序及施工方法，为了保证进度，根据难易程度、风险大小和施工顺序，合理计划各分部分项或单位工程的设计顺序，促进设计与施工的深入交叉，以提高总体进度按时完成的可能性。

采取施工图纸公司内部审核及委托第三方进行审图，重点审查与规范、法律法规等是否有违背，以保证图纸足够详细准确，减少后期不必要的返工及签证。项目部实行限额设计，以成本估算值作为施工图初步方案设计的控制上限，将初步设计方案概算作为施工图设计的成本控制上限，最后采购和施工招标以施工图预算作为决策依据。注重设计方案优化，把握宏观，注重细节，建立设计经济责任制。同时在施工阶段发生变更时设计也充分考虑成本控制理念，尤其是内部发生变更时需按要求审批完成后才能发生变更。

（5）强化 EPC 工程总承包项目采购的控制

由于能够从设计开始追踪成本信息，让各方围绕成本进行协同，因此可以全过程控制成本，在设计阶段审查设计方案是否达到成本目标要求，若达不到再进行优化。在采购及施工阶段，通过审查一系列的费用文件，及时对发生费用偏差的事项采取措施，如控制设计变更、签证等情况，对项目的总体成本状况比较了解，进而能够较大范围地有效压低材料设备价格，降低成本。

在采购策划方案的编制中，需要根据总体策划的采购包划分进行投资预算分析，选择合理的招标方式。然后结合设计、施工、材料设备生产加工等进度计划情况编制采购计划，使采购与施工合理搭接，保证总体建设进度按计划执行。根据公司供方库情况，结合项目部所在地、所需资质、工期、质量等原因综合选择供方单位。编制招标文件，确定详细的招标范围，明确投资（尤其是工程量，防止漏项），同时与设计部门充分对接，对技术要求部分给予明确，保证项目的质量。在完成评标工作后，按照要求确定中标单位及签订合同。在实施阶段，按照要求催缴材料设备、按合同要求执行建设内容及要求。

采购管理需全员参与，不能单纯地由采购部门进行负责，在采购及招标时设计部门、施工部门及企业相关方要给予充足的支持，保证招标或询价文件能满足进度、质量、安全、成本要求。在实施阶段也需所有部门充分对接，如专业分包的定标后主体转移至施工部门，但合同管理、成本管理还需采购部门进行支持，保证分包方按合同执行；材料设备的供货需设计、采购、施工部门进行认可，确认是否满足相关要求。

采购管理是实施阶段成本控制的关键环节，采购完成后合同价即为各分包的成本，合理高效地确定各采购包的投资控制目标。采购进度往往决定项目的建设进度，因此采购计划与施工计划的合理搭接将是项目总进度计划的关键，采购计划必须满足项目进度计划需求。

（6）深入 EPC 工程总承包项目施工的管理

EPC 工程总承包项目施工阶段协调的任务重大，所面对的各方面关系较为复杂，首先要保证项目的进度、质量、安全、成本按照既定目标进行，同时需协调业主方、监理方、分包方、政府部门等的关系，因此施工阶段的管理将决定项目能否顺利完工。

EPC 项目需制定安全管理程序、质量管理程序、进度管理程序等一系列程序以保证施工阶段的各项目标，在编制相关的管理程序时需结合企业自身的管理体系，结合最新的法律法规、EPC 模式的规定，综合考虑设计、采购、施工各个阶段，注重各个阶段的相互搭接及串联，保证项目安全、质量、进度及成本处于稳固高效状态。

为了保证项目高效运转，EPC 工程总承包项目的协调管理机制至关重要，因此需专门设置协调委员会，协调委员会组长需由项目经理兼任，同时建立长效的管理协调机制及管理体系。由于 EPC 工程总承包项目往往较为庞大，需要协调的任务量较大，项目经理的协调范围有限，为了保证项目协调更加高效，可设置企业高管作为项目集资源协调者，协助项目经理协调各方关系，通过企业顶层提高协调的力度。

为了更加高效地解决问题，可以调动 EPC 项目的优势资源集中解决某个单体项目中的难点，从而为项目实施进度、质量保驾护航。同时，可以将具有共性的问题总结汇总，完成组织过程资产的更新，进而提高项目部及企业的经验应用价值。

在施工阶段不能出现施工部门孤军奋战的现象，要注重与设计、采购部门的对接，转变设计部门仅仅作为一个设计者身份的观念，引导设计人员全程参与项目建设，敦促设计部门及时发现问题解决问题，才能体现 EPC 总承包项目的优越性。

4. 联合体承包模式

（1）联合体承包模式概述

联合体承包模式是指两个或者两个以上的组织形成联合体，在工程中共同承担项目，随着建筑市场的建筑模式越来越多样化，项目额度越来越多（图 2–10）。这种方式的出现比较新颖，联合承包的方式让业主在选择承包方的同时能够更为详细地去比较，从不同的程度上能够满足业主对技术和质量以及进度的高要求，从而更为高效、专业地去完成项目的施工过程。

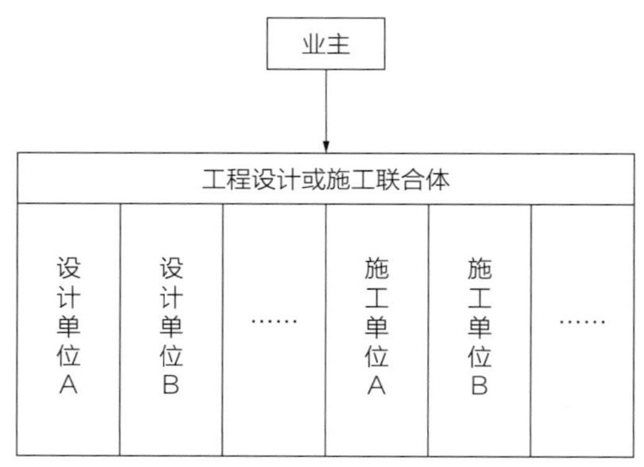

图 2-10　联合体承包模式结构示意

（2）联合体组建的一般原则

1）联合体是一种临时性组织，是为了承包某一工程而成立的，工程任务完成后联合体自动解散。

2）联合体内部签订合同，明确各方的责任、权利和义务，并按各方的投入比重确定其经济利益和风险承担程度。

3）联合体必须产生联合体代表，明确联合体的总负责人。

4）用联合体的名义与业主签订承包合同。

5）联合体的各方对承包合同的履行承担连带责任。

（3）联合体承包模式特点

1）适用范围广。有利于业主选择优秀承包商，积小成大，使中小型承包公司也能承揽较大的工程项目，为在大范围内开展竞争提供有利条件，适合一些国家中小型公司多、专业性强的特点。

2）抗风险能力强。联合体可以集中各成员的技术、资金、管理和经验等方面的优势，增强竞争能力，也增强抗风险的能力。如果一个企业破产，其他成员企业共同补充相应的人力、物力、财力，使工程的进展不受影响，减少业主的风险。

3）合同少，合同管理较为方便。联合体模式合同，只有一个设计或施工合同，可以集中力量对此实施管理。

4）组织协调工作量少。监理工程师主要与联合体的项目经理进行沟通，相比于平行发包组织之间的界面少得多，使组织协调工作减轻。

5）有利于进度和质量控制。由于联合体能够按优化组合的原则形成，所以对进度和质量方面自行控制的能力较强。

5. 施工管理模式

（1）施工管理模式概述

施工管理模式即 CM 模式，英文全称 Construction Management，是指特定的一种承包模式，是由一位美国人提出的，在国内外有一定的传播。这种模式下，承包单位接受业主委托，采用“快速通道”的组织方式来进行设计、分包和施工管理的一种特有模式，其主要目的是希望可以通过这种方式尽量对工期进行有效控制，是一种以快为目的的组织方式，也就是快速思维，不管设计、分包、施工都要以快速为基础来进行。

（2）CM 模式的特点

1）CM 的基本指导思想是缩短建设周期，其生产组织方式是采用设计一部分，招标一部分，施工一部分，实现有条件的“边设计、边施工”。

2）由于管理工作的相对复杂化，要求业主委托一家 CM 单位担任这一新的管理角色，该 CM 单位的基本属性是承包商，但既区别于施工总承包，也不同于项目总承包，而是一种新型的承包商角色，是由一批精通设计又精通施工的人员组成的管理公司，有能力防止由于边设计边施工引发的不协调而导致施工中修改设计。

3）班子的早期介入，改变了传统承发包模式设计与施工相互脱离的弊病，使设计人员在设计阶段可以获得有关施工成本、施工方法等方面的信息，因而在一定程度上有利于设计优化。

4）由于设计与施工的早期结合，对于大型工程项目来说，设计过程被分解开来，设计一部分，招标一部分，设计在施工上的可行性已在前一部分施工过程中得到检验，其可行性与否已得到验证，因此，设计变更在很大程度上减少。

5）施工招标由一次性工作被分解成若干次进行，使施工合同价也由传统的一次确定改变成分若干次确定，施工合同被化整为零，有一部分完整图纸即进行一部分招标、确定一部分合同价，因此合同价的确定较有依据。

6）由于签约时设计尚未结束，因此合同价通常既不采用单价合同，也不采用总价合同，而采用“成本加利润”方式，即 CM 单位向业主收取其工作成本，再加上一定比例的利润。CM 单位不赚取总包与分包之间的差价，它与分包商的合同价是经业主同意，将来也可由业主直接支付的。亦即 CM 单位向业主投标报价只是自己的项目管理费用，不含工程价。

7）由于班子介入项目的时间在设计前期甚至设计之前，而施工合同总价要随着各分包合同的签订逐步确定，因此，班子很难在整个工程开始前固定或确定一个施工总造价，这是业主要承担的最大风险。

（3）CM 模式合同结构

国际上 CM 模式的合同结构可分为非代理型和代理型两种基本类型。非代理型 CM 模式是指 CM 单位不是以“业主的代理”身份，而是以承包商的身份工作，即由 CM 单位直接进行分包的发包，由 CM 单位直接与分包商签订分包合同（图 2–11）。

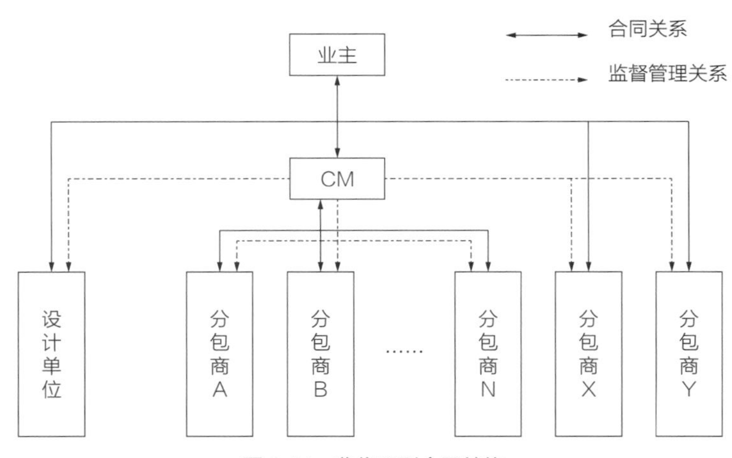

图 2-11　非代理型合同结构

非代理型合同与其他各种承包模式的区别：

1）业主与 CM 单位签订合同，而与大部分分包商或供应商之间无直接的合同关系（除业主自行采购或自行分包之外），如图 2-11 中业主对分包商方面，合同关系简单，对各分包商的组织协调工作量较少。

2）CM 单位需与各分包商签订分包合同，与各供应商签订供货合同。CM 单位对分包商或供应商的管理强度增加，责任和风险也相应增大。

3）CM 单位介入项目时间较早，合同不需要等施工图出齐之后才签。CM 合同一般采用“成本加利润”的方式，CM 单位与分包商每签一份合同，才确定该分包合同价，而不是事先把总价包死，因此与施工总承包模式有很大的区别。

4）原则上业主与分包商或供货商之间没有合同关系，但在许多项目中业主希望保留与某些分包商或供货商签约的权力。CM 单位往往同意接受，并愿意有条件地对其进行管理。

5）CM 单位对各分包商的资格预审、招标、议标以及签约，都必须经过业主的确认才有效。在特殊情况下，若业主有要求，与分包商的合同价款亦可以由业主直接支付。另外，业主还可以向 CM 单位指定与其签约的分包商或供货商。

6）CM 单位与设计单位之间无合同关系，但是在采用“边设计、边施工”方法加速建设周期时，必须与设计单位紧密协调。由于 CM 单位的早期介入，并从施工方法和施工成本角度向设计提供合理化建议，若 CM 单位与设计单位之间产生矛盾，仍需要由业主进行协商。这是 CM 模式与项目总承包模式的最大区别。

7）业主保留部分签约权。非代理合同结构中，原则上所有分包合同或供货合同都是由 CM 单位来签订，业主只与 CM 单位之间有合同关系。但是，考虑到下述原因，往往会希望保留与某些分包商或供货商直接签约的权力。① 业主信赖某分包商，对其水平和实力很有把握或曾经与之有合作经验，相信其报价合理、严守合约，希望就分项工程继续与之合作。② 业主的某些材料或设备有可靠的供应渠道，如果价格便宜、质量可靠、信誉保证，则有意向直接签约购买。③ 对于某些占投资比例较大的设备系统、工程量重点关键部位若由 CM 单位来选择分包商或供货商，业主会缺乏信心，因此选择自己操办会更放心。④ 由于 CM 单位自身的原因，在招标、合同谈判以及合同管理等各项实际工作中逐渐表现出缺乏能力，而业主不得不采取补救措施时，业主应在与 CM 单位签订的合同中确定自行签约的范围，而不能在项目实施过程中随意决定或改变。否则可能会造成招标工作的重复，或造成 CM 单位工作被动，给 CM 单位带来不利。

代理型项目管理模式是指 CM 单位仅以“业主代理”身份参与工作，CM 单位不负责进行分包发包，与分包商的合同由业主直接签约。代理型管理模式的合同结构见图 2–12。

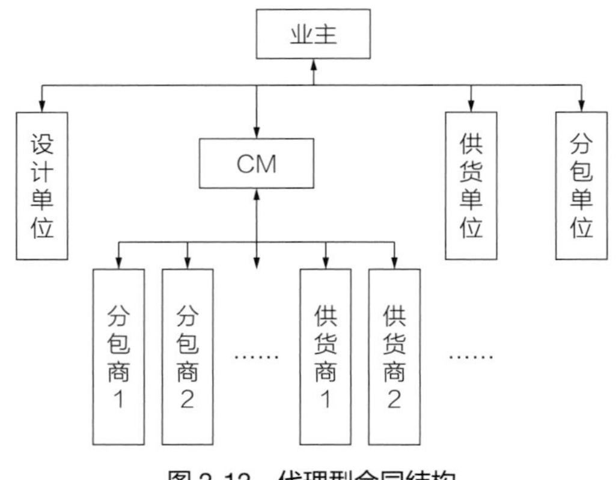

图 2-12　代理型合同结构

代理型合同结构特点：

1）业主直接与分包商或供货商签订合同。与非代理型模式相比，业主所签合同数量明显增加，因此合同管理工作量以及组织协调工作大大增加。

2）CM 单位与各分包商或供货商之间无合同关系，所承担的风险比非代理型小。

3）CM 单位的身份是进行实质性管理的顾问，不直接从事施工活动，亦不承担保证最大工程费用（简称 GMP）。

4）CM 单位与设计单位无合同关系，不能向设计单位发指令，它们之间是协调关系。

非代理型与代理型的区别与联系：

1）采用非代理型模式，CM 单位承担的风险大于代理型模式。

2）采用非代理型模式，CM 单位对分包商的控制强度大于代理型模式。

3）在非代理型模式中，由于业主对工程费直接控制减少，因而风险大，为了促使 CM 单位加强工程总费用控制，业主往往要求 CM 单位要承担保证最大工程费用，超出部分由 CM 单位承担，节约部分归业主。而代理型模式不承担保证最大工程费用。

4）两者的合同内容和合同组成有很大区别。

5）在代理型模式中，CM 单位不向业主单独收取利润，而非代理型要收取利润。

（4）CMPNon-Agency 的组织结构特点

1）一般情况下，业主只向 CM 经理发指令，不越级直接指挥分包商、供货商，而由 CM 经理向分包商、供货商发指令，以保持命令源的唯一性。如果业主对分包商、供货商有指示或要求，应通过 CM 经理传达。

2）CM 经理向业主负责，分包商、供货商向 CM 经理负责。CM 经理有向业主汇报工程的进展情况、反映施工中出现问题的责任，分包商、供货商有向 CM 经理反映和汇报工程情况的责任。一般情况下，分包商和供货商不应直接把矛盾上交业主。

3）在选择和确定分包商和供货商时，CM 经理要和业主一起共同研究，但在施工过程中，由 CM 单位负责直接管理和指挥分包商和供货商，并负责协调各分包商和供货商之间的关系。CM 经理是施工现场的总指挥和总负责人。

4）由业主自行签约的分包商和供货商，根据业主和 CM 经理双方的商定，可由业主直接进行管理，也可委托 CM 单位进行管理。对后一种情况，业主应在分包商或供货商的合同中加入有关条款，要求其接受 CM 经理的指挥。

5）业主指定的分包商在组织关系上与一般分包商处于同等地位，也应由 CM 经理负责管理，由于 CM 单位与分包商之间没有合同关系，因此它只为在其专业领域内的咨询活动向业主负责，他不承担 GMP（保证最大工程费用）责任。

6）业主可以直接向设计单位发指令，但 CM 单位可以向设计者提出合理化建议，而 CM 经理不能向设计单位发指令。CM 经理与设计者在工作上是合作关系，在组织上是协调关系。

（5）CM 模式的应用价值及适用范围

CM 模式的应用价值在于以下三个方面。

1）CM 模式在项目进度控制方面的价值

① 采用快速路径法缩短建设周期；② 比项目总承包招标时间短；③ 减少因修改设计造成的工程延误；④ 提前安排设备招标和采购以赢得工期；⑤ 采用现代化管理方法和手段控制工程进度。

2）CM 模式在项目投资控制方面的价值

① 比施工总承包合同价更具合理性；② 单位不赚总包与分包之间的差价；③ 采用价值工程方法挖掘节约投资的潜力；④ 最大费用担保（GMP）大大减轻了业主在投资控制方面的风险；⑤ 采用现代化管理方法和手段控制工程费用。

3）模式在项目质量控制方面的价值

① 设计与施工的结合有利于提高工程质量；② 严格的质量控制程序为工程质量提供了保证。

CM 模式适用范围如下。

CM 模式的特点决定了它特别适用于以下类型的工程项目：① 项目实施周期长，而工期要求又特别紧张的项目；② 投资量大，规模大的项目，如现代化群体高层建筑或智能大厦；③ 适合于很难通过施工总承包将合同价包死的项目。

模式不适用于以下类型项目：① 规模小、工期短的小型项目；② 设计已标准化的项目，施工图设计已完成的项目；③ 设计简单或工期不紧的项目一般不采用模式。

一般而言，复杂项目宜搞 CM 模式，对于大量标准建筑、简单建筑则不适合搞 CM 模式，而更适合采用总承包模式。CM 模式与其他承包模式一样，具有一定的局限性，引进时应了解其特点，切忌一哄而上。

目前，国内项目能否采用 CM 模式，主要有三大限制：① 首先依赖于在建筑市场中有 CM 单位；② CM 模式的特点在于签约时合同不定，如果业主没有一个好的投资规划，对总投资控制的不确定性将承担一定风险；③ 目前国内施工图审查制度是实现 CM 方式最大障碍，要允许分阶段对施工图审查才能推行 CM 方式。

6. 影响承发包模式转变的因素及应对措施

尽管政府建设行政主管部门极力推行工程总承包模式，但目前国内建筑市场中却存在一些阻力。主要表现在以下几点。

（1）设计周期短、分阶段分专业设计的情况在目前设计管理中经常出现。在设计文件尚未完整的情况下，以工程量清单计价模式为基础的招标无法很好地实现施工总承包，而更多的是“施工总承包管理配合服务”这一不完整的施工总承包模式。建设单位仍需一如既往地全面参与建设管理过程，承担较多的设计单位与施工单位以及各专业施工单位间的协调管理工作，处理较多的设计变更问题，面对较大的合同争议风险。

应对措施：正确地认识工程需求与设计周期，不能违背当前生产力状况去任意压缩建设周期，以确保有充足的时间完善设计。有条件的项目，可考虑设计施工一体化招标，尽可能将后期需要施工单位深化设计的专业工程进行设计施工一体化招标，如建筑幕墙工程、智能化系统工程等，以避免在施工期间引发较多的设计变更。

（2）各施工总承包单位的综合管理能力有待进一步提高，工程咨询机构的综合管理能力和服务水平需要更全面、深层次的发展。

应对措施：在建设工期不紧的项目上，尝试性地推动施工总承包，并要求严格实施，以提高施工总承包单位及工程咨询机构在施工总承包模式下的适应能力，使其积累经验并逐步发展壮大，而不是总处于旧模式下经验的不断延续。不断研究调整工程建设合同范本，使其风险分担更趋合理、合同管理结构更清晰，使工程项目管理人员摆脱冗余的合同条款烦扰，有更多时间在其专业知识领域进行深入研究。

（3）虽然《建筑法》明确禁止违法分包和严禁转包，在《建筑业企业资质管理规定》（建设部令第 159 号）第五条明确了建筑业企业资质分为施工总承包、专业承包和劳务分包三个序列，并对其总分包关系进行了详尽阐述，但目前建筑市场的劳务分包状况仍较为混乱。违法分包、再分包、以劳务分包之名转包的情况非常严重，以包代管的“包工头经济”更无力承担起施工总承包的角色。

应对措施：要全面实施施工总承包，就一定要规范劳务分包市场。一方面坚决查处转包这一违法行为，实现施工总承包单位对工程的实际管理控制。目前，部分地区推行了平安信息卡，对工人信息进行了集中收集管理。若在此基础上增加收录工人各类考核合格证明以及加强现场身份识别验证与管理，将为规范劳务分包市场带来重大突破。另一方面大力发展工程建设项目管理信息化，通过提高管理效率来节约管理成本，从而提高施工总承包单位深入管理的积极性。

2.3　工程全过程咨询

随着“一带一路”倡议，我国的建筑业正在走向世界舞台，这也促进发展了我国的工程咨询行业，但我国的工程咨询服务标准与国际不接轨，这将是制约我国建筑走向世界的一大因素，因此我国需要有一款更先进更国际化的工程咨询服务模式，全过程工程咨询服务脱颖而出。自提出推行全过程工程咨询服务后，我国各级政府开始大力鼓励公建项目使用全过程工程咨询服务，全过程工程咨询服务实施后在一定程度上解决了公建项目参与方过多、流程烦琐等一些问题，但是在实际执行中全过程工程咨询服务模式的问题也逐渐显现。

2.3.1 全过程工程咨询的定义

我国工程咨询行业始于20世纪80年代。由于传统工程组织模式的影响以及咨询业务多头主管的体制因素，我国咨询行业长期处于条块化分割状态，形成了单独的项目管理、投资咨询、勘察设计、工程监理、造价咨询、招标代理等专业化的咨询服务业态，导致业内对“工程咨询”的理解比较混乱，全过程工程咨询更是对国际行业发展惯例的审慎借鉴。根据国家发展改革委2017年最新修订的《工程咨询行业管理办法》，对全过程工程咨询定义：采用多种服务方式组合，为项目决策、实施和运营持续提供局部或整体解决方案以及管理服务。关于全过程工程咨询的详细定义，在相关省份的关于全过程工程咨询的试点工作方案中也有所描述。

浙江：对建设项目全生命周期提供技术、经济、管理和法律等方面的工程咨询服务，包括项目建设管理和项目专项咨询两个部分。

福建：全过程工程咨询是指由一个单位或多个单位组成的联合体，提供涵盖项目决策阶段和实施阶段的项目建设全过程的专业化工程咨询服务。

江苏：全过程工程咨询是对工程建设项目前期研究和决策以及工程项目实施和运行（或称运营）的全生命周期提供包含设计在内的涉及组织、管理、经济和技术等各有关方面的工程咨询服务。

2.3.2 全过程工程咨询的发展现状

1. 全过程工程咨询与传统工程咨询的区别

全过程工程咨询不同于“碎片化”工程咨询，很多人把全过程工程咨询看成是“碎片化”咨询的结合，这种想法是错误的。传统的工程咨询是把整个工程分割开来，分由各个没有联系的机构来完成，这些机构包括设计、造价、监理和招投标等，这种分割开来的咨询服务由于没有整体的交流和沟通，在最终的交接时可能会产生很多麻烦和错误，甚至可能会由于某一机构的问题而导致整个工程的延期，最终将花费业主更多的人力物力财力。全过程工程咨询不是简单“联合、并购、重组”的资源整合，也不是简单的“碎片化”咨询的结合，而是把各个咨询单位在项目全生命周期内不同的阶段串联起来，对各个咨询单位作为整体统一管理，形成具有连续性、系统、集成化的全过程工程咨询管理系统。

2. 发展现状

国外的全过程工程咨询服务出现得比较早，在第二次世界大战之后，国外的工程咨询就有从专业咨询往综合咨询发展，国外的工程咨询模式并不是像国内咨询公司将专业咨询模块分隔开，而是让业主根据项目特点选择合适咨询公司参加阶段性或全过程的工程咨询，全过程工程咨询服务自然而然地形成了。

国内的全过程工程咨询才刚刚起步，2017 年 2 月，国务院办公厅《关于促进建筑业持续健康发展的意见》首次提出了“全过程工程咨询”的概念，强调要完善工程建设组织模式，发展全过程工程咨询，试行建筑师负责制。同时鼓励勘察、设计、监理、招投标等企业开展全过程工程咨询，改变过去粗放增长模式。与传统工程咨询产业链的部门化、松散化和碎片化的状态不同，全过程工程咨询旨在引入具有我国特色的连续性、系统性和专业性，这也符合国际规则和惯例中对可持续发展理念的坚持。2017 年 4 月，住房和城乡建设部《建筑业发展“十三五”规划》对工程咨询服务业发展质量和委托方式提出了要求，并希望鼓励有能力的企业能够提供综合的、涵盖项目全生命周期的咨询服务。同年 5 月，住房和城乡建设部《关于开展全过程工程咨询试点工作的通知》和《工程勘察设计行业发展“十三五”规划》指出，要完善全过程工程咨询管理体系、建设组织模式，探索总结全过程工程咨询的服务模式和监管方式，并在全国 8 个省市以及 40 家企业开展全过程工程咨询试点工作，试点期为 2 年。随后，江苏等各试点省市出台了相应的指导意见或试点工作方案。2018 年，全过程工程咨询服务试点地方进一步扩大，再新增试点 8 个省份。现阶段，国内专家学者对全过程工程咨询服务的现状和发展做了一定的研究，通过前人的研究不难发现，全过程工程咨询的未来发展仍存在较多问题。

3. 全过程工程咨询未来发展存在的问题

（1）从业人员的能力不足

全过程工程咨询服务是一个集成化的体系管理，需要咨询管理人员把整个项目不同阶段的咨询管理串联起来，对咨询管理人员的知识素养提出了很大的要求，各个地区出台的全过程工程咨询导则明确表示了全过程工程咨询总负责人需要极高的专业水准。而目前的我国的咨询管理人员的素质普遍不高，大部分的咨询管理人员仅仅具有单一的专业咨询能力，远远达不到全过程工程咨询所要求的专业素质。而且国内大部分高校也还未开设相关全过程工程咨询的讲座和课程，导致市场上全过程工程咨询人才的极度匮乏，要想推动全过程工程咨询的发展，就一定要先解决全过程工程咨询人才短缺的问题。

（2）名义上的全过程工程咨询

很多建造项目名义上是使用全过程工程咨询服务来管理整个项目，实际中执行的并不是真正意义上的全过程工程咨询服务。在很多的建造项目里，存在着“挂羊头卖狗肉”式的全过程工程咨询服务，虽然招标时是招全过程工程咨询服务，但是实际情况却是传统的工程咨询模式，或只是招全过程造价咨询服务，这种“挂羊头卖狗肉”式的咨询服务将会阻碍全过程工程咨询服务模式在我国的发展。

4. 全过程工程咨询机构组织架构不明确

（1）牵头单位不明确

我国目前全过程工程咨询服务提出有三种模式，一种是“$1+N$”模式，一种是“一体化”模式，还有一种是“联合体”模式。对于国内大部分的咨询单位来说，发展成立一家可以独立承包全过程工程咨询的咨询单位是比较困难的，大部分是需要组成联合体来共同竞标，这样需要有一家牵头单位来组建全过程工程咨询机构。各个地区发布的全过程工程咨询服务导则也都提出需要牵头单位来组建全过程工程咨询机构，但服务导则并未明确牵头单位该由哪家咨询单位来承担，可能会阻碍全过程工程咨询机构的成立和为以后工作中各咨询单位之间的矛盾关系埋下隐患。

（2）项目总负责人不明确

在各个地区的服务导则中，都要求全过程工程咨询机构需要推选项目总负责人，虽然制定了项目总负责人的职责、权利和要求，但并没有制定项目总负责人该由哪个咨询单位派出。项目总负责人是项目整个咨询服务的总管理者，在整个项目咨询服务中具有最大的权利，也是和业主单位接触最多的人。在实际情况中，各咨询单位都希望项目总负责人是由自己单位派出，如果没有一个确定的推选方式，这个项目总负责人可能无法服众，将会影响到管理整个项目，影响到各个咨询单位互相合作。

5. 全过程工程咨询未来发展存在问题的分析

（1）人才难以保留

全过程工程咨询人才的培养需要一定的时间成本和资金成本，大部分中小型企业无法承担一个人才的培养，更担心现有的合同薪酬无法挽留一个全过程工程咨询人才，最终导致人财两空。

（2）对新模式的担心

全过程工程咨询服务在我国也是刚刚起步，虽然国家大力鼓励项目实施全过程工程咨询服务，但是很多政府部门对新的咨询服务模式还是持着怀疑的态度。咨询单位在我国发展至今，政府单位已经熟悉传统的咨询服务模式，对全新的咨询服务模式还处于摸索阶段，无论是取费还是管理，对于不同的项目都还没有成功的案例给予参考，政府部门更愿意选择传统的咨询模式，而不愿意去承担一个从没有试过的新模式可能造成的损失。

（3）服务导则的不明确

全过程工程咨询服务在我国也是刚刚起步，各个地区的政府都在摸索着制定全过程工程咨询服务导则，很多的规定并没有制定完善，还存在着一些漏洞。经过时间和大量成功案例的实施，服务导则会越来越详细，整体的全过程工程咨询服务体系也将越来越成熟。

6. 全过程工程咨询未来发展存在问题解决对策

（1）大力培养全过程工程咨询人才

全过程工程咨询服务对咨询人员的知识素养要求比较高，基本上是要求本咨询单位的最优秀的人才可以承担总负责人，因为全过程工程咨询服务是要将各个不同的咨询单位整合到一起，把各个单位相互串联起来，需要一个了解各个咨询专业知识的人才能承担。国家在未来也会重视培养全过程工程咨询人才，提高咨询单位管理人员职业素质，国家也可以开设更多的全过程工程咨询人才培养的会议和课程，并设立相应的技能职位证书，鼓励更多的人进行全方位的学习。

（2）完善服务导则，明确牵头单位

全过程工程咨询由谁来牵头，我国还没有一个明确的规定。我国目前的造价、监理和设计单位在向全过程工程咨询转型都有自身的优势。监理单位一直和工程建设有着直接的联系，监理单位不仅一直待在工地现场，对现场有着很深的认识，而且监理单位还会涉及工程的法律问题和整体控制，由监理公司来作为主导，其余的部分来进行联合工作，可以更好地了解业主，也知道业主需要什么。

工程造价是对项目从设计开始到施工竣工的成本管控，是保护业主单位利益最大化的关键因素，是工程咨询服务的重要单位之一，也是业主单位最为信任和关心的单位。全过程造价咨询在我国的发展也比较早，因为其贯穿整个项目的成本管控，使得造价工程师对全过程工程咨询有一定的认识和了解。

项目的建设中最重要的就是图纸，图纸也是贯穿整个项目建设期的核心，设计单位既确定了项目的建筑方案，也能够有效管控全程的造价成本。

国家和各地区的相关文件和导则均未指明牵头单位和项目总负责人该由谁担任，作者认为可由资质最高的单位或者具有多种资格证件的管理者作为牵头单位，且项目总负责人和牵头单位一定要是同一家单位，这样既会避免日后牵头单位负责人和项目总负责人之间的矛盾，也会促进各咨询单位培养全过程型人才，形成一个良性循环。

（3）明确双方关系

在对其他咨询单位进行招标的时候就明确全过程工程咨询单位机构的职责，并安排好双方的专人对接。在施工单位或项目公司招标咨询单位时，要选择过往业绩和名誉都优秀的单位，要让这些咨询单位摈弃浑水摸鱼的想法，实事求是，并在合同里面明确全过程工程咨询机构的职责和义务，将安排好双方单位的对接人，让双方单位都有个心理准备，为以后工作的良好合作打好基础。

（4）国家大力支持

我国工程咨询业发展较晚，真正意义上的工程咨询行业始于改革开放初期，经历了从“先评估，后决策”，到形成各种专业性和综合性的建设工程咨询企业的发展过程。在我国经济快速发展的大形势下，随着我国产业政策不断调整，以及政府对咨询产业的鼓励与扶持，工程咨询业近些年来取得了突飞猛进的增长，逐渐成为影响工程建设和国民经济发展的一支重要力量，是智力型服务业中的重要一部分。

2.3.3 全过程工程咨询的服务内容

2017 年印发的《关于推进全过程工程咨询发展的指导意见》指出了全过程工程咨询的服务范围，即：在项目前期和建设实施两个阶段，提供投资决策综合性咨询和工程建设全过程咨询；同时也明确了咨询单位可根据市场需求，从投资决策、工程建设、运营等项目全生命周期角度，开展跨阶段咨询服务组合或同一阶段内不同类型咨询服务组合。根据各地已发布的试点文件描述，全过程工程咨询的服务涵盖项目建设的策划决策、准备阶段、建设实施、运营保修等各阶段的全过程工程项目管理咨询服务，但在项目各个阶段的具体任务描述上不太详尽和一致，具体见表 2–1。

各省试点文件总结　　表 2-1

省份	服　务　范　围
江苏	项目策划、工程设计、工程监理、招标代理、造价咨询、项目管理和其他涉及工程组织、管理、经济和技术的工程咨询服务，如：投资咨询、BIM 咨询、工程勘察等
浙江	鼓励企业将项目建议书、可行性研究报告编制、项目实施总体策划、报批报建管理、合约管理、勘察管理、规划及设计优化、工程监理、招标代理、造价控制、验收移交、配合审计等全部或部分业务一并委托给一个企业
福建	包括但不限于项目决策策划、项目建议书和可行性研究报告编制，项目实施总体策划、项目管理、报批报建管理、勘察及设计管理、规划及设计优化、工程监理、招标代理、造价咨询、后评价和配合审计等工程管理活动，也可包括规划、勘察和设计等工程设计活动
湖南	提供项目策划、可行性研究、环境影响评价报告、工程勘察、工程设计、工程监理、造价咨询及招标代理等工程咨询服务活动
广东	将项目建议书、可行性研究报告编制、总体策划咨询、规划、勘察、设计、监理、招标代理、造价咨询、招标采购及验收移交等全部或部分业务委托给一个单位
四川	决策咨询、工程勘察及咨询、工程设计及咨询、招标采购、工程监理、造价咨询、运维咨询和其他咨询包括 BIM 应用、招商销售策划等
广西	包括但不限于前期咨询管理、报批报建管理、工程勘察管理、工程设计管理、造价咨询管理、招标采购管理、现场管理、收尾管理、前期咨询、工程勘察、工程设计、工程监理、造价咨询、招标采购、BIM 咨询及其他咨询

综上可知，全过程工程咨询是一种新型工程组织模式，在工程建设项目前期研究和决策以及项目实施和运营阶段的全生命周期提供包含设计和规划在内的涉及组织、管理、经济和技术等各有关方面的工程咨询服务。既包括工程管理类的活动，也包括设计等技术活动，涉及建设工程全生命周期内的策划咨询、前期可研、工程设计、招标代理、造价咨询、工程监理、施工过程管理、竣工验收及运营保修等各个阶段的管理服务，强调的是企业多阶段集成化服务能力，具体见图 2–13。另外，全过程工程咨询服务强调全过程化的管理理念，任何阶段的咨询服务都应当以全过程工程咨询的理论体系和知识经验为基础，不能就事论事，人为碎片化、阶段化。工程咨询业仅依靠现有服务形式，已很难保持其市场竞争力。企业通过技术、价格和企业形象等手段难以形成区别于竞争对手的长久竞争优势，长期来看反而会影响顾客满意度和企业良性发展。工程咨询业的发展不仅要注重技术的创新，还要充分考虑到顾客的需求，提供更加人性化、高质量的服务。

这一目标的实现需要工程咨询企业改变传统的服务模式。工程咨询企业为顾客提供的服务，要跳出传统意义上的束缚，除了属于工程咨询的智力内容外，还有许多潜在内容，如派遣高素质的服务团队、服务人员积极的态度、在服务时注意与顾客沟通的方式和及时性等，这些内容能有效提高顾客感知的服务质量、提高顾客满意度和增加顾客回头率。

对国际工程咨询业发展进行研究表明，提升服务质量、实施服务战略以及服务化转型正演变成工程咨询业乃至整个建筑行业共同的战略目标和群体行为，成为几乎所有国际顶尖工程咨询企业的基本特质。

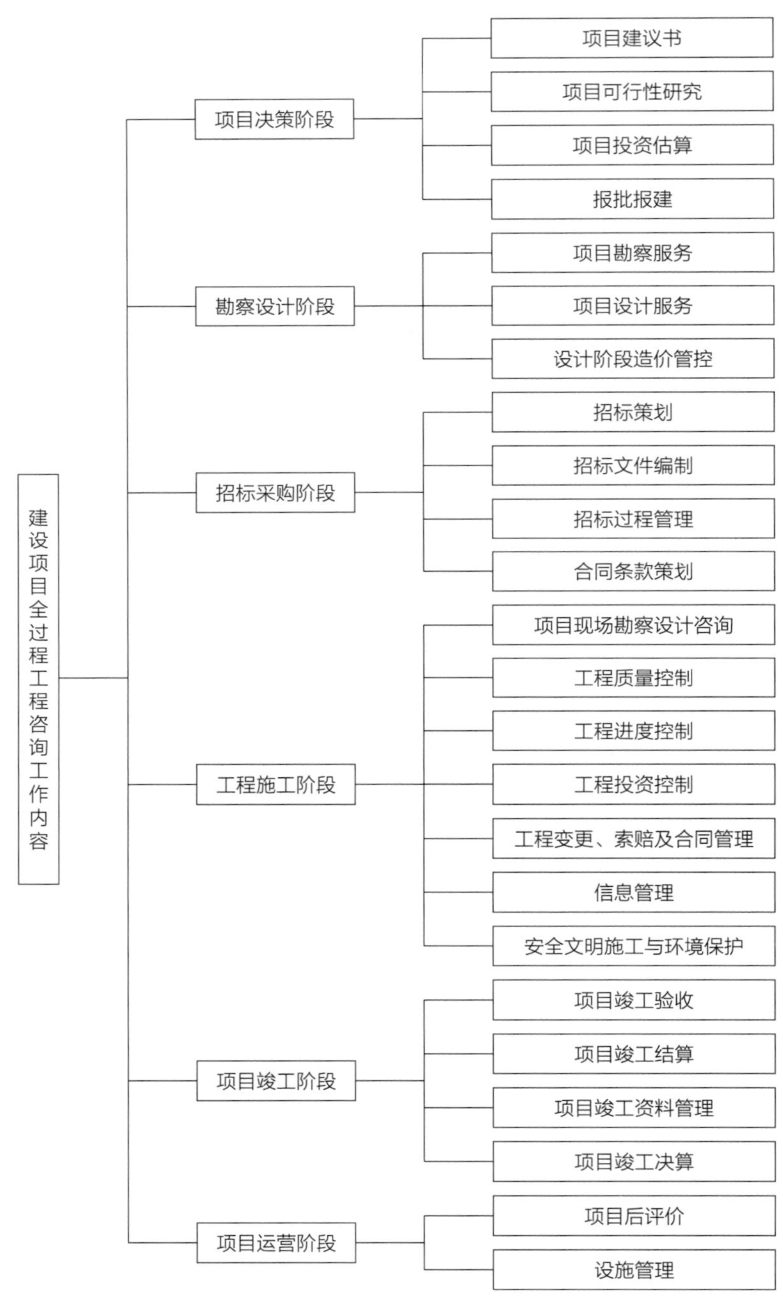

图 2-13　全过程工程咨询服务内容 WBS 图

2.3.4　全过程工程咨询服务质量

1. 工程咨询业服务化的趋势

受传统思维的影响，人们对服务的理解大多局限在服务表层现象和传统意义的服务业领域。对于工程咨询业，一般把技术和核心解决方案当作是评价咨询服务的唯一或是最重要的因素。这种观念具有一定局限性，使得企业管理者只注重一些属于企业核心技术业务范畴的服务，在客户面前多是以专家身份自居。随着工程组织模式的创新，转型的建筑市场则对工程咨询企业提出更高的要求。

2. 全过程工程咨询服务组织模式

针对国家出台的指导意见和各地试点方案进行总结，全过程工程咨询有“1 + *N*”、一体化和联合体三种组织模式。

（1）一体化形式

由一家咨询单位承担所有全过程工程咨询服务，意见同时要求全过程工程咨询企业应具备与项目相匹配的能力和国家法律法规要求的相应资质。

（2）“1 + *N*”形式

由一家咨询单位负责总体协调管理，由多家专业咨询单位分别承担各自专业性咨询服务。“1”是指全过程项目管理，服务范围包括建设项目决策、施工准备、施工、运维四个阶段中的一个或多个阶段，由建设单位自主确定。“*N*”是指专业咨询服务包括但不限于：投资咨询、勘察、设计、造价咨询、招标代理、监理、运营维护咨询等专业咨询。

（3）联合体形式

由两家或两家以上工程咨询单位组成联合体承担全过程工程咨询服务，联合体咨询单位应具备国家法律法规要求的相应资质，以一家作为牵头单位，签署联合体协议并明确各联合单位的权利、义务和责任。

3. 全过程工程咨询服务的特点

全过程工程咨询是在工程建设的经验和科研成果的基础上，整合了先进而成熟的专业技术和设备，为顾客提供涵盖建设工程全生命周期的管理咨询和技术咨询服务。全过程工程咨询服务作为智力服务，除具有传统服务业的无形性、不可分离性等特点外，其服务还有如下特点。

（1）咨询服务范围大。相比传统专业性工程咨询服务割裂性地参与部分阶段的技术咨询工作，全过程工程咨询倡导形成工程全生命周期的项目管理过程，即服务阶段覆盖策划决策、建设实施、运营维护等全过程，服务内容覆盖面积较广，技术咨询与管理咨询服务，实现集成化管理，有效地解决了组织碎片化问题。将勘察设计、招投标、造价咨询、工程监理、运行维护等咨询服务商组合成一个整体，保持整个工程组织责任体系的连续性和一致性。

（2）知识密集性。不同于劳动密集型的传统服务业，现代建设工程项目技术复杂、规模庞大、分工精细，因而全过程工程咨询企业要想顺利完成工程建设目标，必须要根据以往的工作经验，体现知识含量和专业深度，综合地分析。

（3）全过程工程咨询服务机构与施工企业工作高度关联，两者需要共同紧密合作为业主提供工程服务。全过程工程咨询服务与其他服务的明显差别在于除业主消费工程咨询服务外，施工企业服务过程中也需要全过程工程咨询服务。由于工程咨询服务对工程项目全生命周期价值产生系统性的影响，施工企业的行为和工程效果，也是评价全过程工程咨询服务质量优劣的重要依据。

4. 全过程工程咨询服务质量的维度

全过程工程咨询服务质量是一种基于业主视角下的广义质量，是指全过程工程咨询单位在工程建设项目上开展全过程工程咨询服务时，全过程工程咨询单位在识别建设单位需求、分析国家法律法规及技术标准、以往工程经验等的基础上提供服务而体现出的感知服务质量。它是一个体系，该体系由以下几部分综合而成：服务保障质量、服务交互质量和服务结果质量。

5. 全过程工程咨询服务质量评价特点

由于全过程工程咨询服务的特殊性，使得全过程工程咨询服务质量评价不同于一般的服务质量评价，其服务质量评价特点如下：

（1）对于传统服务业，服务人员经过简单的培训即可上岗，提供的多是技术含量较低、生活中常见的服务。多数顾客依靠自己的常识和经验就可对服务质量进行评价，不需要专业知识的储备，故顾客与服务人员在有关服务产品质量的认知方面不存在明显差距。全过程工程咨询服务不同于传统服务业，提供特异性的智力服务，内容涵盖了技术咨询和管理咨询等技术服务。所提供的服务产品具有极强的专业性和差异性，主要依靠拥有专业知识基础和工程经验的专业化人士进行服务。故顾客与服务提供者在有关服务产品质量的认知方面存在明显差距，需要具备一定的专业知识才能科学评价其服务质量水平。

（2）服务质量标准的难界定性。全过程工程咨询服务质量包括保障质量、交互质量和结果质量三大维度的多个因素。其服务质量内容更全面，评价指标更多元。不同的工程项目具有不同的技术特征和要求，项目的不同性质导致采集质量数据、制定服务质量标准缺乏统一尺度。同时，服务的综合评价因素不单包括进度、投资这些可量化的指标，更多的涉及保证性、移情性、及时性等定性指标。在全过程工程咨询服务的整个环节，监管者和顾客在评价过程中很难消除主观因素的影响，准确地定量描述服务标准。法律法规、专业技术、合同要求、社会条件、自然条件等制约因素。作为知识密集型服务业，全过程工程咨询服务机构为业主提供智力服务，依赖自身强大的技术力量与高效的现代化管理制度，承担着工程建设的技术咨询和管理咨询服务，其本质是企业对工程技术、经济、管理、经验、信息、法务等知识的整合运用，依赖于高密度的高素质技术和管理人员。咨询项目的产出成果是知识服务，工程咨询业的服务知识含量也是衡量企业服务质量的重要指标之一。

（3）多重目标性。全过程工程咨询服务机构在服务中要满足客户的需求，也要平衡项目参建各方的利益需求。在服务过程中，全过程工程咨询单位不能仅考虑一种因素，每个阶段都需要统筹项目质量、投资、工期等目标以及风险管理、合同管理、安全管理、信息管理、技术管理、沟通协调等因素之间的相互作用和影响关系，实施工程项目多阶段集成化管理和多目标的达成，同时避免分阶段要素独立运作而出现漏洞和制约，让项目提质增效，更优地为业主提供综合咨询服务。

（4）一体化。传统的专业性工程咨询服务经常由不同的企业提供，各咨询单位相互分割独立。全过程工程咨询服务鼓励由一家公司提供一套全面的解决方案，更加注重不同工程咨询业务部门之间的内在联系，使它们一体化，打破了原有组织的界面，构建完整一体的全过程工程咨询服务机构责任体系，实现无缝连接和有机运作。一体化的全过程不能理解成将传统的咨询服务进行简单叠加，全过程工程咨询业务核心是实行一体化决策、一体化组织、一体化控制，组织规则统一，组织文化一致，信息一体化共享，使组织界面摩擦小，运行效率更高。

2.4 融资模式与承发包模式融合

2.4.1 BOT + EPC 模式

1. BOT + EPC 模式的运行流程

BOT + EPC 模式，即企业获得政府批准的特许权，允许企业自筹资金进行项目的建设、运营，企业在项目建设过程中采用 EPC 总承包模式，特许期满后，企业将该项目移交给政府。主要由八个阶段组成，示意图如图 2–14 所示。

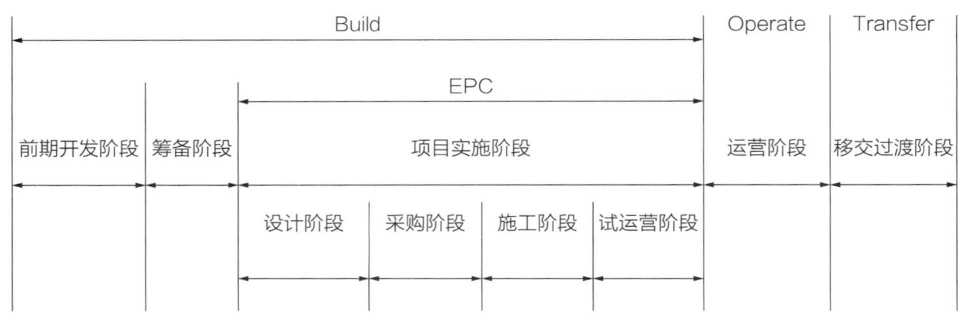

图 2-14 BOT + EPC 模式示意图

（1）前期开发阶段

该阶段主要是为 BOT + EPC 项目建设准备条件，一般由政府部门提出并进行项目的可行性研究。项目决策通过后，采用招标投标方式选择项目投资者，经过政府部门的资格评审后来选择最适合的投标者来承担此项工程。随后中标者与政府部门协商拟定特许权协议条款，编制各项文件，确定项目资金来源，准备组建项目公司。

（2）筹备阶段

该阶段从项目公司的组建直到项目开工，主要目的是完成项目公司的组建、正式签订特许权协议、正式签订各项合同、办理建设手续等，为后续的项目实施阶段做好准备。组建项目公司时，由两者或者两者以上的项目参与方参与组建，参与方中只进行投资的称为纯投资人，参与方中既投资又对项目进行总承包的称为投资人兼承包商，纯投资人和投资人兼承包商的出资比例各不相同，通过彼此签订的合作建设经营合同明确各自的责任与义务，由于出资比例的不同，各参与方的股权比例也不相同，因此，在项目的运营阶段各自所获得的盈利会根据股权比例进行分配。

项目公司组建完成后，项目公司便会与政府部门正式签订特许权协议以及各项合同，项目公司内部的各参与方根据合作建设经营合同内的责任分工办理各项建设手续，相互协作。

（3）设计阶段

在项目设计阶段，由于采用 EPC 设计采购施工总承包模式，投资人兼承包商对项目的设计、采购、施工全权负责。投资人兼承包商在项目前期就参与到设计中，负责项目的设计准备、初步设计、详细设计等工作，这样不仅能提供有效准确、完整适用的设计图纸和文件，还能把丰富的工程项目管理和工程施工技术等多方面的经验及知识充分融入设计当中，使设计方案得到优化，优化后的设计方案无论是从技术角度、施工角度，还是从工程成本角度都应更加适用于工程项目。设计与施工在早期相结合，为订货采购、施工和工程验收提供了有效的依据，充分发挥了设计、施工相结合的优势。

（4）采购阶段

在项目采购阶段，投资人兼承包商负责采购阶段的计划制定、采购、运输、检测等。投资人兼承包商会根据项目的设计方案以及工程建设需要，对材料、机械等进行采购计划的制定、采购、运输及检测等工作，投资人兼承包商会尽可能与材料供应商建立良好的合作关系，签订长期合作合同，降低因市场供求变化引起材料价格上涨的风险，从而避免项目建设成本的增加。同时，对所采购的材料的质量进行严格把关，避免使用不符合工程建设要求的材料。

（5）施工阶段

在项目的施工阶段，投资人兼承包商负责施工阶段的施工前准备、施工及施工后清理，处于整个阶段管理工作的核心地位，对整个项目实施过程中的质量、进度、安全、成本控制负责。BOT ＋ EPC 模式中，投资人兼承包商作为项目公司投资方的一员，与项目公司对于投资效益和工程质量、安全、进度等方面的目标趋于一致，在施工过程中不再一味地追求工期以及个人利益而不顾工程质量的优劣。投资人兼承包商在施工阶段会对在建项目严格要求，从而降低后期的管理、养护的成本。此时，虽然投资人兼承包商兼具“投资人＋总承包商”的双重身份，但是其施工过程要接受项目公司、政府部门及其相关部门的监督管理，尤其是项目公司的纯投资人，出于对自身利益的权衡，不会放任建设项目不管，他们会对建设项目实行严格的监督管理和检查制度，严格把关项目施工过程中的各方面，使得项目管理符合多阶段的单目标控制、多目标均衡协调，防止投资人兼承包商采取不合理的施工手段获得利润，从而优质高效、成本科学合理化地完成 BOT + EPC 项目的建设。因此，在施工阶段，纯投资人与投资人兼承包商的关系是既合作又斗争。

（6）试运营阶段

在项目试运营阶段，包括项目的初步验收、项目的竣工验收及项目的试运行。试运行阶段通过后，公路建设项目便进入正式的运营阶段。项目试运行是对整个项目的设计、计划、实施和管理工作综合性的检验。作为使用单位，应尽可能地按设计生产能力满负荷运行，以考验工程。

（7）运营阶段

试运营阶段完成后，便开始进入项目的运营阶段，运营时间的长短在项目的特许权协议中有明确的规定。该阶段是 BOT + EPC 项目生命周期中时间最长的阶段，属于公路项目产业链和价值链的核心部分。项目公司在该阶段展开对公路的运营，负责公路的收费、路政、监控、日常养护等工作，完善公路配套设施以及提高服务水平的公路沿线服务设施，包括行政办公、救护设施、安全环保设施、加油站、停车场、广告和机动车辆维修等。项目公司通过运营阶段的收入回收投资、偿还债务并获得盈利，所得红利按照当初组建项目公司各参与方实缴的出资比例进行分配。若项目公司出现经营亏损，则项目公司各参与方按照股权的比例承担经营亏损，并及时以现金形式按项目公司要求支付经营亏损额。

（8）移交阶段

当 BOT + EPC 项目的特许经营期到期时，则意味着项目进入移交阶段。根据特许权协议，特许期届满，项目公司将项目无偿移交给政府的相关部门，政府部门拥有充足的时间适应项目运营，以此保证项目移交后运营的正常进行。特许期届满且项目公司完成了移交工作，标志着 BOT + EPC 项目的结束。但是从项目全生命周期的角度，项目并没有完全结束。完成这些移交工作后，政府部门或投资人将进行项目后评价，各自总结经验和启示，为今后的 BOT + EPC 项目提供借鉴。

2. BOT + EPC 模式优势

BOT + EPC 模式将 BOT 和 EPC 的优点融合于一体，主要优势有：

（1）有利于提高工程进度、提高基础设施项目的实施效率。从工程项目的全生命周期考虑，运用 BOT + EPC 模式，通过对项目各个阶段的整合，进行统一管理与控制，能够实现各工序之间的合理交叉。在项目初期就考虑到工程各方面之间的影响和矛盾，尽量减少失误及变更，可以大大缩短工程项目从规划到竣工的生命周期，从而无形当中使得项目的特许经营期增长，进而项目收益越大。BOT ＋ EPC 相结合的模式，不论是从项目融资方还是承建方的角度，都是有利的。

（2）有助于整合企业内外部的资源配置、提高企业的经济效益。传统的 BOT 模式要分项目和合同段分别进行招标投标，施工过程中管理环节多，工作繁杂。采用 BOT ＋ EPC 模式，一方面减少了招标投标和变更环节，另一方面使得项目建设各阶段任务紧密结合，有利于各环节之间的衔接协调，减少中间环节，体现“设计节约就是最大节约”的理念，也有利于企业整合资源。

（3）有助于业主进行项目管理。BOT ＋ EPC 模式中进行项目管理的关键在于 EPC，即允许投资人对项目进行总承包。这将业主从传统模式中多招标、多合同、多单位等繁杂的工作中解放出来，放心让总承包商实施对项目的管理，总承包商基于利益层面则一定会认真履行项目管理责任。

（4）有助于加强项目各参与方的“主人翁”意识。BOT ＋ EPC 模式中项目施工总承包商参与项目投资，实现了投融资平台的转变，加强了总承包方的“主人翁”意识，有利于加强控制项目施工质量和成本，提高管理和运营效率，并从机制上保证项目集团员工在项目建设中廉洁从业。这种模式不仅打破了融资瓶颈，还解决了建成后管理、维护上的难题。总承包商作为投资方，更加知道工程质量与收益密切相关，因此必然会加强项目维护，使得工程项目有了足够长的“保修期”。

总之，BOT ＋ EPC 模式，充分发挥了 BOT 模式在项目融资以及 EPC 模式在项目建设管理方面的优势，通过项目各参与方互利共赢、资源整合、项目一体化发展等，使得项目投资人兼承包商的参与从 EPC 的设计、采购、施工环节扩展到项目前期开发、筹备、实施、运营、移交过渡的全过程，从而获得独特的竞争优势。

2.4.2　PPP ＋ EPC 模式

PPP ＋ EPC 模式为政府部门向社会资本授予特许经营权，允许其在一定合作期内负责项目的投资和运营，同时若社会资本具备工程建设总承包管理资质，可依法对工程设计、采购、施工全过程实行总承包建设模式，合作期满后，项目公司依照合同约定把项目无偿移交给政府部门或其指定机构。

PPP 模式实施流程包括项目识别、项目准备、项目采购、项目执行、项目移交五个阶段，EPC 总承包模式的工作主要体现在设计、采购、施工阶段。从工作流程的角度考虑，二者存在融合的可能性，融合后的工作流程图如图 2-15 所示。

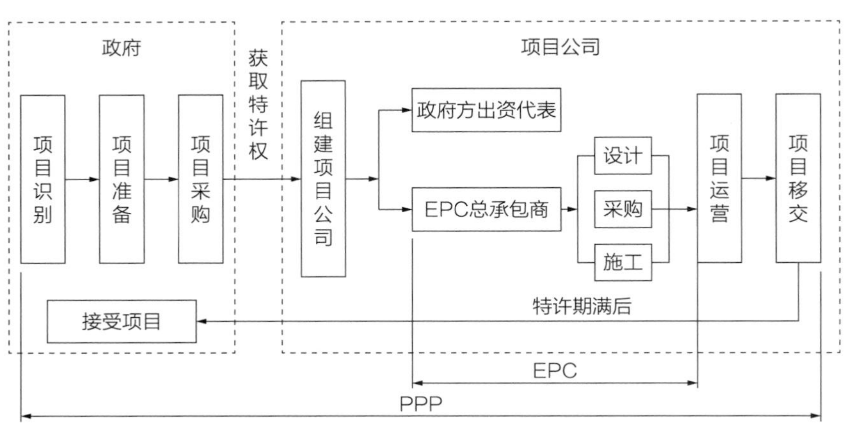

图 2-15　PPP ＋ EPC 模式项目的工作流程图

1. PPP ＋ EPC 模式项目组织结构

在 PPP ＋ EPC 模式下，项目的参与方包括项目公司、政府、发起人、运营商、承包商、债权人等。其中项目公司是项目组织的核心，并贯穿项目所有阶段始终。

（1）项目公司与政府机构的关系

政府与项目公司之间有多重关系。在前期阶段，项目公司通过与政府签订特许权协议合同，两者是平等的合同契约关系；但从行政角度，政府具有对基础设施的行政管控权利，两者是管理和被管理的关系。政府在 PPP ＋ EPC 项目中具有对项目的立项权和决定权，并且是项目设施最后的拥有者，因此在 PPP ＋ EPC 项目的实施过程中，地方政府应为项目公司的运作保驾护航，提供必要的环境支持，例如拆迁、补贴等政策的协调工作，同时，政府也有对项目公司行使监督的权利。

（2）项目公司与总承包商的关系

在 PPP ＋ EPC 模式下，项目公司与总承包商一般有如下两种关系，即总承包商有可能与项目公司身份重合，也有可能是项目公司的一员，这是 PPP ＋ EPC 模式的优势之一。一般情况下，能成为 PPP ＋ EPC 项目的总承包商都是实力较强，且与政府关系、债权人关系比较好的公司。总承包商决定了建设项目质量的好坏，在该模式下，由于总承包商有可能是项目公司的一员，因此对项目的质量把控具有比较高的积极性，与项目公司的关系非常紧密。

（3）项目公司与运营公司的关系

项目公司与运营公司之间的情况与总承包商类似，运营公司可能也是项目公司的股东之一。专业的运营公司成为项目公司的股东之一，能有效提高对项目维护和运营的主动性和积极性。

（4）项目公司与债权人的关系

项目公司与债权人的关系表现为平等的借贷关系。债权人属于间接为项目公司提供必要的资金支持，而不直接参与经营的实体。项目公司与贷款人进行谈判，签订借款协议，贷款人提供资金，并获得相应的债权。

2. PPP ＋ EPC 模式项目特征

（1）资金来源广。PPP ＋ EPC 模式项目资金来源于政府，社会资本方的投资以及向金融机构的融资贷款，减轻了政府部门投资建设基础设施的财政压力。

（2）资源集成的优化。不仅对总承包工程各阶段的原材料、劳务、设备、施工组织等集成一体化管理，还将 PPP ＋ EPC 模式项目各参与方的资源优势、管理能力等进行有效整合，使项目成本目标、质量目标、工期目标达成最优化。

（3）管理难度增加。PPP ＋ EPC 模式项目包含 PPP 合同、EPC 合同、股东协议、融资合同、保险合同等一系列合同协议，合同管理较为复杂，其次 PPP ＋ EPC 模式项目周期长、项目参与方较多、合作关系复杂等也导致 PPP ＋ EPC 模式项目的风险、合同、沟通协调等方面的管理难度较一般项目大大增加。

（4）投资规模大、回报周期长。PPP ＋ EPC 模式项目前期投资规模较大，且项目运营期一般是十几到几十年，资金回收慢、回报周期长。

（5）目标差异化、组织结构复杂。PPP ＋ EPC 模式项目包括政府、项目投资者、总承包商、供应商、金融机构等相关利益主体，各方追求的利益目标存在差异，因此 PPP ＋ EPC 模式项目组织结构相对复杂。

3. PPP ＋ EPC 模式项目优势

（1）有利于减轻政府部门财政压力。PPP ＋ EPC 模式中政府由传统意义上的建设者转变为监督管理者，社会资本通过资金投入变成项目投资者，并主动承担项目融资工作，减轻政府部门的财政压力。

（2）有利于缩短项目工期。PPP ＋ EPC 模式下项目投资者同时负责建设总承包工作，可以实现完整意义上的全生命周期管理，避免了项目投融资与施工、运营阶段的脱节，有利于加快项目进度；同时 EPC 模式下项目设计、采购、施工一体化，工作有效衔接，大大缩短项目工期。

（3）有利于资源优势整合。项目全生命周期一体化管理，整合各参与方的资源优势，优化项目各阶段工作的实施，提高项目收益。同时拥有建设总承包资质的项目投资者自行承担工程建设工作，节省了二次招标需投入的资源。

（4）有利于降低项目成本。PPP ＋ EPC 模式下总承包商（兼项目投资者与运营商）综合考虑多重身份特征，会在保证项目安全、质量的前提下，更加注重项目各个阶段成本控制问题；项目投资、施工及运营统一管理，减少彼此的矛盾冲突，降低了沟通协调成本；同时 EPC 总承包模式更好地控制项目建设造价成本；项目全过程各阶段所需原材料设备集中采购，降低项目采购成本，减少项目的资金投入，保证项目总体利益的最大化。

（5）有利于调动积极性，提高项目的实施效率。PPP ＋ EPC 模式项目合约期是一定的，项目各参与方为争取最大化的项目收益，迫切希望缩短建设工期，使项目运营期限加长。项目公司会最大限度地保证融资资金的及时到位情况，来支持项目建设阶段的工作，EPC 总承包商会尽力缩短建设工期，充分调动各参与方工作积极性，提高项目的实施效率。

（6）有利于提高建筑企业的经济效益。建筑企业作为项目投资者通过 PPP 模式参与项目前期投资及后期运营来获取稳定的项目收益；另外建筑企业作为总承包商负责工程建设，可分包工程给其下属单位，来赚取项目建设收益。因此建筑企业通过 PPP ＋ EPC 模式参与到项目中，从项目投资及全过程管理中获取持续的竞争优势，增强企业运作管理 PPP ＋ EPC 模式项目的能力，延长企业产业链，获得多样化发展，提高企业整体经济效益。

第 3 章

项目治理体系构成与优化

3.1 项目治理组织结构

关于组织的概念，不同研究者往往给出不同甚至迥异的答案。泰勒和法约尔等早期学者将组织视为一个围绕任务或职能而将若干职位或部门联结起来的整体。后来孔茨和韦里克（Koontz & Weihrich）则进一步具体化这个思想，他们提出组织意味着一个正式的有意形成的职务结构或职位结构。

韦伯（Weber）在《社会经济组织理论》一书中提出组织是组织成员在追逐共同的目标和从事特定的活动时，成员之间法定的相互作用方式。

与韦伯不同的是，巴纳德（Barnard）关于组织的定义以系统观念为依据，将组织看作一种“开放式系统”，认为组织和组织中的所有人员都是寻求取得平衡的系统，强调内部和外部的各种力量以维持一种动态的平衡，所以，他把组织定义为“将两个或两个以上人的活动或力量加以有意识地协调的系统”，从而将组织的责权结构特性与人类行为特性结合起来。

西蒙（H.A.Simon）进一步发展了巴纳德的思想，并从组织决策的角度为组织下定义，他说：“组织是一个人类群体当中的信息沟通与相互关系的复杂模式。它向每个成员提供其决策所需的大量信息，包括决策前提、目标和态度；它还向每个成员提供一些稳定的、可以理解的预见，使他们能够料到其他成员将会做哪些事，其他人对自己的言行将会有什么反应。”

与巴纳德的系统论视角相似，20 世纪 70 年代末，卡斯特和罗森茨韦克在《组织与管理》一书中，将组织定义为：组织是一个开放的社会技术系统，它是由目标与价值分系统和管理分系统组成的大系统。它从外部环境接受能源、信息和材料的投入，经过转换，向外部环境输出产出。甚至可以说，组织是围绕各种技术的人类活动的构成和综合。

而组织经济学者威廉姆森将组织视为一种契约的联结，具体来说，就是一种特定的治理结构。在这里，他们实际上无意中将组织与制度混在一起了。而另一位学者诺斯（Norb）则主张应该把组织与制度区分开来。他认为，制度是游戏规则，而组织则是游戏的参加者，组织是在现有制度所致的机会集合下有目的地创立的，是为达到目标而受某些共同目的约束的由个人组成的团体。组织理论学家理查德·达夫特则从现代社会的各个视角总结了组织对于人类社会的现实意义：

——组合所有组织可利用的资源以达到期望的目标和结果；

——有效地生产商品和服务；

——为创新提供条件；

——启用以计算机为基础的现代制造技术；

——适应并影响变化的环境；

——为所有顾客和雇员创造价值；

——应对多样化、管理伦理以及员工激励和协调等带来的挑战。

为了进一步帮助人们了解关于组织概念问题，美国学者罗宾斯（Stephen PRobbins）在20世纪70年代初曾经对历史上各个流派学者关于组织的定义进行了分类，共归纳出九大类：

（1）组织是追求一定目标的社会实体，组织的存在是为了实现一定的目标，而组织成员的行为是对这些目标的理性追求。

（2）组织是目标制定系统，其目标是由组织成员制定和管理的。

（3）组织是一个开放系统，是依托环境求生存的投入——产出转换系统。

（4）组织是一个信息处理系统，每个组织都要通过其纵横交错的各级机构来处理从环境中输入的各种信息，并以此为基础决策、协调组织的各种活动。

（5）组织是一个松散结合的系统，它内部的各个分系统或部门都具有相对的独立性，各个分系统的目标会有所不同，甚至会相互发生矛盾，但共同的大目标将它们松散地结合在一起。

（6）组织是合同或契约的集合体，它是由许多成文或不成文的契约组成，组织内的各个成员根据合同或契约规定进行工作，据此获得相应的报酬。

（7）组织是一个政治系统，它由内部各利益集团组成，每个政治利益集团为了巩固自己的政治地位都力图掌握决策权，加强自己对决策过程的影响力。

（8）组织是各种权利的集合体，它是由各种权利集团组合而成的，为了满足本集团的利益要求，各权利集团都想用自己的权利来控制或影响组织对各种资源的分配。

（9）组织是控制和统治的工具，它对每个成员应该做什么和怎么做都进行了严格的规定，每个成员都受一个特定的指挥和控制。

对组织进行如下总结性定义：

组织是围绕完成计划和目标建立有效的组织机构的一系列活动或过程，它的中心任务就是建立一套与计划、目标相适应的组织结构，组织在一切管理活动中居于中心地位，是行使其他各项管理职能的依托，组织不但反映了系统的结构及运行机制，还融合着系统的管理思想，它是系统目标能否实现的决定性因素。

3.1.1 项目组织的概念及其特点

项目组织主要是由负责完成项目结构图中的各项工作（直到工作包）的人、单位、部门组合起来的群体，有时还要包括为项目提供服务或与项目有某些关系的部门，如政府机关、鉴定部门等。它由项目组织结构图表示，受项目系统结构限定，按项目工作流程（网络）进行工作，其成员各自完成规定的（合同、任务书、工作包说明等）任务和工作。

当然项目管理是项目中必不可少的工作，它由专门的人员（单位）来完成，则项目管理组织也必然作为一个组织单元包括在项目组织中。与项目组织相区别的是项目管理组织。项目管理组织主要是由完成项目管理工作的人、单位、部门组织起来的群体，指由业主委托或指定的负责整个工程管理的项目经理部（或项目管理小组）。它一般按项目管理职能设置职位（部门），按项目管理流程，各自完成属于自己管理职能内的工作。

3.1.2 项目组织的特性

项目组织是项目的参加者、合作者按一定的规则或规律构成的整体，是项目的行为主体构成的系统。项目组织的建立和运行应符合一般的组织原则和规律，如具有共同的目标，需要不同层次的分工合作，具有系统性和开放性。项目组织的特点决定了项目组织设置和运行的要求，决定了人们的组织行为和项目组织沟通、协调和项目信息系统设计。一般来说，项目组织具有以下特性：

1. 项目组织是为了完成项目总目标和总任务，所以具有目的性，项目目标和任务是决定组织结构和组织运行的最重要因素。项目组织的建立应能考虑到或能反映在项目实施过程中各参加者之间的合作，任务和职责的层次，工作流、决策流和信息流，上下之间的关系，代表关系，以及项目其他的特殊要求。给各参加者以决定权和一定范围内变动的自由。这样才能最有效地工作。

2. 项目的组织设置应能完成项目的所有工作（工作包）和任务。即通过项目结构分解得到的所有单元，都应无一遗漏地落实完成责任者。同时项目组织又应追求结构最简和最少组成。增加不必要的机构，不仅会增加项目管理费用，而且常常会降低组织运行效率。

3. 项目组织的一次性和暂时性，是它区别于企业组织的一大特点，它对项目组织的运行和沟通、参加者的组织行为、组织控制有很大的影响。

4. 项目组织与企业组织之间有复杂的关系。这里的企业组织不仅包括业主的企业组织（项目上层系统组织），而且包括承包商的企业组织。项目组织成员通常都有两个角色，既是本项目组织成员，又是原所属企业中的一个成员。企业组织与项目组织之间的障碍是导致项目失败主要原因之一。

5. 项目组织还受环境的制约，例如政府行政部门、质检部门等按照法律对项目的干预。

6. 工程项目有自身的组织结构，项目内组织关系有多种形式。最主要有：

（1）专业和行政方面的关系。在企业内部（如承包商、供应商、分包商、项目管理公司内部）的项目组织中，主要存在这种组织关系。

（2）合同关系或由合同定义的管理关系。一个项目的合同体系与项目的组织结构有很大程度的一致性。如业主与承包商之间的关系，主要由合同确立。签订了合同，则该承包商为项目组织成员之一，未签订合同，则不作为项目组织成员。他们的任务，工作范围，经济责权利关系，行为准则均由合同规定。

虽然承包商与项目管理者（如监理工程师）没有合同关系，但他们责任和权力的划分以及行为准则仍由管理合同和承包合同限定。项目管理者必须通过合同手段运作项目，遇到问题通常不必须通过合同、法律、经济手段解决问题。

项目组织有高度的弹性、可变性。这不但表现为许多组织成员随项目任务的承接和完成，以及项目的实施过程而进入或退出项目组织，或承担不同的角色。此外，采用不同的项目组织策略，不同的项目实施计划，则有不同的项目组织形式。一个项目早期组织比较简单，在实施阶段会十分复杂。

3.1.3　工程项目组织建立的原则

1. 组织效率

影响组织效率与应变能力的主要因素包括：

（1）信息渠道

随着企业自身的发展，企业组织规模扩大化、复杂化，将会使企业信息渠道延长、节点增多，则信息在传递过程中由于耗损、扭曲，其有效性、及时性下降。对企业决策和执行将产生重大影响，是管理熵增加，管理效率递减。

（2）环境因素

企业所处外部环境的变化、发展将使企业已建立的组织结构、所有的政策和策略与外部环境不相匹配，导致管理熵增加。

（3）人的因素

企业组织运行效率在很大程度上取决于管理者与执行者的素质和对组织本身及对工作的态度。如果人的素质与态度的发展与组织发展、环境发展的要求不同步，最终也会导致管理效率下降，管理熵增加。

（4）文化因素

良性企业文化对企业全体职工形成凝聚力、主动性和创造性都具有十分重要的作用，从而使管理效率增加，但是随着企业组织、技术及外部环境等各种条件的发展变化，在相对封闭的企业系统里，文化逐渐故步自封，企业管理效率下降。

以上这些因素在复杂企业系统内部不断运动并相互作用，相互影响，产生更复杂的综合现象，在一定条件下决定了企业管理效率，影响了管理组织整体的有序程度与系统协调水平。

2. 组织建立的原则

要实现项目目标，项目组织必须是高效率的。项目组织的设置和运行（包括组织结构选择、组织运作规则的制定、组织运作、组织控制和考核）必须符合组织学的基本原则。但这些基本原则在项目中有特殊性。

（1）目标统一原则

项目参加者隶属于不同的单位（企业），具有不同的利益，则有不同的目标。为了使项目顺利达到项目的总目标，必须：

——项目参加者应就总目标达成一致；

——在项目的设计、合同、计划、组织管理规范等文件中贯彻总目标；

——为了达到统一的目标，则项目的实施过程必须有统一的指挥、统一的方针和政策。

（2）责权利平衡

在项目的组织设置过程中应明确项目投资者、业主、项目其他参加者以及其他利益相关者间的经济关系、职责和权限，并通过合同、计划、组织规则等文件定义。组织关系应符合责权利平衡的原则，主要包括：

1）权责对等。例如在合同中，业主有一项合同权益，则必是承包商的一项合同责任；反之，承包商的一项权益，又必是业主的一项合同责任。

2）权力的制约。如果组织成员有一项权力，则该权力的行使必然会对项目和其他方产生影响，则该项权力应受到制约，以防止滥用。如果他不恰当地行使该权力就应承担相应的责任。例如业主和工程师对承包商的工程和工作有检查权、认可权、满意权、指令权，监理工程师有权要求对承包商的材料、设备、工艺进行合同中未指明或规定的检查，甚至包括破坏性检查，承包商必须执行。但这个权力的行使应有相应的合同责任，即如果检查结果表明材料、工程设备和工艺符合合同规定，则业主应承担相应的损失（包括工期和费用赔偿）。这就是对业主和工程师检查权的限制，防止滥用检查权。

3）权利的保护。如合同规定承包商有一项责任，则他完成这项责任应有一定的奖励政策对项目参加者各方的权益进行保护，对承包商、供应商。例如在承包合同中应有工期延误罚款的最高限额的规定、索赔条件、仲裁条款、在业主严重违约情况下中止合同的权利及索赔权利等。

4）公平地分配风险。有效地防止和控制风险，将风险转移给其他方面，则应由他承担相应的风险责任；通过风险分配，加强责任，能更好地进行计划，发挥各方管理的和技术革新的积极性等。

3. 适用性和灵活性原则

（1）项目组织结构应根据或考虑到与原组织的适应性。应顾及下列几个关系：

1）用户及其他利益相关者；

2）项目业主组织的有关职能部门，特别是负责项目的进度计划、质量和成本监控的职能部门。

（2）顾及项目管理者过去的项目管理经验，应充分利用这些经验，选择最合适的组织结构。

（3）项目组织结构应有利于项目的所有参与者交流和合作，便于领导。

（4）组织机构简单、工作人员精简，项目组要保持最小规模，并最大可能地使用现有部门中的职能人员。

4. 保证组织人员和责任的连续性和统一性

由于项目存在阶段性，而组织任务和组织人员的投入又是分阶段的，不连续的，容易造成责任体系的中断，责任盲区和人们短期行为，所以必须保持项目管理的连续性、一致性、同一性（人员、组织、过程、信息系统）。

（1）许多项目工作最好由一个单位或部门全过程、全面负责。例如实行建设项目业主责任制，在工程中采用“设计—采购—施工”的总承包方式。

（2）项目的主要承担者应对工程的最终结果负责，让他与项目的最终效益挂钩。现代工程项目中业主希望承包商能提供全面的（包括设计、施工、供应）、全过程（包括前期策划、可行性研究、设计和计划、工程施工、物业管理等）的服务，甚至希望承包商参与项目融资，采用目标合同，使他的工作与项目的最终效益相关。

（3）防止责任的盲区。即出现无人负责的情况和问题，无人承担工作任务。对业主来说，会出现非业主自身责任的原因造成损失，而最终由业主承担。例如在设计、施工分标太细的工程中，由于设计拖延造成施工现场停工，业主必须赔偿施工承包商的工期和费用，而设计单位却没有或仅有很少的赔偿责任。而采用全包方式可以避免这种情况的出现。

（4）减少责任连环。在项目中过多的责任会损害组织责任的连续性和统一性。例如在一个工程中，业主将土建施工发包给一个承包商，而其中商品混凝土的供应仍由业主与供应商签订合同；对商品混凝土供应商，所用的水泥仍由业主与水泥供应商签订合同供应。

（5）保证项目组织的稳定性，包括项目组织结构、人员、组织规则、程序的稳定性。

5. 管理跨度与管理层次

按照组织效率原则，应建立一个规模适度、组织结构层次较少、结构简单、能高效率运作的项目组织。由于现代工程项目规模大，参加单位多，造成组织结构非常复杂。组织结构设置常常在管理跨度与管理层次之间进行权衡。

管理跨度是指某一组织单元直接管理下一层次的组织单元的数量，管理层次是指一个组织总的结构层次。通常管理跨度窄造成组织层次多，反之管理跨度宽造成组织层次少。

6. 合理授权

项目的任何组织单元在项目中为实现总目标承担一定的角色，有一定的工作任务和责任，则他必须拥有相应的权力、手段和信息去完成任务。根据项目的特点，项目组织是一种有较大分权的组织。项目鼓励多样性和创新，则必须分权，才能调动下层的积极性和创造力。项目组织设置必须形成合理的组织职权结构和职权关系，没有授权或授权不当会导致没有活力或失控，决策渠道阻塞，项目高层陷于日常的细节问题中，而无力进行重要的决策和控制。

3.2 项目治理的运行机制与程序

项目层治理是在工程项目的平台与架构中对工程项目实施的治理行为。项目层治理的主导者是项目经理，是项目经理及项目主要管理人员为了在与公司契约的基础上实现项目效益最大化和实现自身利益最大化而采取的行为。项目层治理的关键是在项目经理和项目骨干参与者之间形成一种利益与权力制衡机制，通过他们对决策过程的参与和对项目剩余的分享，来激励他们尽自己最大努力来实现项目效益最大化。

3.2.1 项目治理结构

除了项目经理外，项目主要管理人员如采购经理、总工程师、施工经理、会计以及合同经理等对项目的成功都起着关键的作用。他们要么掌握着某种专业技术，要么掌握着某方面的独有信息，他们工作的努力程度与项目效益是正相关的。他们主要由项目经理选用，根据项目经理的总体计划安排各自开展工作，可以讲项目经理与它们之间也是一种委托代理关系，因此，为了激励他们的工作热情和约束他们的不道德行为，必须在项目层形成一种结构体系，保证他们对项目决策过程的参与。同时，他们对项目决策的有效参与也可以起到对项目经理行为的监督与约束作用。

在一个独立的工程项目上，一般采用的组织结构形式有直线制、职能制以及直线职能制等形式，具体根据工程项目的规模和复杂程度而定，较为常见的是直线职能制结构。这些组织结构形式的一个共同点都强调项目经理作为项目核心的重要作用，但忽视了项目其他主要管理人员对项目效益的影响，或者是认识到了他们的重要作用，但缺乏有效发挥它们作用的制度安排。项目层治理结构就是要在组织上保证项目主要管理人员对项目决策的有效参与。项目骨干人员对项目决策的参与可以通过项目管理委员会的形式进行，在此基础上形成的项目层治理机构如图 3–1 所示。

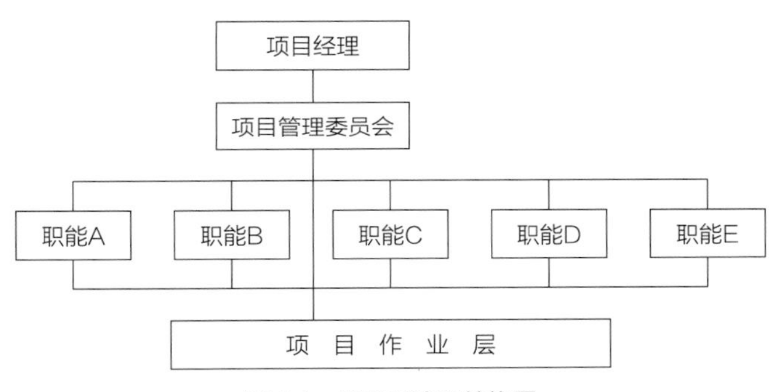

图 3-1　项目层治理结构图

项目经理作为项目的第一责任人，应该担任委员会主任的角色，委员会的其他成员由以上提到的项目主要管理人员组成，具体项目可以根据项目的实际情况安排，比如增加员工代表。成为委员会成员的条件有三条：一是项目成功的关键人员；二是项目剩余索取权的享有者；三是项目控制权的拥有者。具备以上三个条件的人员，应该有权加入项目管理委员会，普通职工可以选出自己的代表参加项目管理委员会。

项目管理委员会的作用主要体现在两个方面，一是保障项目利益相关者的权利，避免他们的利益受到损害。二是促进项目日常管理的科学化。通过各专业技术和管理骨干人员的决策参与，来保证项目管理决策的科学化，促进项目效益的提高。决策委员会成员对工程项目的投入主要有独有的人力资本投入和资金的投入。应该说每个项目主要管理人员由于对项目的参与都在项目上投入了独特的人力资本，资金投入的情况是指由项目管理形式决定的项目管理人员对项目的资本投入和项目主要人员的项目经营风险抵押。这样看来，项目委员会主要有三种人组成：第一，在工程项目上投入资本的项目管理人员；第二，在工程项目上投入了人力资本的人员；第三，由于其岗位的重要性而进行了风险抵押的项目管理人员。

项目管理委员会的组建，应该在公司的监督指导下，由项目经理主导进行。在人员的安排上要从关键利益者的保护和项目决策科学化保证出发，平衡各方利益，充分发挥项目管理委员会的权力制衡和决策科学的作用。

人员保障是项目管理委员会良好运行的前提条件，要想真正让项目管理委员会发挥作用，还必须有完善的制度作保障。在制定项目管理委员会运行制度时，要特别注意以下几方面的问题：

第一，项目经理要克服项目管理委员会制约自己权力、影响决策效率的抵触思想。工程项目是一个利益多元体，项目管理的决策过程也是一个复杂的过程，通过对各个利益主体的保护，会充分发挥他们的工作积极性。通过骨干人员对项目决策过程的参与，可以提高决策的科学性，从而会促进项目管理效率的提高。

第二，要有利于发挥项目经理的核心作用，避免权力的过度分散化倾向。过度集权和过度分权一样是有害的。权力过度分散的结果，是决策效率低下，延误最佳战机，出了问题找不到真正的责任人。如一些工程项目实行的集体承包责任制，由于过度强调了所谓集体的作用，导致项目缺少真正的利益与权利主体，影响了项目经营效果。因此，在强调群体决策科学化的同时，要注意发挥项目经理的核心作用，明确责任与权限，做到事情有人管、责任有人担。

第三，对项目管理委员会成员的决策权力分配以及利益分享要明确。明确的分工与权力安排，会避免决策过程中的扯皮现象。明确合理的利益分享安排将激励决策参与者发挥自己的聪明才智，为项目效益的提高出谋划策。

第四，对人力资本的贡献要给予尽量科学的评价，避免分配上的平均主义倾向。作为自然人，我们每个人不分贵贱，人格地位是完全平等的。但作为人力资本的提供者，受个人成长环境、兴趣爱好、努力程度的不同，他们的人力资本价值也千差万别。为了激发他们的工作热情，充分发挥人力资本的作用，对人力资本进行正确评价是非常重要的。

第五，要正确对待普通员工的决策参与与利益分享权。从人力资本的价值来看，在特定的条件下，主要管理人员的人力资本价值可能优于一般工作人员，但这并不是说一般员工不具备人力资本价值。另外，项目管理的决策与一般员工的利益密切相关。比如有关劳动保护的制度安排会直接影响一般员工的人身安全。因此，员工应该享有项目管理决策的参与权，也应该享有项目剩余的分配权。

3.2.2　项目治理机制

项目治理结构为工程项目治理提供了利益制衡的组织结构，各利益主体在治理结构的框架下形成了反映委托代理关系的契约机制。如上所述，为了保证项目治理的有效运行，还必须设计三个有效的机制，即决策权分配机制、激励机制和监督机制。通过这些机制的有效运作来促进项目管理效率的提高。

（1）项目决策权分配机制

项目层决策权的分配，可以在项目管理岗位责任制基础上，在明确岗位责任的同时，赋予岗位权利，其载体可以是岗位说明书。项目主要管理人员的决策权力如下：第一，总工程师的决策权力。总工程师是工程项目的技术质量总负责人，他对工程项目的技术和质量管理负主要责任。相应的，他应该有技术标准技术规范选择权、技术方案审批权以及质量监督控制权。第二，采购经理的决策权力。采购经理负责整个工程项目物资和设备的采购决策，他的决策权力包括采购计划审批权、供应单位评价选择权以及采购决策权。第三，施工经理的决策权力。施工经理是项目经理的现场助手，受项目经理委托，具体负责施工生产的指挥管理工作。他的决策权力有生产指挥权、质量和安全控制权、现场紧急事件处理权。第四，项目会计的决策权力。项目会计一方面负责工程项目的财务会计核算业务，另一方面也负有对项目成本支出进行监控的责任。他的决策权力主要包括费用支出审核权、不合理开支监督权等。第五，职工代表的决策权力。职工代表对项目决策活动的参与是保障职工权益不受侵犯的必要手段。职工代表的决策权力主要体现在对涉及职工利益重大决策的参与权上。

需要注意的是，项目主要管理人员决策权分配的目的是提高项目决策科学化水平。主要管理人员之间应在明确分工的基础上加强合作，而不能条块分割、各行其是。

（2）项目层激励机制

项目层激励机制是指项目经理为了激励项目工作人员努力工作而制定和采取的制度与行动的综合。项目层激励机制的有效运行是促进项目工作人员努力工作，保证项目产出效益的有效保证。根据激励对象的不同，我们可以将项目层激励分为对项目管理委员会成员的激励和对一般工作人员的激励两种情况。对项目管理委员会成员的激励，关键在于根据个人人力资本和资金投入的不同，确定合理的项目剩余分配比例，这是激励项目管理委员会成员的根本要素。实际操作中，这也是一项难度较大的工作。企业在这方面应该制定可供项目参考的指导性意见，主要还是应该通过市场机制的作用，由项目经理结合实际情况综合平衡考虑。对一般工作人员的激励，要区分不同的情况分别对待，不可一概而论。为了保证项目层激励机制的有效运行，在机制设计时，还应该注意以下几方面问题：

1）在区分能力与贡献差异的同时要兼顾公平。人的能力有大小，在不同的工作环境中所能作出的贡献也各不相同，因此对项目工作人员进行能力与贡献测评，根据业绩的不同拉开收入差距是合理的。但这应该建立在公平合理的基础之上，切不可过度强调某一方面的因素。

2）将固定收入与风险收入相结合，以风险收入为主。项目经营是一次性风险行为，项目工作人员的收入应该与项目的业绩挂钩。固定收入是项目工作人员基本生活的保证，风险收入应该是项目工作人员的制约与激励因素。风险收入在全部工资收入中所占的比例，应该随着个人人力资本与资金投入比重的增加而增大。

3）对工作成果可以量化的一般工作成员，应尽量将其收入与工作结果挂钩。对工作结果可以量化的工作人员，最好的激励方法就是将其收入直接与工作结果挂钩，但这可能造成工作人员重数量而忽视工作质量，所以采用这种激励办法时要注意质量标准的制定和产品质量的监督。对工作结果不容易量化的一般工作人员，要采用目标管理的方法，通过对目标成果的考核决定其收入。

4）对团队成员的考核，要将个人考核与团队考核结合起来。对于团队工作的情况，团队业绩是绩效考核的关键指标，但单纯对团队业绩进行考核，会造成个别团队成员的搭便车现象。因此应将团队成员的个人业绩与团队业绩结合起来考核，将个人收入与个人努力和团队努力联系起来，使个人在努力工作的同时关注团队努力，促进团队协作，创造协调一致、竞争有序的团队工作环境。

5）要注意发挥组织文化对项目工作人员的激励作用。组织文化是一个组织内人们共同的价值观和行动指南。好的组织文化会激励组织成员为实现组织目标共同努力。工程项目是一次性行为，项目结束后，项目人员将被解散而面临着工作岗位的重新选择。好的工程项目文化氛围，有助于保证他们在项目期间很好地为项目努力工作。因此，项目经理应该结合工程项目的特点，在企业文化的基础上，导入健康、积极向上的项目文化，通过文化的作用来促进项目成员努力工作。

6）要注意给项目工作人员提供成长和发展的机会来激励项目管理人员。对未来良好的期望，也可以起到积极的激励作用。项目经理要注意为项目管理人员提供学习和成长的机会，从学习和成长中得到的效用，将促使工作人员安心为项目目标而努力工作，避免其短期化的行为。

（3）项目层监控机制

项目层监控机制，是指项目经理对项目工作人员工作行为的监督约束以及项目管理委员会对项目经理工作行为的监督。建立项目层监控机制，主要目的是保证项目工作人员行为的可控性。项目工作人员，尤其是项目主要管理人员，每个人都拥有影响项目的“权力”。如果没有有效的监控，他们可能会由于违规的成本太小而采取纯粹利己的行为，进而影响项目的整体利益。项目层监控机制也是项目激励机制发挥作用的保证，没有监控机制的约束，激励机制也终将成为空中楼阁。

1）项目层监控机制主要有以下内容：

① 项目管理委员会对项目经理的监控。项目经理在法律上是公司的代理人，在实践中可以看作项目工作人员也将自己的“资本”经营权委托给了项目经理。因此，项目经理应该受到除公司监控之外的项目管理委员会的监控，他的行为应该是真正代表“委托人”利益的。项目管理委员会的监控，也是保证项目经理科学决策，合理作为的直接方式。

② 项目经理对项目管理人员的监控。项目经理应该通过目标管理责任制以及配套的管理制度加强对项目主要管理人员工作行为的监控。项目主要人员的工作偏差，其影响将远远大于项目一般人员工作偏差的影响，他影响的将是一系列的工作环节。项目经理必须将对骨干工作人员的监控作为一项重要工作。

③ 项目骨干管理人员对一般工作人员的监控。这是项目监控工作的第三个环节，这个环节工作质量的好坏将给工程项目的监控工作带来直接的影响。一般工作人员身处项目生产工作的第一线，他们掌握工程项目状态的第一手资料，对工程项目结果施加直接的影响，绝对不能因为他们所负责的某项工作不重要而忽视监控。

2）要想保证项目层监控机制的有效运行，在进行机制设计和机制运行时，应注意以下几个方面：

① 要注意人的因素，安排合适的人担任适合的岗位。监控不是工作的目的，只是保证目的的手段，保证工作结果的根本手段是高素质的工作人员。因此，要注重选人的环节和对工作人员的培养，通过组成一个高素质的团队来实现工作目标。

② 要注意发挥工作人员的自控作用。可以通过优秀项目文化的导入，将项目所要求的“应该”灌输到每个项目工作人员的内心深处，把需要强制的行为变成项目工作人员的自觉行为。

③ 项目层控制工作要将进度、质量、成本、安全等四大工作目标贯穿其中。项目工作的四大目标是衡量项目工作成果的基本指标，将此四项指标贯穿于整个项目的控制过程中，可以让监控工作更好地为项目目标的实现服务。

3.3 项目治理的系统优化

3.3.1 工程项目系统

工程项目系统总体模型结构如图 3–2 所示。

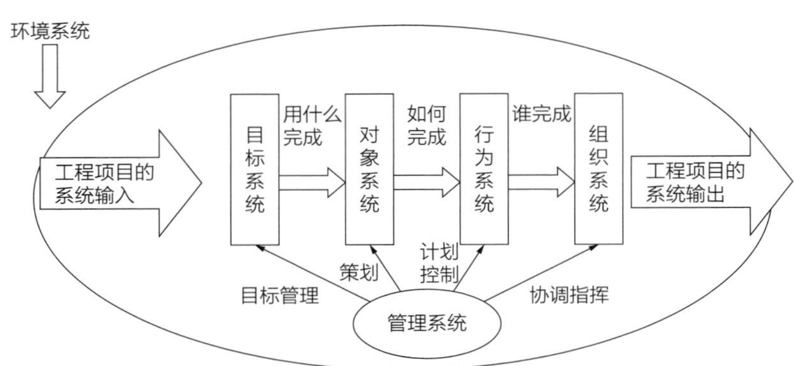

图 3-2 工程项目系统总体模型结构

1. 工程项目的目标系统

工程项目的目标系统实质上是工程项目所要达到的最终状态的描述系统。由于项目管理采用目标管理方法，所以工程项目具有明确的目标系统，它是项目过程中的一条主线。工程项目目标系统具有如下特点：

（1）结构性

任何系统目标可以分解为若干个子目标。子目标又可分解为可操作目标。

（2）完整性

项目目标因素之和应完整地反映上层系统对项目的要求。

（3）目标的均衡性

目标系统应是一个稳定的均衡的目标体系。片面地过分地强调一个目标（子目标），常常以牺牲或损害另一些目标为代价，会造成项目的缺陷。特别要注意工期、成本（费用、投资）、工程（质量、功能）之间的平衡。

（4）动态性

目标系统有一个动态的发展过程。项目的目标系统在实施中也会产生变更，例如目标因素的增加、减少，指标水平的调整。这导致设计方案的变化、合同的变更、实施方案的调整。

目标系统是抽象系统，它由项目任务书、技术规范、合同文件等说明。

2. 工程项目的对象系统

工程项目要完成一定功能、规模和质量要求，这个工程是项目的行为对象。它是由许多分部、许多功能面组合起来的综合体，有自身的系统结构形式。例如一个工厂由车间、办公楼、仓库、生活区等构成；每个车间在总系统各提供一定的使用（生产）功能；每一个车间功能区又可分解为建筑、结构、水电、机械、技术、通信等专业要素。它们之间互相联系、互相影响、互相依赖，共同构成项目的工程系统。工程项目的对象系统决定着项目的类型和性质，决定项目实施和项目管理各个方面。工程项目对象系统由项目设计任务书、技术设计文件（如实物模型、图纸、规范工程量表）等定义，并通过项目实施完成。

3. 工程项目的行为系统

工程项目的行为系统是由实现项目目标，完成任务所有必需的工程活动构成的。这些活动之间存在各种各样的逻辑关系，构成一个有序的动态的工作过程。人们通常指的项目就是指项目的行为系统。项目的行为系统的基本要求有：

（1）包括实现项目目标系统必需的工作，并将它们纳入计划控制过程中。

（2）保证项目实施过程程序化、合理化，均衡地利用资源（如劳动力、材料、设备），降低不均衡性，保持现场秩序。

（3）保证各分部实施和各专业之间有利的、合理的协调。通过项目管理，将上千个、上万个工程活动导演成为一个有序的高效率的经济的实施过程。

项目的行为系统也是抽象系统，由项目结构图、网络计划、实施计划、资源计划等表示。

4. 工程项目组织系统

项目组织系统是由项目的行为主体构成的系统，如常见的业主、承包商、设计单位、监理单位、分包商、供应商等。

在建设项目的全寿命周期中，工程项目的组织关系复杂、多样化，通常有：

（1）行政关系。

例如对政府投资项目，项目和上层系统组织（政府）之间主要为行政上的隶属关系。

（2）企业内的组织关系。

有些企业投资建设项目，企业经理与企业内的基建部门也是这种关系。

（3）合同的关系。

直接的合同关系。例如承包商与业主，业主与供应商等直接签订合同，他们之间的责、权、利关系完全由合同定义。在建设项目中项目工作任务委托给不同利益群体（不同企业）完成都是通过合同实现的。

间接合同关系，例如监理工程师与承包商之间，他们没有直接的合同关系，但是他们之间的组织关系由业主与承包商之间的合同所定义。

（4）其他形式的关系。

例如承包商与供应商之间存在的横向协调关系。

5. 工程项目环境系统

项目环境系统主要包括：

（1）项目相关者的组织情况，主要包括项目所属企业的组织文化体系、战略政策等。

（2）项目所处的社会政治环境。

（3）项目所处的经济环境。

（4）项目的法律环境。

（5）项目的自然环境。

（6）项目的周边环境，包括基础设施、人文环境、交通通信环境等。

3.3.2 工程项目系统特性

项目是一个复杂的社会技术系统。按照系统理论，工程项目具有如下系统特点：

1. 结合性。任何工程项目系统都可以按结构分解方法进行多级、多层次分解，得到子单元（或要素），并可以对子单元进行描述和定义。这是项目管理方法使用的前提。

2. 相关性。即各个子单元之间互相联系、互相影响，项目的各个系统单元之间、项目各系统与大环境系统之间都存在复杂的联系与界面。

3. 目的性。工程项目有明确的目标，这个目标贯穿于项目的整个过程和项目实施的各个方面。由于项目目标因素的多样性，它属于多目标系统。

4. 开放性。任何工程项目的发展和实施过程中一直是作为社会大系统的一个子系统，与环境有着各种联系，有直接的信息、材料、能源、资金交换。

（1）工程项目输出可能有：工程设施、产品、服务、利润、信息、满意等。

（2）工程项目的输入可能有：原材料、设备、资金、劳动力、服务、信息、能源、上层系统的要求、指令。

5. 动态性。项目的各个系统在项目过程中都显示出动态特性，例如在项目实施过程，由于业主要求和环境的变化，必须进行相应地修改目标，修改技术设计，调整实施过程，修改项目结构；项目组织成员随相关项目任务的开始和结束、进入和退出项目。

3.3.3　优化组织系统

不难发现常规型组织机构存在一定缺陷，如不利于优化资源配置，总部的监控和协调有限，难以发挥企业整体实力。因此，对基本治理结构进行优化，如图 3–3 所示。

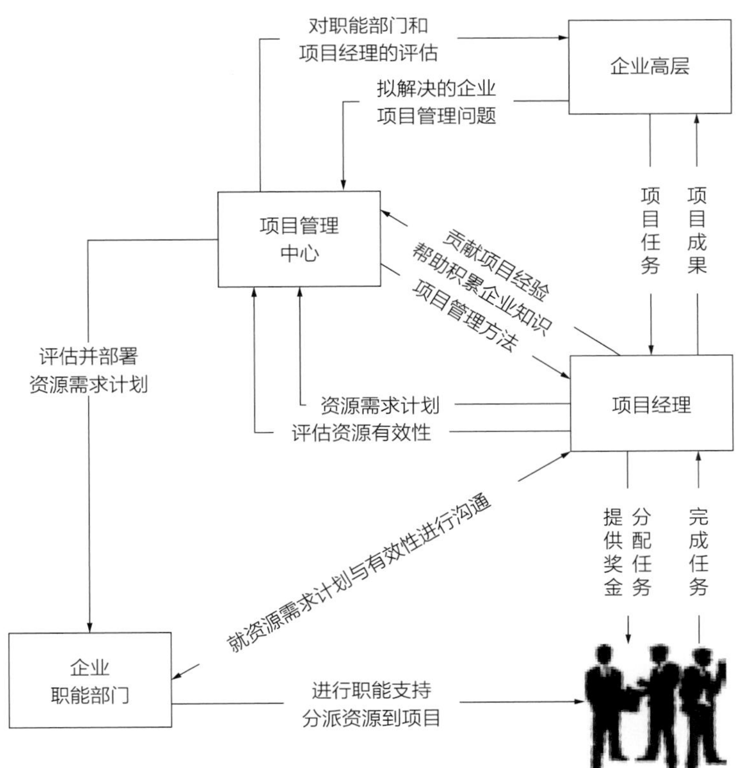

图 3-3　优化后的基本治理结构图

1. 以资源为治理关系的载体

在优化后的基本治理结构中，资源是治理关系的重要载体，体现了将职能部门的“职能管理”转变为“资源支持”的思维。其中，“资源”是个广义的概念，它不仅是指传统意义上的人、财、物，还包括信息、规则、方法等。在构成企业竞争力的资源中，人、财、物越来越不被企业所专有。例如，人才随时可以跳槽，设备一般说来你可以买到我也可以买到，此外此类资源不能同时被多方使用，属于排他性资源。但是，信息、规则、方法等资源一般不能照搬到其他企业中，它属于企业专有的，而且这些知识资源可以被同时使用在企业多个项目中，属于非排他性资源。培养自己独有的知识资源，既是建筑企业优化项目治理结构的手段，也是目的。

2. 强化项目管理中心的核心作用

项目管理中心是优化后的治理结构中的新部门。由于每个职能部门是对某个专业领域的资源形成和提供负责，所以建筑企业需要设定这样一个部门以帮助高层对企业的整体负责。项目管理中心的主要价值在于对企业的项目管理问题负责，包括对项目计划的评审、项目管理知识的提炼和总结、项目管理办法的开发和推广、对项目经理的培训和考核、多项目冲突的协调、对职能部门资源支持有效性的评估、对项目收尾的评审等。

3. 营销的全员化与项目化

实践证明建筑企业要提高经营开拓和市场对接的能力，光凭企业的营销部门是不够的，必须充分挖掘企业的信息资源，因此营造进行“群体营销”的氛围，实施营销的全员化。但是，需要指出，如果项目管理中心不能介入项目的整个生命周期，不能从项目的立项、投标阶段就介入，而仅仅是在项目施工过程中发挥所用，这样的管理部门就难以承担起其应负担的责任，就会变成“衙门”，而不是管理部门。其身份就会像建设监理一样尴尬，权责有限。解决这个问题的方法是，将项目的营销过程也作为一个项目来对待，来实施管理。因此，营销部门统归到项目管理中心，在营销全员化的基础上，还要实施营销的项目化。

4. 强调企业职能部门的支持作用

企业职能部门的作用，在优化后的基本治理结构中得到了强调，是否起作用取决于项目实施过程中对企业职能的需求。对建筑企业而言，一般的项目过程包括项目投标、项目合同谈判与签订、项目准备、项目施工、项目竣工验收、项目维修等，因此项目对企业职能的需求表现为企业的营销职能，如获取、收集招标信息、工程信息等。企业的合同管理与控制职能，如帮助项目处理对外合同关系，协调内部合同关系企业对项目的经济控制职能，这是企业对项目控制的主要方面。企业的人事组织职能，项目部的形成和人力资源的配备都需要企业的管理与协调。企业对项目的材料管理职能，如项目的材料、机械设备的供应与协调企业的技术服务与支持，项目部的技术力量有限，有时会遇到特殊的难以解决的问题，必须依靠企业强大技术力量完成项目的实施工作，在项目的实施过程中，项目的实施也必须受到技术部门的监督和指导。

其中，职能部门、支持部门与利润中心的并列地位，体现了以资源为治理关系的载体而依据以项目管理中心为核心部门的思想，设计了由项目管理部、招标与成本中心、材料采购中心组成的支持部门，职能部门的下调淡化了其作为管理部门的作用，强调了其为项目提供职能支持、服务的作用。此外，为了促进利益分配机制、激励机制、约束机制和信息传递机制的完善，还新增了战略与投资委员会、预算与审计委员会、提名与薪酬委员会（图 3–4）。

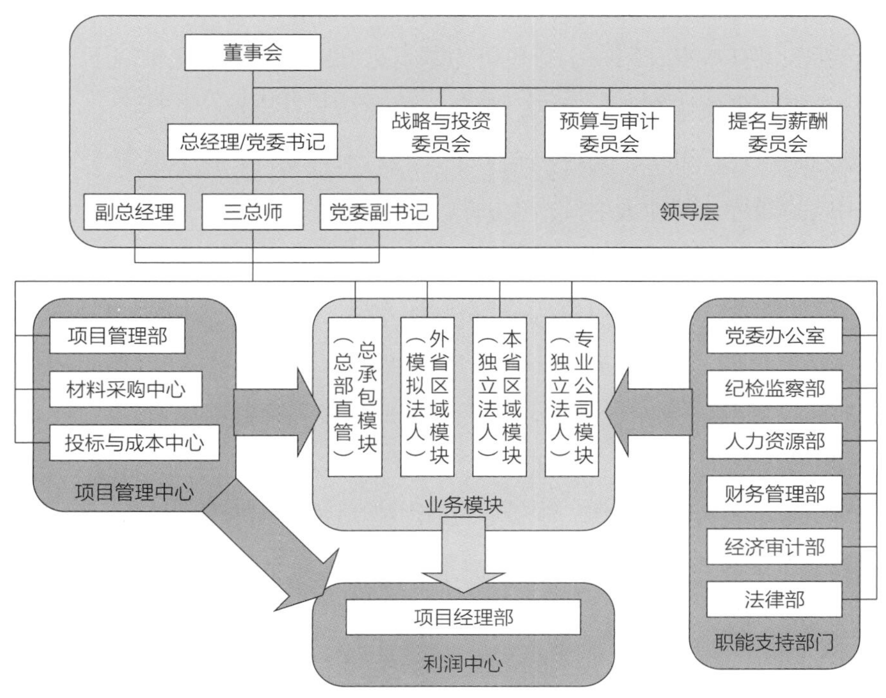

图 3-4　改革后的组织机构图

3.4 项目治理与PMO的功能协同

3.4.1 项目治理角色的建立

PMO（Project Management Office）一般称为项目管理办公室、项目管理中心或者项目管理部，是在组织内部将实践、过程、运作形式化和标准化，同时在组织内各机能间，为推动专案前进产生各种工作资源冲突时，负责协调整合的机能，所以是为了提高组织管理成熟度的核心部门，它根据业界最佳实践和公认的项目管理知识体系（PMBOK），并结合企业自身的业务和行业特点，为组织量身定制项目管理流程、培养项目经理团队、建立项目管理信息系统、对项目提供顾问式指导、开展多项目管理等，以此确保项目成功率的提高和组织战略的有效贯彻和执行。

项目参与方是一个复杂的网络群体，在整个体系中，他们有自己的需求，也会承担相应的责任。项目角色是他们在承接了相应的项目任务后而承担的责任和拥有的权利。所以从治理的角度出发，依据角色理论，角色的定义是“who”和“what”，即“我是谁”“我该做些什么”，主要研究在规定和特定的情况下个人表现出来的行为，同时探究这些行为是如何形成的，受到哪些因素的影响。“角色”这一概念就涵盖了被社会认可的身份，这些身份包括了相应的权利和义务。对于角色定位包括五大基本点：第一，角色行为基本是固定的。在特定情境下，个人的行为往往代表组织集体或企业；第二，角色定位通常与社会地位相匹配。不同的身份意味着不同的角色；第三，角色包含了个人的需求与期许。这意味着个人在扮演角色时有相应的期待，而他人对其产生的行为也有期许；第四，角色的定位是在社会网络之中，所以在整个构建过程中角色具有持续性；第五，角色的获取必须经过相应的学习，才能获得对应的角色。

参与方角色的属性包括：① 治理角色的角色名称；② 对角色的简要定义；③ 角色的岗位要求；④ 角色需求；⑤ 角色完成任务后交付的成果。

从项目全寿命周期出发，根据参与方的建设目标与角色属性，结合项目治理理论，将参与方分为规划、操作、维护、监控四类角色。规划是指在整个项目前期提出利益相关方需求和项目实施方案的角色人员；操作是指实施规划需求的角色人员；维护是指为操作人员提供资源、设备等，并进行后期检修的角色人员；监控是指对规划、操作、维护角色进行监督管理的角色人员。这四类角色包括了工程施工项目从概念到最终的拆除报废整个过程，囊括了其相关的利益方。

确定完项目角色后，在项目治理机制合同治理和关系治理的共同作用下，来改善参与方之间的协作关系，在此基础上，参建单位组建“项目治理委员会”，该组织由参建方协商人数，共同组成一个项目联合治理组织，委员会的功能与作用主要包括四个方面：确定工程施工项目的项目目标；确定项目参与方的治理角色；确定治理角色间利益的分配方式；协调和仲裁治理角色之间的矛盾与冲突。这种模式之下，每个单位都有参与人，所以他们都代表了该企业的利益，在协商治理内容等时也代表自己的单位发言，使得所有的参与单位能保证自己的利益，并且大家都在协商同一个问题，也加深了彼此之间的协作水平和合作关系。

PMO 与项目经理的角色：项目经理管理单个项目的约束（范围、进度、成本、质量等），而 PMO 管理方法，标准，所有风险、机会，度量标准以及企业级项目之间的相互依赖性。它们实际上在不同的级别上运行。项目经理负责实现其负责项目的批准目标，而 PMO 负责实现企业的批准目标。

通常，PMO 通过标准化以及可重复和可伸缩过程的执行来定义和维护组织内项目管理的标准。PMO 还是有关项目管理和执行实践的文档，指南和度量标准的来源。PM 的职责是在项目规划、准备和执行期间遵守 PMO 标准化的指南和实践。

3.4.2　治理角色的需求

项目治理角色对利益的需求是具有层次性的：首先，它们最基本的需求是获得履行责任相应的回报；其次，当他们的基本需求得到满足后，会进一步对获取的信息价值进行评估，并将自身重新定位的需求进行反馈，以获得更多的收益。

规划者作为项目最大的控制者，他们的需求体现出了多样性。在项目前期的立项阶段他们会期望取得项目的立项批复文件，计算出自己满意的收益预期并获得批复。在后期实施中，希望在规定时间内完成质量满足要求的实施方案等，并顺利开工，最后完成项目建设；在整个建设中无变更等造成的价格、进度等的影响；控制价格，尽量不突破既定的概预算；完成项目后获得预期的收益。

操作者希望规划者提供的方案简单易行，便于实施；建设成果达到预期；能够按时、保质、保量完成项目建设，并且无事故发生；顺利完成项目的竣工验收且获得期望的收益；最终能提升企业形象。

维护者是为项目建设提供所需物资并进行检修的成员，他们实现自身利益莫过于在最初选择最有利于自身的客户。他们很在意合同的履行情况，合作者是否诚信经营，商业信用情况是否良好。在合作期间应付资金是否到位。在他们所供物资质量满足要求后企业的形象是否得到提升。

监控者在整个监督过程中希望无质量、安全等自己所属范围内的事故发生；没有或较少遇到自然灾害等不可抗力的影响；最终交付的产品满足要求；能够取得相关方的满意并提升企业形象。

分析这些需求，可以按照重要程度将其分为三类：第一类是必须要满足的，缺乏了这类需求就无法使角色满意；第二类是希望得到满足的，这类需求是角色在必需需求之上提出来的丰富他们需求的；第三类是可能存在，但是多多益善的需求。具体的需求分类根据实际项目中治理角色的要求进行划分。从分类可以看出治理角色对这三类的需求呈现出递减的趋势，但是在实际项目中，他们对于这些需求都是求之不得的。而彼此想得到的更多，必然导致项目的变更和冲突等情况的发生。

3.4.3　治理角色交流平台的建立

BIM（Building Information Modeling）即建筑信息建模，有效运用该技术可以改善项目产出和团队合作 79%；3D 可视化更便于沟通，提高企业竞争力 66%，减少 50%～70% 的信息请求，缩短 5%～10% 的施工周期，减少 20%～25% 的各专业协调时间。各国都在积极推进 BIM 的应用。我国住房和城乡建设部在《2016—2020 年建筑业信息化发展纲要》中提出“推广基于 BIM 的协同设计，开展多专业间的数据共享和协同，优化设计流程，提高设计质量和效率。研究开发基于 BIM 的集成设计系统及协同工作系统，实现建筑、结构、水暖电等专业的信息集成与共享。”BIM 技术为项目各角色方提供了一个虚拟的信息交流环境。角色的协同管理旨在通过运用 BIM 技术和计算机技术，结合集成管理理论，集成他们产生的各阶段信息，进行参与方集成管理虚拟环境的构建。在该环境中，通过计算机技术建立信息集成管理平台，以此对用户相应的使用权限进行设置与分配，然后各角色灵活地分析与处理各自权限范围内的相关信息，并进行彼此间信息的传递与交流，最终实现项目所需信息的共享和协同工作。通过对项目参与方的集成信息化管理，可以减少彼此之间的交流与沟通障碍，提高信息的传递与使用效率，降低沟通成本，保证项目多要素目标的实现。

BIM 技术在工程施工项目协同管理中有很大的应用优势。首先，BIM 技术的三维立体效果可以帮助管理工作中对于项目建设各环节各工作统筹安排，使管理者与操作者能直观地分析项目信息，保证质量；其次，BIM 技术的测量精度高，利用该技术可以建立数据库，收集建筑项目中的相关信息，提高建筑工程的计量的精确度与运算效率。另外，BIM 技术有利于对项目管理决策进行分析。可以针对建筑工程建立立体的三维模型，也可以对工程施工过程中的各项数据进行收集、整理和分析，这就为项目管理决策提供了可靠的依据。同时方便管理人员通过三维模型觉察出施工过程中可能出现的问题，并采取有效措施进行处理，保证后期的施工质量和施工进度。

将 BIM 技术运用到协同管理体系中主要提供和解决以下几个方面的问题：

1. 信息平台

BIM 技术可以对项目建设全过程中产生的信息和知识等进行集中式管理的基础上，为项目的角色方在互联网平台上提供一个获取各自所需信息的单一化入口，从而为项目成员提供一个高效信息交流和共同协作工作的环境，最终为项目的整体信息管理和实时控制提供可靠依据。

2. 资源共享

由于项目的参与方众多，交流的数据与信息繁杂，所以在建设项目时会出现很多的不协同问题。比如说信息传递与交流时也会出现效率低下、传递不及时、信息丢失与遗漏等现象，这些现象必然会造成各参与方之间的冲突与矛盾。运用 BIM 技术提供的平台，角色方可以将所有资料与信息共享在该平台，系统进行资料的汇总与分类。对于权限允许的其他角色方可以有效地读取平台上的共享信息与资源。这种方式下，不仅提升了项目信息的完整性和准确性，还保证了信息的保密性与安全性，有效地实现信息共享。

3. 任务分工协作

BIM 技术现在运用的最广泛的就是信息建模，提前模拟建筑的实施，提前发现出现问题的地方，并进行改进。在后期建设中，在该平台上的所有工作人员可以在线游览模型，进行视点保存与批准，与实际建设进行对比，提出建设问题等。在进行任务传递的过程中，责任人员可以进行及时的处理。这样既体现出了不同人员各自的任务，还使得成员在完成自身工作的同时给其他参与者提供有效的信息，促进他们间的协作。

4. 设计协同

BIM 技术下的协同管理就给这一方案的实施提供了平台。通过该平台可以对各种工程项目协同管理问题进行多方协同处理，并且能发现与修改施工项目协同方案中出现的不足，使得工程项目整体的协同管理水平得到保障。

5. 进度协同

传统的进度控制首先进行网络图的绘制确定工期，在施工中运用前锋线等方法进行进度的记录与比较，来确定工期是否延误。运用 BIM 技术，在工作人员完成自己相应的工作后，可以在管理平台上进行实时的记录，使管理者对进度进行节点的掌控，必要时并进行进度的调整。当其中一个单位按规定完成了自身的进度计划后，BIM 平台会提醒下一个实施单位完成规定的进度计划，以这种循环渐进的方式使各单位能够按照总计划合理地开展项目的协同计划。

通过上述 BIM 技术在工程施工项目治理角色间的协同中解决的问题，构建出图 3–5 所示的信息协同模型。

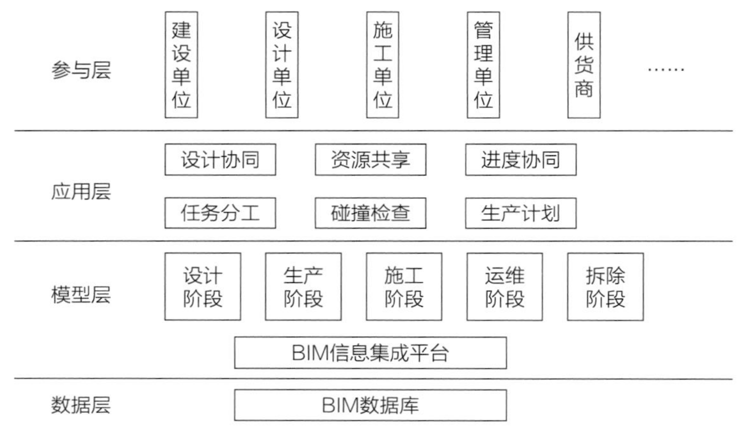

图 3-5 BIM 协同平台

数据层中的数据库主要是在工程施工项目的全寿命周期中，各角色方及时收录的数据与信息，具有时效性和动态性，以便后期的资料共享；模型层就是数据层中各种信息的展现，也就是各建设阶段中产生的信息。主要是在前期设计阶段建立信息模型后期工作通过对该模型的信息提取、集成、扩展和修改进行；应用层是 BIM 技术在协同管理中应用的集中体现，通过该层的运用加强角色的交流与协作；参与层主要是整个建造过程中基于项目治理的参与角色，他们在此信息平台上查看、提取、修改和发布相应的信息。

3.4.4　协同体系构建

基于项目治理的协同管理体系如图 3–6 所示。该体系的具体流程包括：首先识别出工程施工项目的参与方，并确定具体的研究对象（建设单位、设计单位、施工单位、管理单位及供货商）；然后组建项目治理委员会，进行协同工作的调节；在此基础上运用项目治理的理论，将项目参与方按照不同的责任、权利划分为规划、操作、维护和监控四类角色，并建立他们之间的协作关系；通过确定不同角色各自的需求而制定出治理角色之间关于质量、安全、成本、进度等的总目标；制定出目标后，通过确定责任组织、绩效管理、风险监控来保证总目标的实现；并且在工程施工项目整个寿命周期内运用 BIM 技术实现信息资源的调度与协调，通过 BIM 提供整个协同管理的交流平台；依次构建出整个协同体系。

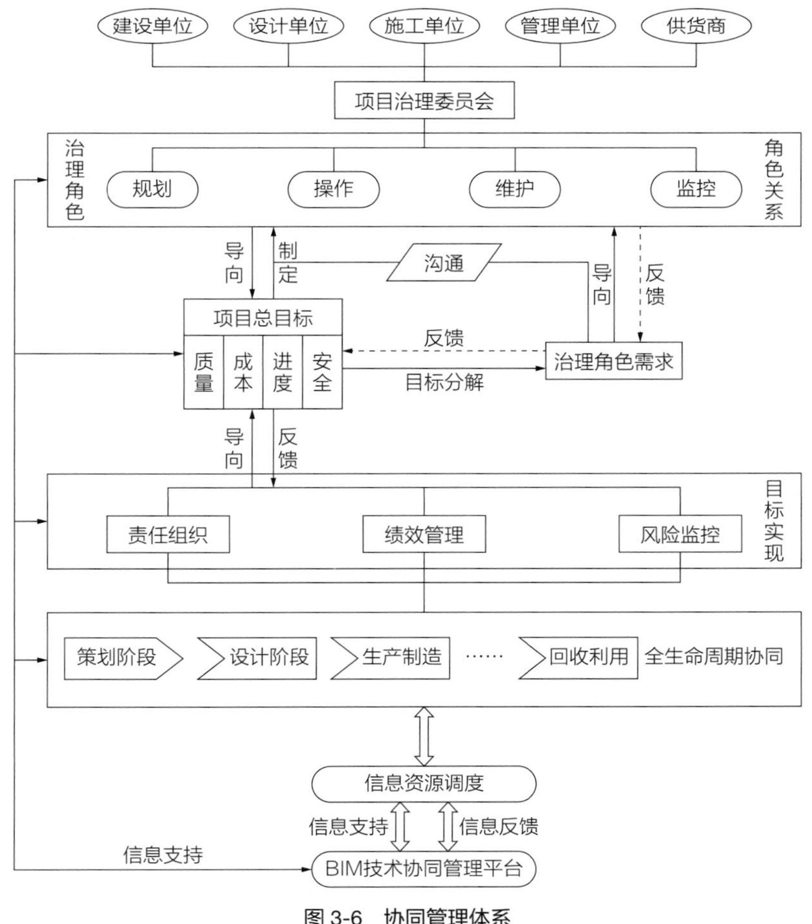

图 3-6　协同管理体系

3.5 项目治理的结构优化

3.5.1 代理链的优化

项目治理本质是一种委托代理的合同关系，作为项目投资人，如何赋予各级代理人以自主权，如何监督各级代理人的行为，以保证自身利益的实现，是极其重要的。显然，优化项目治理结构，可从优化委托代理关系开始。项目治理中委托代理链的优化途径可归纳为以下几个方面：

（1）简化委托代理链，实现委托代理链各方“共赢”。多级委托代理使信息的传递失真率加大，初始委托人（项目业主）的要求、指令的执行大打折扣；使信息不对称的现象加剧，迫使项目业主监督力度加强；代理人的机会主义倾向增大，这些将引起交易成本的上升。简化委托代理链的有效途径是采用总承包的交易方式、委托人出让一部分利益激励代理人提高工作效率、改进技术等，有利于实现项目各方利益整体，使之达到“共赢”。

（2）及时有效地对代理人进行绩效评价与反馈。对代理人进行绩效评价是指将项目评价与委托代理目标联系起来构成一个有效的绩效反馈体系，跟踪代理人的运营状况以及委托代理关系的稳定性，实现代理风险预警，从而将绩效评价机制与合理的监督机制结合起来，实现委托代理双方共赢。因此，项目业主应加强创建绩效反馈体系，以提供绩效度量的水平与可信度，确定绩效度量后的奖惩措施及长期计划，确保那些只顾自身利益的决策代理人能以有助于实现项目目标的方式来行使代理权。

（3）建立稳定的多阶段、伙伴式的委托代理关系。在多阶段委托代理中，当委托人意识到前一阶段代理人存在道德风险、机会主义行为等问题时，就会中断与代理人的进一步契约行为。而如果代理人遵守合同，契约会继续实施，而且双方会在以后的契约中获得更多的收益。

在项目治理中解决信息不对称问题的重要手段是在业主及项目执行者的委托代理链之间设计相对完善的一组契约关系。同时，业主还需要采用合同形式委派利益代表，如施工监理机构，监控代理人的行为，此外，针对合同的不完备特点，项目业主或项目法人必须在设计合同时，既考虑对利益各方进行激励和约束，又要兼顾公平与效率原则；既要考虑降低代理成本，又要实现各方效用的最大化。

3.5.2 其他方面的优化

在项目治理的全过程中，由于业主并不一定具备项目专业知识及管理能力，必须将决策权与执行权下放给各级代理人，同时委托人，即业主，必须通过严密的合同关系及对代理人的严密监督来限制代理人的行为。目前一些政府投资的项目失控，一个重要的原因是由政府，即委托人，通过行政手段去组织项目管理者，而不是通过招标等市场方式选择。政府也没有用合同方式来确定项目法人的责权利，更谈不上建立一套科学合理有效的激励监督机制。解决这一问题的有效途径是克服委托代理关系的非市场配置，通过市场配置资源的形式引入代理人竞争机制，以优良业务素质及良好信誉为准则，跨部门、跨地区选择项目管理者，让有能力担任项目法人职责的公司开展竞争，最大限度地减少垄断因素的存在，提高项目管理效率。

3.6 项目治理与项目管理的关系

3.6.1 项目管理与项目治理两者的不同

工程项目治理是一种制度框架体系安排，而工程项目管理为一种管理技能和方法，这是两者间的主要区别，不同点如下。

（1）目标要求不同。项目治理是一种制度框架，体现了项目参与各方和其他利益相关者之间权、责、利关系的制度安排，在这种制度框架安排下完成一个完整的项目交易，主旨是恰当地处理不同利益主体之间的监督、激励、风险分配等问题，这是项目治理功能的本质性内容。

项目治理的目标是平衡各参与方的权、责、利安排，从而使各参与方不同的项目价值观达成共识圆满得以实现。

项目管理则是在此制度框架下，各个实施主体运用各种项目管理技术、方法及工具具体地实施项目。

项目管理的目的是为了实现进度、成本、质量、安全等规定范围所制定的目标。项目治理除了确保成功实现项目目标，还要关注确保项目各参与方的利益与社会效益。

（2）责任主体不同。项目治理，从项目管理概念中抽离，是各利益相关者从各自的角度对其项目管理的管理。项目治理，在以组织和制度的制约下实现治理主体的管理目标，即发承包合同约定的项目目标。项目治理的对象不是具体的管理工作或资源，而是项目管理的主体，即项目管理机构和项目管理责任人，也就是说项目治理的对象是组织和人，它通过组织制度及纲领性文件，规范、约束和提升项目管理行为，同时在实施过程中不断地监督执行。

项目治理是为了明确各利益相关者权、责、利的制度安排。在治理过程中，各个利益相关者在各自职责管理目标范围内参与其中并且发挥专项治理作用，从而成为各自专业项目治理的主体。对项目管理而言，项目经理是企业在项目上的全权委托人，是项目管理的第一责任人，是项目目标的全面实现者，其必然也就成为项目管理的主体。

（3）针对对象不同。项目治理是各相关利益者参与项目治理专业层面的内容。是在整个项目运作基本制度框架体系上，按照各自专业职责范围和治理对象建立起的互动合作关系，并以此为基础，通过项目治理活动和方法，促进和分别实现项目在进度、成本、质量安全等方面的目标完成，以确保项目的成功。项目治理是治理主体按照合同约定，对工程项目的组织实施进行全过程或若干阶段的治理和服务。项目治理组织按合同约定，处理工程项目的总承包企业或勘察、设计、供货、施工等实施主体之间的关系，并监督各自合同的履行。

项目管理则是项目经理受企业法人代表委托对某一项目从开工到竣工交付使用进行进度、质量安全、成本及现场生产要素配置全过程的管理。

（4）履约途径不同。依据不少专家的观点，项目治理强调的是基于项目各参与方与业主的契约安排以及激励机制的设计，以解决项目参与方之间存在的信息不对称和激励不兼容问题，调整相互间的利益关系；项目管理是在项目经理领导下为了达到项目的目标，关注项目团队应该做什么、怎么做，重点强调为达到特定目标应选择的理念方法、手段和管理技术。

3.6.2 二者相辅相成、互为促进

工程项目管理和项目治理虽有诸多不同点，但本质上又处于相辅相成、互为促进，构成了治理体系的内在关系。良好的治理结构和先进的管理制度及工具能够帮助组织解决流程和资源之间、多样化目标之间的冲突，从而避免浪费资源，提高项目效率。缺乏良好的项目管理制度即使有很好的项目治理体系也无法实现项目价

值，就像地基不牢固的大厦是很危险的。同样没有较为科学完善的项目治理体系与项目管理制度建设深度融合和畅通，单纯的项目治理也只能是一张美好的蓝图，而缺乏实质性的内容。所以项目治理和项目管理两者均是为了有效地创造实现项目的价值，只是各自扮演的角色不同，只有将两者很好地结合起来，才能真正实现工程项目的最佳价值。从本质上看项目治理则是一个左右与上下沟通协调、良性互动的管治过程，主要通过项目各利益相关方切实履行主体责任，建立伙伴关系、加强合作协商共赢，运用现代化管理方法共同努力更好地完成工程项目管理目标。

第 4 章

建设工程项目管理与治理策划

4.1 项目管理范围与目标确定

4.1.1 项目管理范围

建设工程中的项目管理，主要指主管工程项目的企业受业主方的委托，在施工的整个过程或某些过程对工程进行专业化的管理活动。其内涵主要是从项目动工到结束，通过对工程进行策划和管理，保质保量地完成工程项目并合理调控费用。由此可见，对建筑工程项目的策划和科学管理是保证施工的关键环节。

在工程项目的决策和实施过程中，由于项目管理的主体不同，其项目管理所包含的内容也就有所不同。从系统分析的角度看，每一单位的项目管理都是在特定的条件下，为实现整个工程项目总目标的一个管理子系统。

1. 业主的项目管理（建设监理）

业主的项目管理是全过程的，包括项目决策和实施阶段的各个环节，也即从编制项目建议书开始，经可行性研究、设计和施工，直至项目竣工验收、投产使用的全过程管理。由于工程项目的一次性，决定了业主自行进行项目管理往往有很大的局限性。首先在项目管理方面，缺乏专业化的队伍，即使配备了管理班子，没有连续的工程任务也是不经济的。在计划经济体制下，每个建设单位都要配备专门的项目管理队伍，这不符合资源优化配置和动态管理的原则，而且也不利于工程建设经验的积累和应用。在市场经济体制下，工程业主完全可以依靠社会化的咨询服务单位，为其提供项目管理方面的服务。监理单位可以接受工程业主的委托，在工程项目实施阶段为业主提供全过程的监理服务。此外，监理单位还可将其服务范围扩展到工程项目前期决策阶段，为工程业主进行科学决策提供咨询服务。

2. 工程建设总承包单位的项目管理

在设计、施工总承包的情况下，业主在项目决策之后，通过招标择优选定总承包单位全面负责工程项目的实施过程，直至最终交付使用功能和质量标准符合合同文件规定的工程项目。由此可见，总承包单位的项目管理是贯穿于项目实施全过程的全面管理，既包括工程项目的设计阶段，也包括工程项目的施工安装阶段。总承包方为了实现其经营方针和目标，必须在合同条件的约束下，依靠自身的技术和管理优势或实力，通过优化设计及施工方案，在规定的时间内，按质、按量地全面完成工程项目的承建任务。

3. 设计单位的项目管理

设计单位的项目管理是指设计单位受业主委托承担工程项目的设计任务后，根据设计合同所界定的工作目标及责任义务，对建设项目设计阶段的工作所进行的自我管理。设计单位通过设计项目管理，对建设项目的实施在技术和经济上进行全面而详尽的安排，引进先进技术和科研成果，形成设计图纸和说明书，以便实施，并在实施过程中进行监督和验收。由此可见，设计项目管理不仅仅局限于工程设计阶段，而是延伸到了施工阶段和竣工验收阶段。

4. 施工单位的项目管理

施工单位通过投标获得工程施工承包合同，并以施工合同所界定的工程范围组织项目管理，简称为施工项目管理。施工项目管理的目标体系包括工程施工质量（Quality）、成本（Cost）、工期（Delivery）、安全和现场标准化（Safety），简称 QCDS 目标体系。显然，这一目标体系既和整个工程项目目标相联系，又带有很强的施工企业项目管理的自主性特征。

4.1.2　项目管理的目标确定

工程项目管理的目标确定通常涉及三个方面：

1. 工程项目的成本。是指为实现该工程项目所发生的所有直接费用和间接费用的总和。

2. 工程项目的质量。是指项目完成后达到的预先确定的技术要求和服务水平的要求。

3. 工程项目的进度。是指工程项目的完工期限。

1. 成本控制

（1）工程项目成本控制的含义

工程项目成本控制是指在项目成本的形成过程中，对影响项目成本的各种因素加强管理，并采取各种有效的措施，将实际发生的各种消耗和支出严格控制在成本计划范围内，保证成本目标的实现。

（2）工程项目成本控制的措施

为取得成本控制的理想效果，通常可以从组织措施、技术措施、经济措施和合同措施四个方面来加强成本管理。

1）组织措施

组织措施是从成本管理的组织方面采取的措施。成本控制是全员的活动，落实项目经理责任制，落实成本管理的组织机构和人员，明确各级成本管理人员的任务和职能分工、权利和责任；同时，应编制成本控制工作计划，确定合理的工作流程。组织措施是其他各类措施的前提和保障。

2）技术措施

降低成本的技术措施包括：制定最佳的施工方案、选择最优的施工机械及设备使用方案来达到缩短工期、提高质量、降低成本的目的，在施工中运用提高功效、降低成本的新工艺、新技术、新设备、新材料。

3）经济措施

通过编制资金使用计划，确定、分析成本管理目标；通过分析成本目标的管理风险，确定防范风险对策；通过偏差分析，发现潜在增加施工成本问题并及时采取预防措施，从而达到降低成本的目的。

4）合同措施

合同措施控制施工成本贯穿整个合同期，首先应选择合适的合同结构，其次应仔细考虑影响成本和效益的一切因素（包括潜在的风险因素），最后在合同执行过程中密切关注合同执行情况。

2. 质量控制

（1）工程项目质量控制的含义

工程项目质量控制是指在力求实现建设项目总目标的过程中，为满足项目总体质量要求所开展的有关监督管理活动。工程项目的质量目标是指对工程项目实体、功能和使用价值以及参与工程建设的有关各方工作质量的要求或需求的标准和水平，也就是对项目符合有关法律、法规、规范、标准程度和满足业主要求程度做出的明确规定。

（2）工程项目质量的控制途径

施工生产要素是施工质量形成的物质基础，是影响施工质量的重要因素，主要包括劳动主体、劳动对象、劳动方法、劳动手段和施工环境五个方面。

1）劳动主体的控制主要体现在企业要通过对施工管理人员进行定期培训，开展继续教育，达到提高员工管理水平和业务素质的目的。

2）劳动对象的控制主要体现在严把材料质量关，控制材料设备性能、标准与设计文件、国家规范标准相符性；严格控制材料设备进场验收程序和质量文件的齐全程度。

3）劳动方法的控制即施工工艺及技术措施的选择，主要是通过分析、研究、对比，在确认可行的基础上制定和采用先进、合理、可靠的施工技术工艺方案。

4）劳动手段的控制指的是施工机械、设备、工具、模具等的技术性能的控制，要根据施工工艺和技术要求选择合适的机械设备并建立健全符合要求的管理制度。

5）施工环境的控制主要是通过检查、督促来建立预防预测控制方案，控制突发环境状况对施工质量产生的不利影响，为顺利实现质量目标奠定基础。

3. 进度控制

（1）工程项目进度控制的含义

工程项目进度控制是指在实现建设项目总目标的过程中，为使工程建设的实际进度符合项目进度计划的要求，使项目按计划要求的时间动用而开展的有关监督管理活动。工程项目进度控制的目标就是项目最终动用的计划时间，即工业项目负荷联动试车成功、民用项目交付使用的计划时间。

（2）工程项目进度控制的措施

工程项目进度控制的措施包括组织措施、管理措施、经济措施和技术措施。

1）组织措施

组织是目标能否实现的决定性因素，为实现项目的进度目标。应充分重视建立健全项目管理组织体系，应由专人负责进度控制工作。

2）管理措施

为实现进度目标，首先应秉承科学严谨的管理理念进行进度管理；其次要分析影响进度的风险；最后要重视信息技术在进度控制中的应用。

3）经济措施

为确保进度目标的实现，应编制与进度计划相适应的资源需求计划，分析资源需求计划，确保编制进度计划实施的可行性，在实施工程中，通过动态控制，不断调整，最终达到最优组合。

4）技术措施

通过对不同设计技术和工程进度关系的比较分析，对实现进度目标的影响因素的分析，选择最利于实现进度目标的计数措施。

4.1.3 项目管理的阶段

项目管理共分为五个阶段。

1. 项目启动

凡事都有起和终，项目启动这个阶段是一个项目的开始，可以分为：确定项目范围、制定项目章程、任命项目经理与确定约束条件和假设条件。

2. 项目计划

项目计划阶段是为所有项目干系人提供项目的全景图，能够正确指导大家开展工作。其中包括：项目的确定范围、任务分解（WBS）和资源分析。

3. 项目执行

项目执行阶段就是需要项目干系人按照所分配的任务来按时高效执行。项目经理需要做好前期工作、范围变更、记录项目信息、激励组员和强调项目范围及目标。

4. 项目监控

项目的监控可使用专业的项目管理软件来实施，比如可以使用项目管理软件

Edraw Project 绘制项目甘特图。项目监控通常与执行结合起来，项目经理需要做到能够及时变更范围、评估质量标准、状态报告和风险应对。

5. 项目收尾

当项目开展结束后，就需要及时关闭。项目经理对结果进行评估检验，还需要督促财务部门回收项目剩余账款。并组织项目干系人一起开会，盘点整个项目过程中的收获与感悟。

4.2 项目管理组织实施方式及其类型

4.2.1 传统的建筑师 / 工程师项目管理组织实施方式

1. 施工总承包

施工总包是一种国际上最早出现，也是目前广泛采用的建设项目承包方式。它由项目业主（Owner）、监理工程师（Supervision Engineer）、总承包商（General Contractor）三个经济上独立的单位共同来完成工程的建设任务。

在这种模式下，业主首先委托或用招标的方式选择一个监理单位，双方并签有管理合同；然后监理单位的监理工程师协助业主进行整个施工项目发包的招标准备，编制招标文件，确定施工承包人，签订施工总包合同，并在合同执行过程中对合同进行管理。

在施工总包中，业主只选择一个总承包商，要求总承包商用本身力量承担其中主体工程或其中一部分工程的施工任务。经业主同意，总承包商可以把一部分专业工程或子项工程分包给分包商（Sub-Contractor）。总承包商向业主承担整个工程的施工责任，并接受监理工程师的监督管理。而分包商和总承包商签订分包合同，与业主没有直接的经济关系。总承包商除组织好自身承担的施工任务外，还要负责协调各分包商的施工活动，起总协调和总监督的作用。

2. 分项直接承包

分项直接承包是指业主将整个工程项目按子项工程或专业工程分期分批，以公开或邀请招标的方式，分别直接发包给承包商，每一子项工程或专业工程的发包均有发包合同。采用这种承包方式，每个直接承包的承包商对业主负责，并接受监理工程师的监督，经业主同意，直接承包的承包商也可进行分包。在这种模式下，业主根据工程规模的大小和专业的情况，可委托一家或几家监理单位对施工进行监督和管理。业主采用这种建设方式的优点在于可充分利用竞争机制，选择专业技术水平高的承包商承担相应专业项目的施工，从而取得提高质量、降低造价、缩短工期的效果。但和总承包制相比，业主的管理工作量会增大。分项直接承包是目前我国大中型工程建设中广泛使用的一种建设管理模式。

4.2.2 项目经理责任制

项目经理责任制是“以项目经理为责任制的项目管理目标责任制制度”。它是项目管理的制度之一，是成功进行项目的前提和基本保证。一般情况下，项目经理的职责包括：

（1）在总经理的授权范围内，代表公司实施施工项目生产管理，遵纪守法，认真执行企业的管理制度，维护企业的合法权益，对公司和总经理负责。

（2）牢固确立效益意识、质量意识、安全意识，千方百计贯彻落实项目成本、质量、安全、工期目标计划。认真编制项目运营规划，对进入现场的生产要素实行优化配置和动态管理，协调好建设、监理、设计、质监及项目外部关系，对项目部、各班组、各工种做好科学分工、管理、控制，创造讲规范、讲制度、讲纪律、讲团结、讲协作的生产和工作的氛围。

（3）建立和完善质量保障体系，严格按照施工验收规范，检查落实各岗位、各工种质量管理责任制，发现问题及时处理和纠正，不姑息、不迁就、不敷衍塞责。

（4）对工程项目的管理工作全面负责。

（5）贯彻执行国家有关质量方针政策和上级质量管理规章制度，负责贯彻落实企业制定的工程质量责任制，负责对项目全体员工进行质量意识的教育。

（6）确定在施工程的质量方针目标，定期组织质量大检查，掌握工程质量状况。

（7）负责健全质量保证体系，制定质量奖惩办法，定期召开质量工作会议，制定创优工程质量保证措施和奖励措施，组织签订落实各级创优工程考核。

（8）对不合格工程质量负直接责任。

（9）组织、管理工程质量检查、评定和竣工交验工作。

（10）贯彻各级技术责任制，确定各级人员组织和职责分工。

（11）组织审查图纸，掌握工程特点与关键部位，以便全面考虑施工部署与施工方案。还应着重找出在施工操作、特殊材料、设备能力及物质条件供应等方面有实际困难之处，并及早与建设单位或设计单位研究解决。

（12）决定本工程项目拟采用的新技术、新工艺、新结构、新材料和新设备。

（13）组织全体技术管理人员，对施工图和施工组织设计，重要施工方法和技术措施等，进行全面深入的讨论。

（14）进行人才培训，不断提高职工的技术素质和技术管理水平。一方面为提高业务能力组织专题或技术讲座；另一方面应结合生产需要，组织学习规范规程、技术措施、施工组织设计以及与工程有关的新技术等。

（15）深入现场，检查重点项目和关键部位。检查施工操作、原料使用、检验报告、工序搭接、施工质量和安全生产等方面的情况。对出现的问题、难点、薄弱环节，要及时交给有关部门和人员研究处理。

（16）贯彻“安全第一，预防为主，综合治理”的方针，项目经理是项目安全生产的第一责任人，做好现场施工技术安全交底，搞好文明施工，对安全工作要有布置、有检查、有考评、有惩罚和整改措施，坚决杜绝重大、恶性安全事故发生。

（17）项目经理部安全生产工作载体，具体组织和实施项目安全生产、环境保护工作，对本工程项目的安全生产负全面责任。

（18）贯彻落实各项涉及安全生产的法律、法规、规章、制度，组织实施各项安全管理措施，完成各项考核指标。

（19）建立并完善项目部安全生产责任制和安全考核评价体系，积极开展各项安全活动，监督、控制分包队伍执行安全规定、履行安全职责。

（20）发生伤亡事故及时上报，并保护好事故现场，积极抢救伤员，认真配合事故调查组开展伤亡事故的调查和分析，按照“四不放过”原则，落实整改防范措施，对责任人员进行处理。

（21）贯彻落实各项安全生产规章制度，结合工程项目特点及施工性质制定有针对性的安全生产管理办法和实施细则，并落实实施。

（22）在组织项目施工、聘用业务人员时，要根据工程特点、施工人数、施工专业等情况，按规定配备一定数量和素质的专职安全员，确定安全管理体系，明确各级人员和分承包方的安全责任和考核指标，并制定考核办法。

（23）健全和完善用工管理手续，录用外包施工队伍必须及时向人事劳务部门、安全部门申报，必须事先审核注册、持证等情况，对工人进行三级安全教育后，方准入场上岗。

（24）负责施工组织设计、施工方案安全落实工作，组织并督促工程项目安全技术交底制度、设施设备验收制度的实施。

（25）领导、组织施工现场每旬一次的定期安全生产检查，发现施工中的不安全问题，组织制定整改措施并及时解决。对安全生产与管理方面的问题，要在限期内定时、定人、定措施予以解决。接到政府部门安全监察指令书和重大安全隐患通知单，应立即停止施工组织力量整改。隐患消除后，必须报请上级部门验收合格才能恢复施工。

（26）在工程项目施工中，采用新设施、新技术、新工艺、新材料必须编制科学的施工方案，配备安全可靠的劳动保护装置和劳动防护用品，否则不准施工。

（27）发生因工作伤亡事故时，必须做好事故现场保护与伤员的抢救工作，按规定及时向上级报告，不得隐瞒、虚报和故意拖延不报。积极组织配合事故的调查，认真制定并落实防范措施，吸取事故教训，防止发生重要事故。

（28）项目财务按规定实行报账制，严格控制项目人、机、料耗用成本，按照公司对项目成本控制的目标执行。对工程所用材料要督促材料员做好市场询价、比价工作，及时向公司提供合理的采购计划单，按规定程序批准、报账，不断提高成本控制的透明度。

（29）做好对项目人、机、料的经济分析，及时报告项目施工各环节经济情况，特别是隐蔽工程、工程变更等环节的现场签证，参与工程验收决算，接受审计。

（30）及时做好已完工程的结算工作（人工、材料、租赁机具等），结算工程量必须真实、可靠。严格按规定办理汇签手续。

（31）认真贯彻执行公司各项规定，在项目部实行请、销假制度。做好管理层、操作层各岗位人员的考勤记录。重要事项要向公司报批，杜绝擅离职守、先斩后奏的行为发生。全面实现项目管理目标。

4.2.3 项目股份合作制及其类型

股份合作制是依法成立的法人组织，是以资金、实物、技术、劳动等作为股份，自愿组织起来从事经营，实行民主管理，按劳分配与按资分配相结合，有公共积累，能独立承担法律及民事责任的经济组织。其股份制因素主要体现在：① 企业资产实行股份化，并向股东颁发股权证书，企业产权归用于投资入股的股东；

② 按股份大小参与企业经营决策；③ 企业税后利润的一定比例实行按股分红，投资者的经营目标是追求更多的资产收益；④ 并非所有出资者都参与企业生产劳动，企业内也存在一些非股东的雇佣劳动。其合作制主要体现在：① 劳动合作，这是股份合作制的基础。企业职工共同劳动，共同占有和使用生产资料，利益共享，风险共担，实行民主管理，企业决策体现多数职工的意愿。② 资本合作。采取了股份的形式，是职工共同为劳动合作提供的条件，职工既是劳动者，又是企业出资人。股份合作制就是这种股份制和合作制的结合体，它是我国广大人民群众大胆探索、实践的一种有效形式。

股份合作制企业不同于一般的股份制企业，它们之间的区别是：

① 经营宗旨不同。股份制企业的经营宗旨是利润最大化，资本增值是公司的最高利益和准则，它是纯竞争性的唯利是图性的经济组织。它参与市场竞争始终处于风险高的竞争机制中。股份合作制企业的宗旨是贯彻实施效率优先、兼顾公平的原则。它也要参与市场竞争，也要追求企业盈利，但由于企业成员都是股东，都是劳动者，这就能形成一种合力，形成职工和企业的利益共同体，形成一种风险共担、利润均沾的企业制度。

② 股份性质不同。股份制企业的股东一经自由入股，股份（股票）只能横向流动，即可以自由买卖，以转让所有权。但不能逆向返还，即不能退股。作为股东有盈利的可能，也有蚀本的可能。股份合作制企业是一部分财产用于公共积累的共同占有，而另一部分财产则实行职工个人所有，由此形成共同共有与按份个人所有相结合的产权制度，当职工调离、退休、死亡时，其中一部分可以退还给职工，也可以继承和在企业内部转让；而存量资产形成的企业股量化给职工的那一部分是不能由职工带走的（这部分量化股只是职工拥有收益权，而无最终产权）。这就是不能退股的股份制原则和可以退股的合作制原则在股份合作制中的不同体现和运用。

③ 企业职工身份不同。股份公司的职工不一定是本企业的股东，多数是公司的雇员。因此公司和职工往往是一种雇佣关系，因而存在大量的劳资矛盾。股份合作制企业则强调职工就是股东。新进公司的职工要入股，不入股者为雇员，最多不能超过 10%。职工是所有者，也是劳动者，对自己实行多重确认和确定。所谓确认是公司和自己都确认自己为公司的股东，为企业的老板之一；同时拥有股权证，在股权证上又确定自己拥有企业中多少份额的股份，即多少资本。这就从质与量的结合上奠定了职工就是股份合作制的真正主人的地位和身份。股份合作制企业的职

工打破意识和竞争意识要比一般企业的职工强烈。例如，在改制为股份合作制的企业里，职工能自觉地克服多年来的公有制造成的“工资刚性”“福利刚性”“奖金刚性”等平均主义、大锅饭、铁交椅等弊端，对因企业效益不好而降工资、因企业亏损而由股东弥补或破产、失业也能承受。这就说明股份合作制企业能使职工建立起长期行为，真正爱厂如家，从而消除多年的雇佣劳动观念。

④ 分配制度不同。股份公司对股东完全实行按资分配，公司税后提取了法定公积金后，至于是否提取任意公积金，完全由股东大会决定，公司对职工只贯彻按劳取酬的原则。股份合作制企业是贯彻按劳与按资分配相结合的原则，就股东是劳动者来说，实行上不封顶，下不保底的按劳取酬，不需要通过劳动部门和政府部门控制，就劳动者又是企业的股东，实行按股分配，同股同利同风险，这种既分享利润，又分担风险，由此对职工形成强大的产权激励和产权制约（风险制约）机制，因此既体现劳动创造价值，又体现资本增值带来收益。

4.3 项目管理组织运行

4.3.1 项目管理的组织运行模式的运用意义

项目管理是建筑企业运营的基础。对于施工企业来说，项目化的管理是最基础和本质的管理，究其原因主要有以下两点：一是，建筑企业在进行施工的过程中，势必会涉及各方面的管理工作和项目，这种项目综合在一起才构成了企业的运营基础。二是，建筑企业的财务管理、人力资源管理、物料管理必须基于项目才能运行。

项目管理的运用能为建筑企业带来收益。项目是施工企业利润来源的源头，建筑企业要想获取更多的利润，必须要进行项目化管理。每一个项目管理得越好越全面，企业在运行的过程中就会节约越多的成本，满足以盈利为目的的企业要求。

塑造建筑企业形象。建筑企业在向外界宣扬自己企业雄厚实力和形象时一般都是通过项目进行。社会中的各部门和大众通过对建筑企业项目完成的好坏和完善程度来评定企业的等级，而企业形象作为当今时代企业竞争的主要因素，能够为企业带来丰厚的收益，必须要得到企业的重视。项目化管理在建筑企业中的应用能够将企业的工作项目和流程进行充分科学管理，满足建筑企业的需求。

4.3.2　项目管理的组织运行模式在建筑企业的注意事项

建筑企业在运用项目化管理的运营模式时应注意以下几点：

首先，承包合同的签订、开工前一些业务的准备、场地施工中设备的运用等很多环节，必须做好策划管理方案，然后按照此组织策划方案进行安全、合理、有效的全面施工。其次，施工过程中还需要保证全面性、协调有效性，施工现场清洁干净、空间保证充足等一系列施工条件要有一定保障，何时交工何时验收等也要充分地考虑到施工管理中。最后，接受施工任务之前，应该设定好相对目标，然后合理规划，从而可以有效地对以后施工进行安全管理，确保规划工作的有效进行。

4.3.3　施工企业运用项目化管理模式的目的

施工企业之所以采取项目化管理的组织运行模式，目的之一就是为了最大限度地节约成本，降低费用，减少开支，取得经济效益的最大化。我们可以得出这样的结论：项目化管理的组织运行模式，基础是建立在项目经理责任制上，对项目工程有效规划管理，而且要最大效率地利用各种生产要素，确保工程项目的施工效率，完成工程中各个工作顺序，以便在有效、合理的时间内完成量多质优的项目。其主要目标包括质量目标、工期目标、造价目标和安全目标等。

4.3.4　项目化管理的组织运行模式具体操作流程

如何运用项目化管理的组织运行模式，好充分展开对建筑企业施工进行科学的管理，必须认真对待施工过程的每一个环节。科学合理的有效性项目化管理，应该包括以下几步：① 确定项目具体负责人。为了保证建筑企业施工管理有效地开展，应该明确出项目具体负责人，即为我们所熟悉的经理人。作为施工过程首要负责人，他应该对整个施工项目的成本、员工、利益和安全负责。所以，经理人首要的就是必须具备良好的素质，相关知识、经验和专业技能应该全面掌握，另外还需要有一定的法律意识和经济意识，能够做全面宏观的掌握局势。② 在专业管理队伍第一负责人确定以后，接下来就应该在负责人领导下，建立一支专业的管理队伍，队伍应该有相关的专业知识和管理经验，按期进行有效的组织培训。针对人员的职责不同，按照情况设定不同职能部门，不同职责人员安排在不同职责部门，项目负责人通过有效的领导，确保工作内容有效合理地开展，严格控制各个项目的有效开展。③ 制定规章制度并严格执行。无规矩不成方圆，为了保证施工项目每个环节的有效开展，必须根据具体工作内容设定合理有针对性的规章制度，以项目负责人为中心，严格实施。明确各个职责部门分工，规范相应的权利与职责，禁止职能部门人员随意工作。一定要确保规章制度的有效、合理执行，实施赏罚分明的考核机制。在规章制度有效保障的前提下，才能职责分明地开展相关工作，也能激发工作人员的积极性，保证项目的有效完成，提高效率，降低成本，增强企业经济效益。项目执行操作以负责人为主，以项目目标为对象，充分利用一系列有关材料，有组织地实施，充分将项目化管理的组织运行模式运用到建筑企业施工中，从而保证这种模式的完美应用。

4.3.5 项目化管理的组织运行模式的运行要求

保证质量。根据签订的合同要求，以负责人为核心，严格按照规章制度和规划方案，进行严格质量把关。要想保证质量，预防工作必须做好，对项目中涉及的人、机械、材料、施工工艺和环境等因素进行控制，出现问题严格采取措施应对，防止类似问题重复发生，尽最大可能地减少损失，降低成本。

控制工期。在保证质量的前提下，制定相关的计划，然后对计划进行有效控制，在主动状态下对工期严格把关。通过工期计划的有效合理实施，然后分析、调整、控制。在管理过程中要做到统筹兼顾，充分考虑员工、效益、成本和安全等因素下，以保证质量优先，然后在合同规定时间内严格按照工期进行施工。

控制造价。尽可能充分利用施工中各种有用材料，采用科学有效的方法保证工期和质量，降低成本，减少造价，使项目运行成本降到最低，在资源节约的情况下使企业经济效益最大化。同时，减少造价成本，不能仅仅停留在表面或者当前环节上，必须把工作贯穿到整个项目中，针对不同实施阶段，采取相应措施减少投资成本。

保证安全文明。只有在安全合理的运行下，才能保证项目所有工作得到有效保证。安全管理体系和安全检查必须控制在合理范围，安全体系必须放在重要的位置，设定安全流动红旗以及赏罚机制，确保工作人员的积极性，保证工作人员的安全以及项目日后运行的安全，符合国家对建筑行业的要求，也符合投资人的需求。一定确保没有重大工伤事故或者火灾事故、大型设备事故，在各方面努力下，为了营建安全文明施工现场做好充分准备。把以人为本放在第一位，严格管理，预防相关事故发生，做好安全文明控制。

4.3.6　项目化管理的组织运行模式在建筑企业中的运用创新

项目化管理的组织运行模式：具体应用到建筑企业施工中，必须从观念、技术及组织机构等方面进行，在实践中不断地创新、改进，才会符合经济的发展和需求。

项目化管理的组织运行观念创新：严格按照实际情况和项目施工管理内在要求，找到符合市场规律的施工管理模式。

技术创新：就是企业对知识进行不断创新，创新设备运用、创新生产方式和管理模式，通过各种努力去提高相关产品技术含量、附加值和市场竞争力，符合市场发展需求，提高自身经济效益。

建筑企业的生存与发展对项目化管理的组织运行：管理方面的创新对企业生存与发展作用重大，需要企业去不断创新，创新不仅仅在产品上，建筑企业还应该采取积极的办法对项目创新进行有效、科学管理，为建筑企业施工管理的有效运行贡献出应有力量。

4.4　工程项目管理的策划分析

工程项目管理策划，它是项目管理的一项重要工作，是具有建设性、创新性和集中智慧的活动。工程项目管理策划目的在于分析项目内外部环境和风险因素，确定管理目标、项目计划、施工组织、专项方案，通过项目开发推演分析项目管理过程中的各种影响因素并提出预控措施，进行组织、技术和经济论证，对项目管理进行全局性的指导和控制。传统的工程管理往往不重视管理策划，以致在综合性大型项目的管理中经常会出现组织重叠、职责分工不明、计划制定针对性不强、工作内容不具体、信息不通畅、工程进度拖延等问题。工程项目管理策划可以在项目开始前通过策划文件的形式很好地解决这些问题。

4.4.1　项目管理策划的目标和作用

工程项目管理策划的目标实质上就是项目管理的目标，它本身就是制定项目管理目标和如何实现这些目标一系列安排的过程。工程项目管理策划就是确定项目努力的方向和标准，通过项目推演策划和风险的分析预控，降低环境变化和不确定因素对完成目标及任务造成的冲击，低成本、高质量、安全地完成项目管理目标，以提高项目管理水平和项目决策的正确性。

工程项目管理策划的目的可以归纳为三个层次：第一个层次是确定项目管理的目标；第二个层次是如何实现项目管理目标，包括实现管理目标的措施、方法以及风险控制；第三个层次是对项目工程管理策划本身的管理，并对实施效果进行评价，以保证工程项目管理策划能够完成项目管理目标，更好地实现投资方或者企业意图，并对出现的偏差及时纠偏。

4.4.2 项目管理策划的原则

1. 针对性原则：工程项目管理策划应充分结合建设项目的特点和实际情况，并要满足国家法律法规和公司制度的相关要求。

2. 目的性原则：分解项目工程管理策划各阶段工作任务，能完成各项指标。

3. 先进性原则：能够充分利用新技术，优化资源配置和高效施工组织，建立项目目标成本、合约规划、进度和质量目标。

4. 适应性原则：针对项目重难点进行项目推演，提出措施，预控各项风险，并在长期的项目开发建设过程中根据项目内外环境的变化随时调整工程项目管理策划内容，保证项目工程管理策划的适应性。

5. 公司与项目部、项目部团队共同参与原则：工程项目管理策划应由企业组织，项目团队共同参与完成，尤其项目管理部门、运营部门和物业的参与。项目部应得到公司对工程项目管理策划的认可和资源支持，同时项目团队间各专业各部门应达成目标一致。

4.4.3 项目管理策划的主要内容

1. 确定组织架构

组织架构是指一个项目内各组成要素以及它们之间的相互关系，主要涉及项目的各单位构成、职能设置和权责关系等，所以说组织架构是整个项目实施的灵魂所在。组织架构可以用组织架构图来描述，通常线性组织架构是建设项目管理的一种常用模式，这种模式避免了由于指令矛盾而影响项目的运行。

按项目建设的过程考虑，在项目实施中有工程项目策划和决策阶段、工程项目前期阶段（主要为报建、报批工作）、工程项目设计阶段、工程项目招标阶段、工程项目施工阶段、工程项目竣工验收和总结评价阶段。按照该工作阶段划分，应设立专门的管理部门对相关单位进行管理。

2. 项目管理目标分解

项目分解是工程项目管理的核心内容。在项目管理策划中应制定项目的总控目标，包括投资、进度、质量、安全等控制目标，然后再将这些整体目标进行分解，分解成各个可具体执行的组成部分，通过各种有针对性的技术、经济、组织和管理措施，保证各个分解目标的实现，进而实现项目的整体目标。

3. 项目合同分解

工程项目管理是在市场条件下进行的特殊交易活动的管理，交易活动持续于工程项目管理的全过程，且在综合大型项目中合同种类多、数量大，因此必须进行合同的分解，在合同分解后监督合同履行、配合项目实施、处理合同变更等。

4. 项目管理工作内容分解

（1）前期及报建（批）管理

主要管理工作内容为：对项目进行详细的环境调查，分析其规划情况；编写可行性研究报告，进行可行性研究分析和策划；编制项目报建总体构思报告，明确报建事项及确定报批工作计划，确定对各报建事项人员分工。

（2）设计管理

主要管理工作内容为：确定整个项目的建筑风格和规划方案，对设计中选方案进行优化；制定勘察、设计进度控制计划，明确设计职责；跟踪、检查报建设计进展；参与分析和评估建筑物使用功能、面积分配、建筑设计标准等；审核各设计阶段的设计文件；控制设计变更，检查设计变更的合理性、经济性。

（3）招标（采购）管理

主要管理工作内容为：初步确定整个项目的合同结构、策划项目的发包方式；按确定的合同结构、发包方式编制项目招标（采购）进度规划，明确相关各方职责；起草需甲供的主要材料、设备清单；委托招标代理单位审核不同专业工程招标文件，在招标过程中制定风险管理策略；审核最高限价预算；组织合同谈判，签订合同。

（4）施工管理

主要管理工作内容为：编制项目施工进度规划，确定施工进度总目标，明确相关各方职责；组织设计交底、检查施工准备工作落实情况；审查施工组织设计、人员、设备、材料到位情况；办理开工所需的政府审批事项；审核和检测进场材料、成品、半成品及设备的质量；审核监理组织架构、监理规划；编制施工阶段各年度、季度、月度资金使用计划并控制其执行；检查施工单位安全文明生产措施是否符合国家及地方要求。

（5）竣工验收和结算管理

主要管理工作内容为：编制项目竣工验收和结算规划，确定各单位工程验收、移交及结算总目标，明确相关各方职责；总结合同执行情况、竣工资料整理情况；组织编制重要设施、设备的清单及使用维护手册给使用部门，组织对项目运行、维护人员的培训。

4.4.4 项目管理策划的管理

工程项目管理策划的管理包括策划编制部门和责任人、编制时间、管理制度和流程（编制、审核、审批、执行、检查、纠偏）、策划实施等内容。工程项目管理策划根据项目的进展和内外部环境变化不断更新完善，并对偏离项采取纠偏措施，因此应重视项目策划的管理工作。

首先，工程项目管理策划编制完成后充分收集企业和项目员工的意见和建议，必要时还应组织专家会，听取专家和顾问的意见。其次，工程项目管理策划应根据企业制度和流程完成审核审批后方可实施，企业相关部门重点做好策划实施过程中的监督检查和支持工作。最后，工程项目管理策划批准后，在企业和项目内部做好宣贯，统一项目各部门员工目标，明确管理思路，充分发挥各部门员工的主动性。在项目管理过程中对工程项目管理策划的实施效果进行定期评价，分析策划中的成功和不足之处，补缺取长，不断完善。

为保证工程项目管理策划能在项目管理过程发挥更好的作用，还需采取以下措施：

1. 监督措施。监督机制应该从上到下，各部门、各岗位之间做到环环相扣，各岗位的责、权、利明确，信息沟通渠道畅通。通过监督措施和科学的管理减少项目管理中的失误，以保证工程项目管理策划在实际的项目管理工作中的效果。

2. 防范措施。事物在发展过程中有许多不确定因素，只有根据项目管理理论和成功案例进行全面预控，及时发现风险、防微杜渐，才能把损失控制在最小范围内，从而推动工程项目管理策划活动的正常开展。

3. 评估措施。在工程项目管理策划中对每一个项目管理工作、每个阶段都应有一定的评估指标、考核方法以及控制措施，从而发现项目管理中的问题、总结经验，及时改进完善策划，提高后期工程项目管理策划的效果和应用效率，达到顺利完成项目管理目标的目的。

4.5 项目管理策划与治理目标的规划与实施

针对工程项目治理中的三大控制目标，进度、质量、成本，分析它们对工程项目全过程治理的影响，对三大目标的协同控制措施进行详细阐述，为工程项目多目标的协同治理寻找最优解，在此基础之上，构建工程项目全过程多目标协同治理体系。

4.5.1 进度目标

实施进度控制的真实内涵就是要求工程在合同既定的工期内，绘制出适合全过程中各方面协调的优质型进度计划，在实施计划的过程中，要不定期地对工程进行调研，落实项目的实际进展情况，监理单位要切实做好计划与实际的比较分析，当实际与计划的进度发生脱节时，要找出造成偏差的原因并预测偏差对工期可能造成的影响，找出行之有效的调整措施，对原计划进行修改。不断重复这些工作，直到工程竣工验收。其可以分为编制环节、实施环节、检查环节、分析环节和调整环节等五个部分。进度控制的总目标是确保项目能够按时按量地完成，保证项目按期建成并交付使用，或者是将工期进行一定程度的缩减，前提是确保施工质量和不再增添其他施工成本，达到工期—质量—成本均衡协调的多目标协同治理。进度计划的实施是一个动态循环的控制过程，它以进度计划为核心。在项目进度计划实施过程中，项目内外部始终存在诸多不断变化的因素，从而很难准确地把控进度计划的落实。当计划进度与实际进度一致时，进度计划实施正常；当受到客观条件和干扰因素影响时，计划进度会与实际进度发生偏差，则实际进度滞后于计划进度，这时需要分析原因，制定并严格执行解决措施，必要时要重新调整原有计划，使计划进度与实际进度再次同步。所以说，应遵循系统性和动态性的要求，实施工程项目进度计划。对于进度的控制措施，可以从以下几个方面把握。

（1）合理地编制进度计划。合理的进度计划需要与合理的工作安排和资源配置相搭配，在编制进度计划时，要抓住进度计划动态性、系统性的特征，既要注意计划的编制，又要在计划实施过程中对计划进行动态调整和多方案的比较选择。

（2）组建一支高效的管理团队，对工程项目实施科学化治理。建设一支既科学又高效的管理型团队是施工单位完成预设治理目标的前提；在项目执行过程中要不定期地组织设计单位、监理单位和咨询机构一起到现场解决施工中存在的问题，加强各单位之间的沟通，大大提高工作效率；建立月旬例会制度，每月月末，组织施工单位、设计单位、监理单位等参加例会，总结本月工程实际完成进度，对下月的进度计划进行安排布置，对未按进度计划完成的工作采取应对措施和解决办法。

（3）重视后勤保障。在工程建设中，后勤保障工作是必不可少的。施工单位和监理单位共同负责对所进材料进行抽检，凡是不符合要求的一律不得进入现场。提前准备好工程材料，积极组织各种供给，协调材料采购员的采购工作，确保工程施工进度的顺利完成，这是工程现场负责人工作的主要内容。

4.5.2 质量目标

向工程要质量，质量目标关系到人们的生命和财产安全，是不容忽视，必须严格控制的目标。工程项目的质量不过关，就算功能再多，投资再大，也无法交付使用。工程项目质量的好坏直接关系到人们的生命财产安全和社会安定，可见质量的重要性。要提高质量离不开质量治理。质量治理是指为了实现质量目标的要求并能保证进一步提高质量水平的基础上，采取的一系列质量治理手段和方法。所以，在质量控制中，治理因素起决定性因素。所以我们只有加强对质量的治理和监督，才能减少工程质量事故的发生；才能实现向治理要效益，向质量要效益。

工程项目的质量控制关系到工程建设的全过程和后期的使用效果，因此是一项重要的工作。但目前我国的工程项目质量治理依旧存在诸多问题，这对整个工程的正常运营造成了一定的负面影响，也给现代工程管理制度的发展与完善造成了严重的阻碍。对于工程质量的控制措施，可以从以下几个方面把握。

（1）注重人员的素质培养，增强其质量安全意识，赏罚分明。人作为工程的主体，对过程存在主观影响，所以必须要对参与工程建设的所有人员进行必要的培训和学习来提高他们的质量意识；在任职工作上，应选派具有较高的工作能力、工作经验、富有责任心、实事求是的人担任相关职务；态度决定一切，工作人员的工作态度也决定了工程的质量，赏罚分明，对工作认真负责的给予物质或精神上的奖励，调动他们努力工作的积极性，对造成重大质量事故的施工单位和个人进行严惩。

（2）规范并健全质量治理机制。一个高质量的工程肯定需要在一个规范有效的管理体制下才能完成，相应工作应派遣相应的负责人，落实管理责任制。加强对现场的监督和治理，首先应加强对建筑材料的管理，严把建筑材料质量关，设立专门负责质量检查工作的质量检查机构，加大对建筑市场材料的抽检和处罚力度；要实现与时俱进，不断更新现代化的管理理念和治理机制，在合理地产生经济效益的基础上，要更加关注质量，努力实现工期—质量—成本的多目标协同治理。

（3）建立并完善建筑工程质量治理法规。首先依据我国现阶段建筑工程质量的特点和质量管理的需求，重点对那些缺乏适应性但原则化过强的条款进行适当地调整，使质量治理真正实现有法可依，违法必究；其次是要完善建筑安全质量监督法律法规，并设立专门的监督、指导队伍，加大执法力度，强化工程质量责任制，加大对工程质量事故的惩治力度，严把建筑质量关，杜绝发生重大质量事故。

（4）提高团队水平。整个团队的水平对工程的质量有着重要的影响，只有根据设计图纸，采取正确的工序和技术，才能杜绝质量问题的发生。团队水平包括操作人员的水平、机械的水平以及现场管理的水平。所以一方面要积极提高人员的整体操作水平和质量安全意识，通过定期的教育培训和持证上岗制度，确保人员能更好地胜任本职工作；另一方面，在施工过程中，必须根据工程的特点和要求选择恰当的机械，积极采用新型的高效机械，对于机械设备要按要求定期进行检查、维修和保养，保证质量；现场治理，主要是要做好现场的检验与验收，解决好进度与质量的矛盾。始终将项目的质量治理理念贯穿于建设全过程。

4.5.3　成本目标

施工成本指的是整个工程项目在需要完成的全部过程或阶段中所进行的所有工作而产生的全部费用的总和，由直接成本（人工费、材料费、机械费、其他直接费）和间接成本（管理费用）组成。

在工程项目的实施过程中，要想充分地完成工程项目的成本控制，必须在满足合同中所要求的进度、质量等条件的前提下，按照合理的技术方法，在实现工程项目预期成本目标的过程中准确地计划、合理地实施、有效地控制，加强各方面的协调，并且最大可能地降低成本、尽可能地提高项目经济效益。

对于成本的控制措施，可以从以下几个方面把握。

（1）强化成本管理理念，完善成本治理体系。首先，要增强全体管理人员的成本意识，项目成本管理需要人人参与，定期对管理人员进行培训，相关单位要明确自身所承担的项目成本治理的责任，主体单位可以实行全过程的奖罚措施，调动工作人员的责任感和积极性。其次，促进项目部转变成本观念，建立健全项目成本治理体制。项目部应该领导项目小组制定工程成本管理的具体措施，让各个部门的员工均有明确的职责，在保证项目平稳顺利进行的条件下，成本的核算工作应实行岗位责任制，建立相关岗位，有针对性地进行检查、验收，并对项目小组成员在核算中的作用、地位和所负的责任及考核奖励的办法进行明确的规定，对负责项目成本核算的人员实施集中管理，定期进行学习、交流、考核、激励竞争上岗，对于工程成本治理的具体实施情况，相关人员要定期组织检查，从遇到的问题中积极吸取经验教训，并对有问题的活动做好记录，以便复检，在项目组内部建立相应的奖励惩罚制度，从而间接地实行对工程项目全过程的成本控制。

（2）强化现场治理

1）建筑材料要合理堆放，并且对于像水泥、木材之类的材料要根据材料自身的特性分类或采取相应保护措施进行堆放、妥善保管，同样也要做到减少搬运，因为搬运过程可能会对材料造成破坏，因此为降低损耗，要考虑运输半径和运输路线问题。对材料价格的控制要遵循以下几点：① 材料的采购上既要保证质量，又要了解市场价格，做到货比三家，降低采购成本；② 材料的运输上，要尽量选用最经济的运输方法和距离，就近购料，这样既可以减少运输过程中对材料造成的损坏，也可以降低运费节约成本。

2）根据设备的使用属性及建设要求合理配置机械，在保障机械正常运作的前提下有效控制成本，操作设备的过程中要有严格的运行记录，做好设备的保管维修与养护工作。

3）通过对现场的质量控制间接地控制成本。要将检查工作落实到整个过程中去，严把质量关，杜绝因质量不合格而返工或增加人力物力造成的成本增加。

（3）通过科技创新降低工程项目成本，提高效益。科技发展，日新月异，跟随着科技创新的步伐，成本管理也渐趋成熟，并逐步探索出一条降低成本的有效途径——创新，使成本管理从以前的经验化管理逐步走向精细化治理。采用新技术、新工艺、新设备、新材料在降低项目成本的同时，又通过强化成本控制，提高了工程项目的经济效益。比如当下，环境问题越来越受到人们的重视，绿色节能建筑成为发展趋势，因此绿色建材的研发与使用无疑会给工程带来广阔的前景。

做好施工阶段的索赔工作。索赔的内容、造成索赔的因素有很多，因此对项目实施过程中发生的重大问题要做好记录，经有关部门签字后存档，企业一定要做好索赔资料的收集、整理与保存工作，通过增强索赔意识，预防索赔事故的发生。

4.5.4　多目标协同治理体系与运行机理

把多目标协同治理体系的构建思路作为工程项目多目标协同管理体系的出发点和落脚点，得出的治理体系如图 4–1 所示。

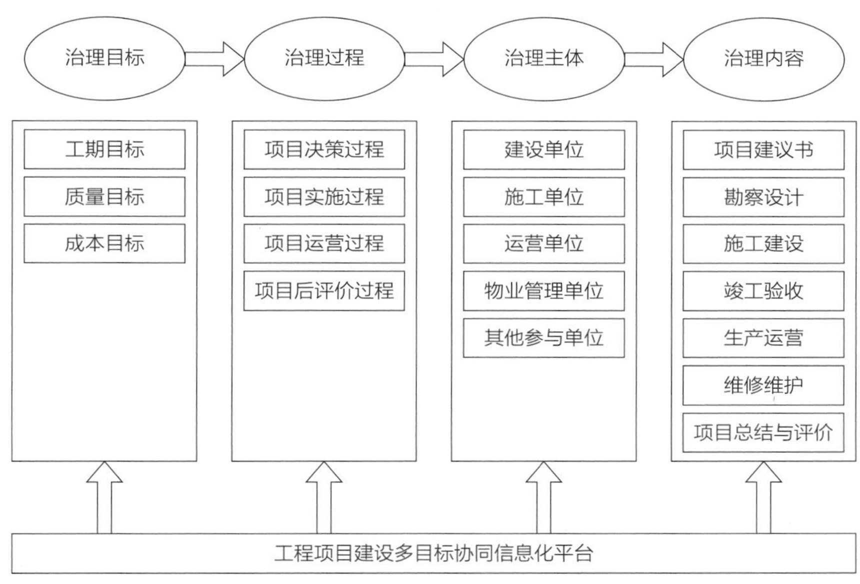

图 4-1　工程项目多目标协同治理体系构建示意图

从图 4–1 可以看出，工程项目多目标协同治理体系包含五个子系统，分别为治理目标、治理过程、治理主体、治理内容和信息化平台。

（1）治理目标

项目治理目标子系统主要针对的是工程项目的工期目标、质量目标、成本目标，其中包含确定既定目标、实施管理控制、信息资源反馈、目标修正等具体工作。进行项目治理的关键是先要设定好主要目标和确定各个目标的主要内容。不同的项目类型，就会产生不同的目标要求。对关键目标的分析、确定是构建协同治理体系之初最先需要考虑的问题。其次要在几个关键的节点对目标实现情况及时进行跟踪，这些关键节点包括项目的立项、实施等活动。分解各个目标，跟踪控制由分解而形成的各个子目标，将项目的实际实行状况进行汇总，同预定的目标进行分析比较，若两者存在脱节的情况时，要及时采取相应的对策，并对目标做出合理的修改。

（2）治理过程

项目各阶段之间相关工序的衔接和管理协调与运行阶段的划分是治理过程子系统的主要内容。项目的治理过程与项目的全过程各个阶段有着一一对应的关系，包括决策阶段、实施阶段、运营阶段和后评价阶段，有的可能还会存在报废阶段等，传统的管理方法，通常会单独把各阶段分离出来进行管理，这样经常会造成各个阶段的工程进度无法统一、责任界限划分不明确、管理成本无限制地增长等问题，治理过程子系统的作用就是针对这些可能发生的问题进行统一治理规则，协同治理各个阶段以及各个目标，避免顾此失彼，要同时兼顾多个阶段，使整体过程实现效益最大化。

（3）治理主体

对一个工程项目来讲，协同治理体系的行动者毫无疑问的就是指治理主体子系统，对治理体系在工程中的成功应用起着举足轻重的作用，主要负责协同治理体系的制定、运行与修订，治理主体的子系统主要包含各个治理主体及组织结构，治理主体又包括参与工程项目的单位或个人，组织结构相当于一个联合项目治理团队，由各个单位组合而成，对工程项目的活动与工作进行统一指挥和协调。

（4）治理内容

同时作为协同治理体系的主要组成部分和多目标协同治理体系的治理对象、治理内容也是体系中的核心部分。对于如何实现项目的预期目标，采取的手段有对具体治理内容范围进行界定、划分、控制。针对项目履行过程可以对治理内容中的治理对象进行划定，在决策过程中有前期项目建议书的制定和项目实施之前的项目调研；根据出具的可行性研究报告，在实施过程中进行勘察设计、施工建设、竣工验收等一系列工程活动；项目运营过程含有竣工后的项目运营收益过程和后期的维修加固等；对项目进行总结与评价是项目后评价的内容；除上述外，还可以根据具体的工作阶段再进行细分。这种对治理内容细致、明确的划分方便了项目在建设过程中对全过程相应阶段以及各分项目标的控制，为多目标的协同提供可能。

（5）信息化平台

协同治理体系运行的基础和支撑是信息化平台，各治理主体可以利用信息化平台完成各种信息的获取、传递、交流和反馈，建立信息化平台是当今工程项目建设环境下的必然要求，它不仅促进了项目参与方之间的沟通交流，同时对项目治理的顺利实施提供了条件，使项目朝着准确、合理的方向进行。信息化建设子系统可依据治理的目标建立相应的数据库，如针对三大治理目标的数据库（工期、质量、成本数据库）等，并根据项目进行的程度对相应的数据进行实时分析与跟踪，使项目决策者能整体了解项目进展情况，并及时针对现场情况做出正确、合理的治理策略。利用信息化建设子系统可及时、准确地发现项目治理中的短板环节，做到实时记录，能够掌控全局，使各项活动都能有理有据。

4.6　项目管理实施与项目治理绩效评价

自 20 世纪 60 年代起，绩效评价在理论与实践的不断交互中日渐成熟，JosePhs. whofcy 等将绩效评价视为一种融合多种判断价值的工具模式，美国的国家绩效评估中心将绩效评价定义为："为便于作出正确决策，利用绩效信息建立科学、系统的绩效指标体系，以便于资源的整合及优化配置，并为治理者提供有效的决策依据，通过反馈并最终达到目标的治理过程。"从西方发达国家的治理实践过程来看，绩效评价的实质是新型的责任机制。

项目治理的绩效，即治理者的绩效，既包括项目治理层产生的绩效，又包括项目团队治理层产生的绩效，也包括项目层产生的绩效，还包括环境层产生的绩效。在实践中，绩效概念存在混淆，往往会与"考核""考评"联系起来，即治理者对员工的成绩、效益或效率自上而下进行考核评价，而对治理本身的绩效、治理者的责任和水平却缺乏评价衡量的标准和尺度。创新项目的失败、创新成果难以转化等现象的出现，不单纯是创新创业人员、研发人员、技术人员等员工的责任，更重要的是治理者的责任缺失。如果将创新任务与责任全部推给首席专家或领军人物，不去承担必需的资源整合、关系协调、过程协同、利益分配等治理责任，不了解科技人员、领军人物的认知风格，其治理风格与科技人员、领军人物的认知风格不匹配，那治理者就会成为创新活动的绊脚石，其治理绩效将无从谈起。

项目治理成功的本质是以统一的项目治理过程为着眼点，以利益相关方的需求及其治理主体所需承担责任为主线，以责任绩效作为相关方权力、利益的评价和分配依据，即项目治理的流程绩效、责任绩效是衡量项目治理绩效的关键所在。基于上述分析，结合多主体协同创新项目的特点，将多主体协同创新项目治理绩效的衡量指标界定为：项目治理的战略绩效、责任绩效、流程绩效。

4.6.1 绩效指标选取视角与方法相关研究

绩效指标选取视角一般有三种，分别是以战略为导向的平衡计分卡评价视角（Balanced Scorecard, BSC）、以责任为导向的关键绩效指标评价视角（KeyPerformance Indicators，KPI）、以流程为导向的供应链运营参考模型评价视角（Supply Chain Operations Reference model，SCOR）。绩效指标的提取方法主要有层次分析法、BP神经网络法、主成分分析法、因子分析法等。其中，层次分析法需要通过专家打分逐层确定相关要素的权重，因此，评价结果受主观因素的影响较大。BP神经网络法受到学习样本数量和质量的影响，神经网络的学习能力和学习效率难以保证，因此，评价结果也难以保证。目前较为有效并容易实施的绩效评价方法有主成分分析法、因子分析法。

对多主体协同创新项目而言，既离不开国家、区域及组织的环境战略导向，又需要规划主体、执行主体、维护主体、监控主体的责任担当，更离不开基于项目生命周期的流程，多主体之间协同合作，彼此更像是基于战略、责任和流程的供应链伙伴关系。因此，评价多主体协同创新项目治理绩效，需要以战略为导向的平衡计分卡法、以责任为导向的关键绩效指标法、以流程为导向的绩效评价方法为指导，并根据多主体协同创新项目治理的具体内容和本质特点，使用因子分析等方法开发出适宜的绩效评价指标体系。

1. 战略导向的平衡计分卡法（SC-BSC）

平衡计分卡（BSC）是由哈佛商学院的卡普兰（S.Kaplan）和诺顿（P.Norton）构建的一套完整的绩效评价体系，该评价体系通过财务、客户、内部过程、学习与成长四个方面的指标进行衡量，如图 4-2 所示。BSC 四个方面的指标一环套一环，形成一套因果关系链，最终实现企业内部和外部、短期目标和长期目标、财务和非财务指标、前置指标与滞后指标的平衡。目前，BSC 方法已发展成为战略执行的有效工具。

传统 BSC 方法虽兼顾了系统内外部的平衡，但却忽略了对系统最终目标和价值链的分析。Brewer、Speh 针对传统 BSC 方法存在的弱点，对该方法进行了改进，并将改进后的 BSC 方法称为基于供应链的平衡计分卡方法（SC-BSC）。SC-BSC 的基本架构，如图 4-3 所示。该供应链治理的绩效体系包括四个方面：供应链目标、顾客利益、财务效益、供应链流程，分别与平衡计分卡的企业内部流程构面、顾客构面、财务构面、创新与学习构面存在一一对应的关系。SC-BSC 在战略视角对 BSC 方法进行了改进，不仅关注传统平衡计分卡方法中的四类指标的平衡，而且重点提出了战略性绩效评价指标，具体表现如下：系统目标是跨部门跨组织的集合，其共同目标的实现由组织内外各功能成员协同达成，能够“平衡”考量组织内外所有伙伴的绩效；针对产品的价值链全方位保障客户利益，充分体现了“客户至上”的理念与意识，与项目中的利益相关方理念不谋而合；根据供应链流程设计了过程绩效指标，与项目的启动—计划—实施—收尾等生命周期特点相匹配。

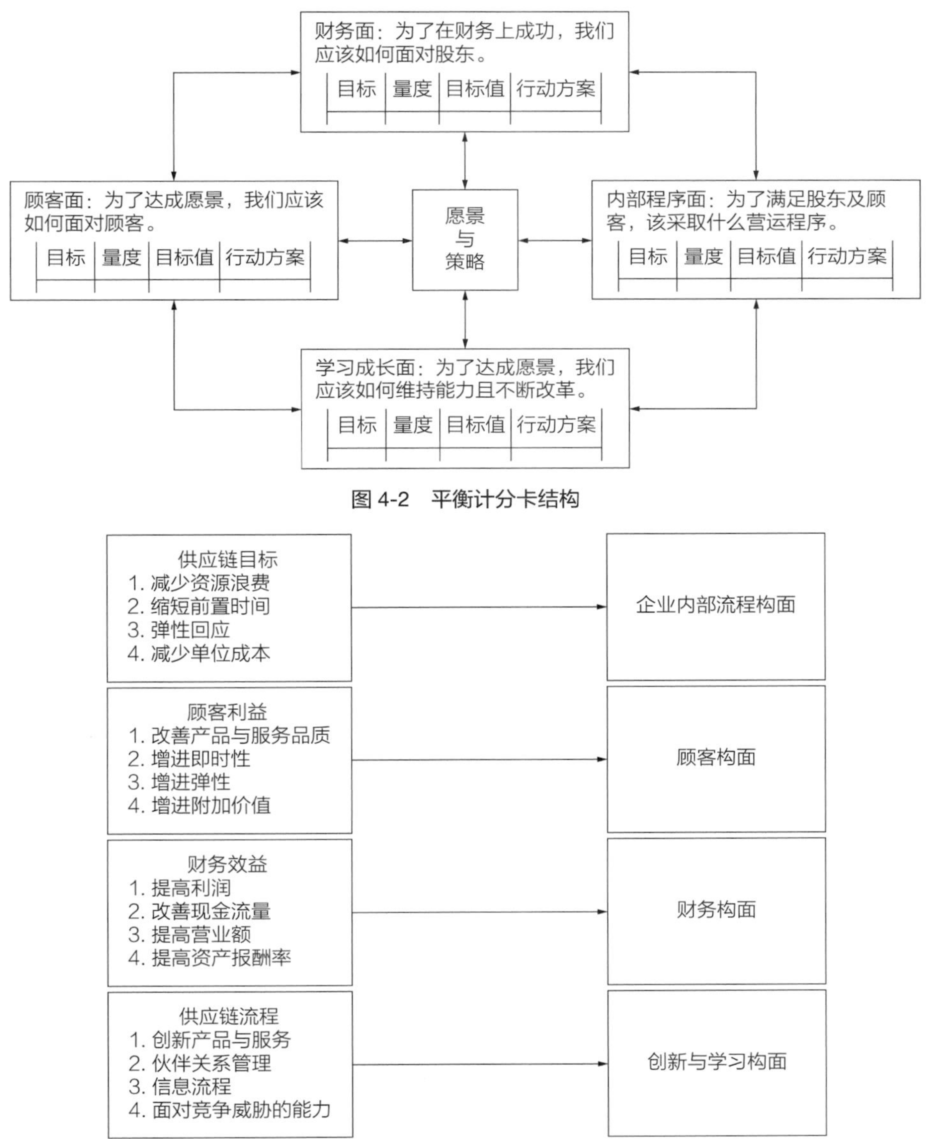

图 4-2　平衡计分卡结构

图 4-3　供应链平衡计分卡的基本架构

2. 责任导向的关键绩效指标法（KPI）

关键绩效指标法（KPI）从责任视角对关键领域的评价指标进行审视，通过设计关键领域评价指标的权重，对关键指标承担人的责任大小进行量化，最终形成以责任为导向的绩效治理模式，成为目前国际流行的目标治理与绩效治理工具。关键绩效指标法（KPI）是将组织战略目标层层分解为可以量化、可以执行并实施的战术指标，是一套既能够体现关键领域组织各层面的动态要求，又能够反映组织目标实现程度的绩效指标体系。

关键绩效指标法（KPI）也有其自身的弊端，虽然每个组织都能意识到关键绩效指标的重要性，但是 KPI 方法的实施却缺乏系统论的指导。如果与供应链平衡计分卡（SC-BSC）方法结合使用，对 SC-BSC 的四类维度指标进行量化，设计并计算出每类维度指标的权重，既能够得到供应链、平衡计分卡等方法论的指导，又能够构建出适合组织发展的关键绩效指标体系，从而将分解后的指标责任进行量化与落实。

3. 流程导向的供应链运营方法（SCOR）

流程视角的供应链运营方法（SCOR）是由美国波士顿的治理咨询公司与国际供应链协会联合开发的一套绩效治理评价模型。该评价模型在流程量化、业务流程再造（BPR）、标杆治理（Benchmarking）等方法的基础上，去粗取精，去伪存真，从流程视角切入，构建的全方位多功能的供应链绩效评价系统，能够实现供应链上下游伙伴之间的有效沟通，能够帮助企业或其他组织实现从功能治理到过程治理的转变。

SCOR 模型根据产品供应链，设计了计划、采购、制造、配送和退货五大流程，将系统内外部供应商与客户的需求都整合到此供应链流程之中，具体如图 4-4 所示。SCOR 模型根据流程的详细或明确程度，一般分为顶层、配置层、过程单元层、过程单元分解层，每一层根据涉及的流程进行流程分解，具体的 SCOR 分层结构如图 4-5 所示。SCOR 模型中的绩效评价既考虑到每个流程的每个环节，又能对供应链中涉及的所有合作伙伴的绩效进行系统性与整体性的评价，是以流程视角进行绩效评价指标体系设计的典范。因此，设计有关项目治理绩效的评价指标时，要根据项目的生命周期，从流程视角切入，才能得到切实可行的指标体系。

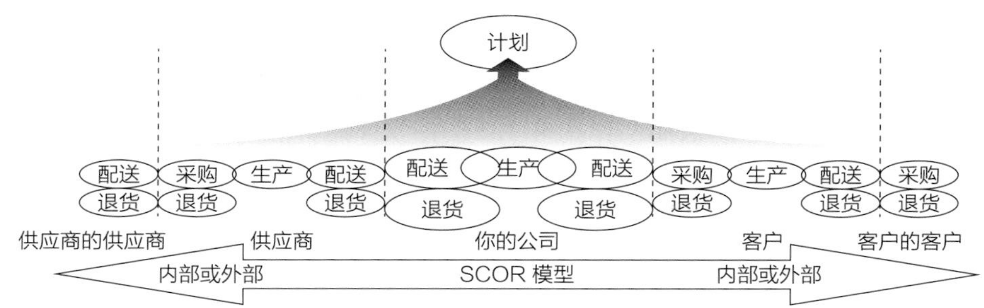

图 4-4　供应链运营参考模式

	层号	描述	示意图	注释
供应链运作参考模型SCOR	1	顶层 （过程）	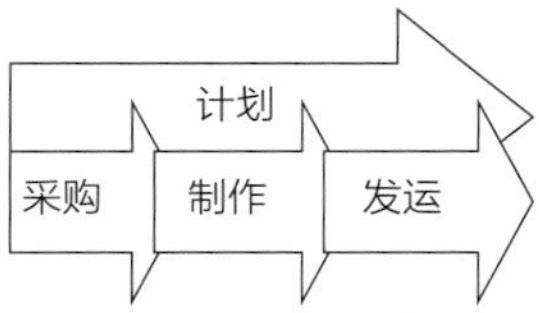 计划 采购 制作 发运	第一层定义供应链运作参考模型的范围和内容，同时在这里设定企业的竞争性能目标
	2	配置层 （过程类）	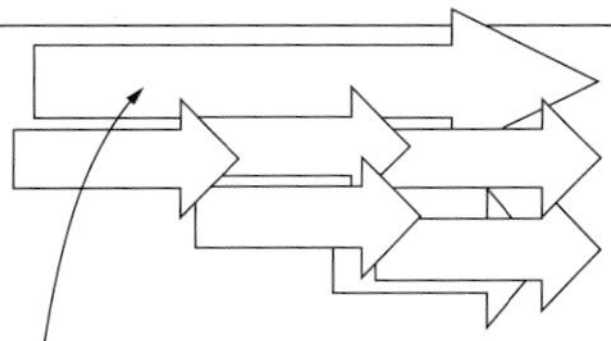	在第二层中，按照“定单配置”的方式，用约19个基本“过程类”来配置企业的供应链，供应链的不同选配，决定了企业运行改善的策略
	3	过程单元层 （过程分解）	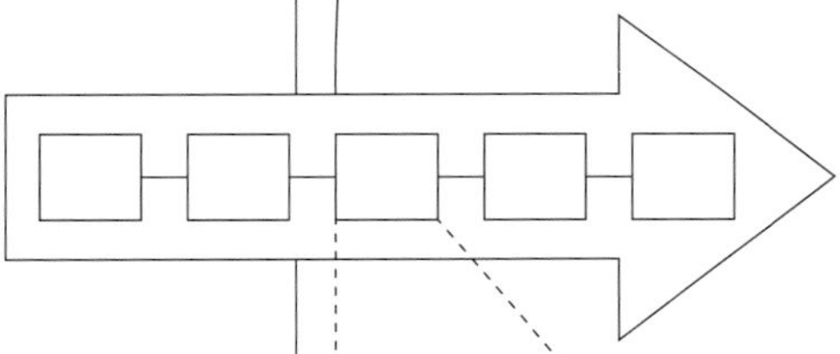	在第三层中，企业可以“微调”其运作策略，第三层定义了企业面向选定市场的竞争成功能力，它同时包括过程单元定义： ● 过程单元信息输入和输出 ● 标准，使用的地方 ● 良好实践，使用的地方 ● 支持良好实践所需系统容量 ● 销售量的系统/工具
不包在模型中	4	改善层 （过程单元分解）	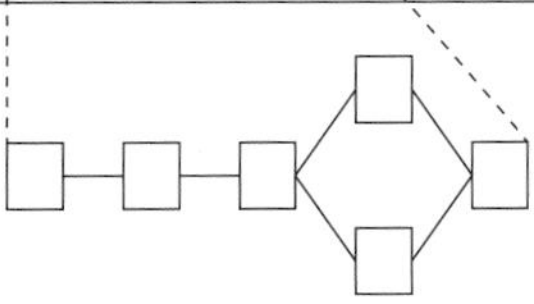	在这一层中，企业可以改善一些特定的供应链管理实践方式，第四层中定义可获得的实践中的竞争优势。并对商务条件的变化具有适应力

图 4-5　SCOR 分层结构

4.6.2　项目治理过程分析

项目治理研究的本质是统一的项目治理过程、利益相关方的需求及其治理角色所需承担的责任，多主体协同创新项目治理同样符合一般项目治理研究的本质规律，并以此基础体现了多主体协同创新项目自身的特点，即多主体协同创新项目治理研究的核心是在协同创新项目多主体需求分析的基础上，确立项目目标，分析多主体在协同创新项目中的责任，并在多主体保证责任履行的前提下，建立协同创新项目多主体之间的责任关系，从而保证项目目标的实现。站在与风险相反的绩效视角来看，可用治理角色的胜任力分析代替风险分析，相应的治理关系就是项目利益相关方之间的责任关系。

1. 需求分析

任何协同创新项目都是由多个不同的行为主体来完成，因此，协同创新项目的成败与多主体的特性、行为、期望等因素息息相关。协同创新项目治理研究的关键是项目的利益相关方以及利益相关方之间的关系，因此，将协同创新项目的利益相关方按照相关主体进行分类，并对各类主体的需求进行分析，是保证协同创新项目成功的关键所在。

（1）规划责任主体的需求分析

政府各相关部门作为协同创新项目中的战略规划方、组织制度的设计方、各主体间利益的协调方、财政投入的承担者、创新环境的建设方，在项目中需要体现国家的创新战略。协同创新项目的选择与实施，要有利于创新型国家的建设、国家经济结构的调整、产业的升级转型，并能够实现财政收入、产生社会效益，从而保证经济持续、健康、稳定地发展，这是以政府各相关部门、政策性研究机构等为代表的统筹规划责任主体的诉求所在。

（2）执行责任主体的需求分析

创新型国家的经济发展都离不开知识、技术的生产、扩散与应用，知识创新与技术创新是提高国家创新能力和推动经济可持续发展的关键动力。知识创新以研究型大学和科研机构为执行责任主体，进行知识的生产、传播与转移，是建设创新型国家的源动力。技术创新的执行责任主体是企业，强化企业技术创新主体地位，推进科技、产业与经济社会发展紧密融合，是实施创新驱动发展战略的关键所在。

知识创新主体需要宽松自由、有利于发挥创造力的环境，需要得到制度与经济的坚实保障，需要有科研成果产业化的渠道，需要实现自身价值的路径；技术创新是从创意到市场的经济行为，以大型企业特别是民营大企业为代表的技术创新主体在技术攻坚中作用最大。目前，中国企业技术创新的结构再造力业绩最为突出，价值再造力较之前有大幅度提升，学习再造力相对存在薄弱环节，因此，企业需要坚持市场导向、激励创新的稳定政策环境，需要创新政策的普适、长效机制保障，需要更大力度的研发经费支持。而对于创业主体来说，卓有成效的创业活动对于推动大众创业、万众创新的局面，实施创新驱动发展战略，具有更加重要的意义和价值。特别是对以中小型创新企业、应用型大学为代表的创业主体来说，更加需要创业活动顺利进行的社会环境与校园环境，良好环境的营造，能够激发大学生青年创业者的创业动机，进而满足创业主体的成就需求。

（3）维护责任主体的需求分析

以建立科技金融的服务体系为着眼点。研究发现：科技金融要以创业投资为发力点，通过商业银行、证券保险、信托投资企业、担保企业等金融机构和科技中介为主体的多元化、多层次的资金、服务平台，聚集科技要素、加快科研成果转化、促进科技创新服务体系的建设。科技金融是指科技创新与金融创新行为的互动与深度融合，一方面，金融投资活动能够为科技创新提供资金；另一方面，科技创新活动又能够促进科技金融的发展。以金融机构和科技服务中介组织为代表的维护主体，需要市场的灵活性与创造性的社会环境，需要完善的公民信用体系作保障，需要解决科技与资金间供需信息不对称问题的渠道。

（4）监控责任主体的需求分析

“用户”是责任主体的需求方，责任主体最终都是为“用户”服务，因此，“用户”首先是责任主体的监控评估方，“用户至上”是必须遵守的宗旨和准则。“用户”不仅有质量、效率、效益等硬指标的需求，也有满意、惊喜等心理需求。

作为独立于责任主体与用户等当事人的第三方评估机构，在多主体协同创新项目中，具有关键性的地位与作用。具有独立性、专业性、权威性的第三方评估机构，需要足够的制度与环境保障，真正实现其独立性与权威性。

2. 责任分析

在协同创新项目中，多主体因对项目的需求和期望而构成相互关联的利益网络，在利益网络中，彼此之间在各自需求和期望的前提下，又需要承担相应的责任。March 将治理责任分成三个维度，即操作责任、维护责任及规划责任，丁荣贵将项目利益相关方在项目治理中的责任分为：规划责任、操作责任、维护责任、监控责任。张宁将协同创新项目利益相关方在项目治理中的责任分为：规划责任、执行责任、监督责任、维护责任。

多主体协同创新项目中，以政府各相关部门、政策性研究机构等为代表的统筹规划责任主体，主要承担战略规划协调等责任；以研究型大学、科研机构和大企业为代表的创新主体与以中小型创新企业、应用型大学为代表的创业主体主要承担操作执行等责任；以金融机构和科技服务中介为代表的维护主体，主要承担支持、维护等责任；以用户与第三方评估机构为代表的监控主体，主要承担监督、协调等责任。

3. 责任胜任力分析

在协同创新项目多主体责任分析的基础上，需要进一步分析多主体在协同创新项目中的责任胜任力。尽管多主体已经明确自身在项目中应承担的责任，但如果缺乏承担责任的能力与特质，那责任的履行将沦为空谈。

在规划、操作、维护、监控四类角色分析的基础上，采用因子分析法将项目治理角色能力分为个人特质、行为能力、业务能力与治理能力四个要素，并通过项目数据实证检验能力要素指标体系的有效性。因为个人特质主要是由个人认知决定的，根据个人与环境的不同关系，个人认知可分为场独立型认知风格与场依存型认知风格。因此，在协同创新项目中，将多主体的责任胜任力分为主体认知、行为能力、业务能力、治理能力四个要素来衡量。

4. 责任关系的确立

多主体协同创新项目中，以政府各相关部门、政策性研究机构等为代表的统筹规划责任主体，为履行规划责任，需要不断提高统筹协同的责任胜任力，需要进行科技相关基础设施建设、多主体交流平台建设、制度环境建设、文化建设，并能够站在国家战略的高度，合理选择规划协同创新项目，对政府投资的协同创新项目进行规划引导；以研究型大学、科研机构和大企业为代表的创新主体，为履行执行责任，需要不断提升知识创新与技术创新的责任胜任力；以中小型创新企业、应用型大学为代表的创业主体，为履行执行责任，需要不断提高创业创新的责任胜任力；以金融机构和科技服务中介为代表的维护责任主体，为履行维护责任，需要不断提高科技创新中的维护、支持、服务等责任胜任力，为科技研发、技术转移与扩散以及产业化提供资金配置与中介服务；以用户和第三方评估机构为代表的监控责任主体，为切实履行其监控责任，需要不断提高自身专业性、权威性等责任胜任力。

总之，协同创新项目涉及多个主体，利益相关方众多，多主体之间要做好责任的供需对接，形成需求、责任、胜任、责任关系确立的良性循环，最终保证协同创新项目的成功。

4.6.3　项目治理影响要素分析

主体特质、主体间关系和环境因素是项目式网络组织协同治理绩效的影响要素，主体的态度、资源、能力、目标对治理绩效有显著正向影响，主体间的信任、沟通、承诺、协同关系对治理绩效有显著正向影响，文化、制度、市场、公众等环境因素对治理软绩效有显著影响。多主体协同创新项目是典型的项目式网络组织，因此，主体要素、主体间关系要素、环境要素同样是影响多主体协同创新项目治理绩效的关键要素。在心理学领域，认知风格（Cognitive Style）能够将人格特质与认知两个领域统一起来，因此，将影响项目治理绩效的主体要素聚焦为主体认知，研究主体认知对项目治理的影响；主体间关系主要考虑显性契约、关系契约、心理契约三种关系；环境要素重点考虑多元文化对多主体协同创新项目治理的影响。

1. 主体认知对项目治理的影响

Allport 于 1937 年提出了认知风格（Cognitive Style）的概念，Sigel and Coop，Beihler，Witkin and Goodenough 对认知风格理论进行了丰富和完善。Witkin andGoodenough 将认知风格划分为场独立型（field-independent）和场依存型（field-dependent）。所谓“场”，即周围的环境，它对人的认知具有不同程度的影响。场独立型的决策行为不易受周围环境的影响，其认知多以自身的判断为依据，属于内部定向；场依存型的决策行为受周围环境的影响较大，其认知多以外部标准为依据，环境适应性较强，属于外部定向。因此，根据场独立型与场依存型的认知风格，将认知主体分为场独立性主体和场依存性主体两个维度进行衡量。

将认知风格理论应用到多主体协同创新项目中，“场”是指协同创新项目中的每类主体所处的环境，这里的环境既包含文化、社会、制度方面的宏观环境，又包含主体之间关系层面的中观环境，还包含每类主体自身认知、价值观等层面的微观环境。场独立性是指主体决策能保持自身的独立，不易受到环境的影响和干扰；场依存性是指主体不易保持自身的独立，其决策是各种环境影响下的产物。协同创新项目中的不同主体虽然都面临各种宏观、中观及微观环境，但映射到行为主体认知时就统一表现为主体与环境之间的关系，即场独立性和场依存性两种关系。

2. 三维契约与多元文化关联关系分析

协同创新项目是多主体通过各种契约形式联结形成的契约组织，项目各参与主体具有不同的文化背景和理念，具有各自不同的目标追求、利益诉求。项目的本质是通过协调多个利益相关方文化冲突、利益冲突，促进多个相关方之间的文化协同，从而实现项目目标的复合型契约组织。可见，协同创新项目中的主体关系的实质是各种形式的契约关系，而契约的根本作用是协调多主体之间的利益及文化冲突。多主体的文化冲突是协同创新项目失败的根源，契约是促进多元文化协同、预防项目失败的重要保障。因此，主体关系与多元文化是影响项目成功的关键要素，明确契约与文化协同的组成要素，揭示两者之间的复杂关系，探索两者之间的作用机理，是实现项目目标并保证项目治理成功需要解决的关键问题。

4.6.4 多主体协同创新项目治理绩效模型

1. 机理分析的视角

（1）多主体视角

协同创新项目参与的主体众多，而项目又是临时性组织，不同参与主体来自不同性质的单位或组织，性质不同的单位或组织在项目中，会有不同的期望和需求。基于多主体对协同创新项目的利益相关方进行分类，有利于体现主体的不同性质和特点，明确不同主体在协同创新项目中的功能与作用，是项目治理过程和项目治理绩效分析的基础。

（2）投入—产出的过程视角

项目治理投入—产出过程的分析，能够为系统、全面描述项目治理绩效提供有效指导，通过描述该过程的构成要素及关系，能够明确项目治理绩效的来龙去脉。为了全面衡量项目治理的投入和产出，需要内部与外部、有形与无形、静态与动态等维度的有效结合，对项目治理的投入产出关键构成要素及关系进行分析。通过内部与外部的结合进行分析，因项目治理是一个有机系统，要考虑项目治理系统内部与外部的相关要素；通过有形与无形的结合进行分析，既要考虑合同契约关系等有形要素，又要考虑关系契约、心理契约、多元文化等无形要素；通过静态与动态的结合进行分析，既要考虑静态的项目治理统一过程，又要考虑多主体的动态责任关系。

（3）项目治理环境要素

主体认知、契约关系、多元文化等项目治理环境对投入要素、治理过程以及治理绩效有关键性的影响。项目治理的成败与项目治理所处的环境息息相关。

2. 模型构建

根据模型设计的原则和指导思想，构建了多主体协同创新项目治理绩效模型，如图 4–6 所示。项目治理绩效是在主体认知、契约关系、多元文化等环境要素的影响下，由规划责任主体、执行责任主体、维护责任主体、监控责任主体等多主体，经过需求分析、责任分析、责任胜任力分析、责任关系确立的项目治理过程，从而产生战略、责任以及流程方面的治理绩效的总和。规划责任主体、执行责任主体、维护责任主体、监控责任主体等多主体投入为该模型的自变量，多主体的需求分析、责任分析、责任胜任力分析、责任关系确立的项目治理过程为中介变量，战略绩效、责任绩效、流程绩效为主的多主体协同创新项目治理绩效为因变量，主体认知、契约关系、多元文化为主的项目治理环境为调节变量，其中，主体认知对自变量和因变量具有调节作用，契约关系对中介变量即项目治理过程具有调节作用，多元文化对因变量具有调节作用，契约关系与多元文化的交叉变量对因变量具有调节作用。

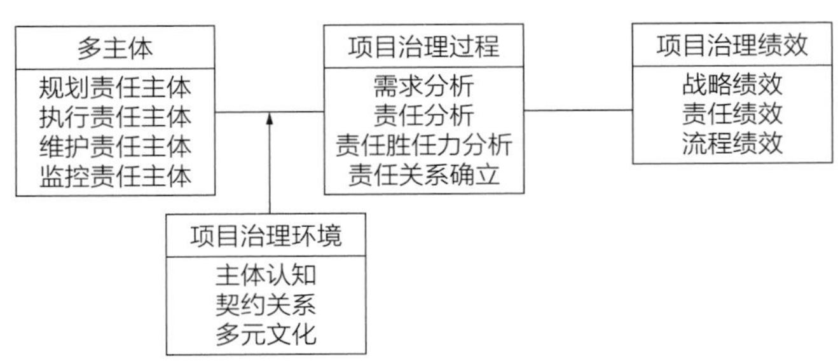

图 4-6　多主体协同创新项目治理绩效模型

3. 模型分析

（1）多主体投入与项目治理绩效产出的关系

项目治理绩效的产出，源于多主体的投入，但需要项目治理过程保驾护航。多主体需求分析、责任分析、责任胜任力分析、责任关系的建立，对项目治理绩效有重要的影响，是影响项目成败的关键要素。

（2）主体认知对多主体投入的影响

主体认知对多主体投入有重要影响，对场独立型主体来说，其认知与决策不容易受周围环境的影响，擅长事务类、风险类、时间性、技术性较强的工作，因此，会在项目中投入更多的时间和精力来处理项目内部风险及任务；对场依存型主体来说，其认知与决策是环境的产物，擅长关系类、协调性较强的工作，因此，会在项目中更多投入时间和精力，处理项目外部风险及任务。

（3）契约关系对项目治理过程的影响

项目治理过程的最终目的是建立多主体的责任关系，而建立责任关系的关键则是包含显性契约、关系契约、心理契约维度的主体关系要素。多主体之间的责任关系，既包括正式具有法律效力的合同，即显性契约关系，又包括和谐稳定的关系契约，还包括以信任与承诺为特点的心理契约关系。三种契约形式互为补充，成为建立多主体责任关系的重要形式及手段。

（4）多元文化对项目治理绩效的影响

协同创新项目治理存在的根本问题之一在于项目的主体得不到协同，多主体无法协同的最深层原因在于多元文化的冲突。多元文化的存在已然根深蒂固，其冲突只可调解，无法消灭，只有在遵守职业准则的基础上，尽力达到行为规范与价值观念的协同，才能够有效解决多元文化的冲突问题。

第 5 章 建设工程项目管理过程控制

5.1 工程项目进度控制

工程项目进度控制是工程项目管理当中的重要内容。为了提高工程项目管理的效率和质量，应该在工程建设中严格地控制工程造价，尽量在安全的前提下减少工程的施工周期。建设工程的进度控制能够决定建设工程的质量及效率，同时还间接地影响到施工单位的信誉。所以，对于施工单位来说，应该加强建设工程项目的进度控制，以此来推动施工企业的发展。

建设工程项目管理有多种类型，代表不同利益方（业主方和项目参与各方）的项目管理都有进度控制的任务，但是，其控制的目标和时间范畴并不相同。建设工程项目是在动态条件下实施的，因此进度控制也就必须是一个动态的管理过程。它包括：

（1）进度目标的分析和论证，其目的是论证进度目标是否合理，进度目标是否可能实现。如果经过科学的论证，目标不可能实现，则必须调整目标。

（2）在收集资料和调查研究的基础上编制进度计划。

（3）进度计划的跟踪检查与调整，包括定期跟踪检查所编制进度计划的执行情况，若其执行有偏差，则采取纠偏措施，并视必要调整进度计划。

进度控制管理是采用科学的方法确定进度目标，编制进度计划与资源供应计划，进行进度控制，在与质量、费用、安全目标协调的基础上，实现工期目标。由于进度计划实施过程中目标明确，而资源有限，不确定因素和干扰因素多。这些因素有客观的、主观的，主客观条件的不断变化，计划也随着改变。因此，在项目施工过程中必须不断掌握计划的实施状况，并将实际情况与计划进行对比分析，必要时采取有效措施，使项目进度按预定的目标进行，确保目标的实现。进度控制管理是动态的、全过程的管理，其主要方法是规划、控制、协调。

5.1.1 建设工程项目进度控制与进度计划系统

1. 项目进度控制的目的

进度控制的目的是通过控制以实现工程的进度目标。如只重视进度计划的编制，而不重视进度计划必要的调整，则进度无法得到控制。为了实现进度目标，进度控制的过程也就是随着项目的进展，进度计划不断调整的过程。

施工方是工程实施的一个重要参与方，许许多多的工程项目，特别是大型重点建设工程项目，工期要求十分紧迫，施工方的工程进度压力非常大。数百天的连续施工，一天两班制施工，甚至 24 小时连续施工时有发生。不是正常有序地施工，难免会导致施工质量问题和施工安全问题的出现，并且会引起施工成本的增加。因此，施工进度控制不仅关系到施工进度目标能否实现，它还直接关系到工程的质量和成本。在工程施工实践中，必须树立和坚持一个最基本的工程管理原则，即在确保工程质量的前提下，控制工程的进度。

2. 项目进度控制的任务

业主方进度控制的任务是控制整个项目实施阶段的进度，包括控制设计准备阶段的工作进度、设计工作进度、施工进度、物资采购工作进度以及项目动用前准备阶段的工作进度。

设计方进度控制的任务是依据设计任务委托合同对设计工作进度的要求控制进度，这是设计方履行合同义务得到具体体现。另外，设计方应尽可能使设计工作进度与招标、施工和物资采购等工作进度相协调。在国际上，设计进度计划主要是各设计阶段的设计图纸的出图计划，出图计划是设计方进度控制的依据，也是业主方控制设计进度的依据。

施工方进度控制的任务是依据施工任务委托合同对施工进度的要求控制施工进度，这是施工方履行合同的义务。在进度计划编制方面，施工方应视项目的特点和施工进度控制的需要，编制深度不同的控制性、指导性和实施性施工的进度计划，以及按不同计划周期要求的施工计划等。

供货方进度控制的任务是依据供货合同对供货的要求控制供货速度，这是供货方履行合同的义务。供货进度计划应包括供货商的所有环节。

3. 项目进度计划系统的建立

（1）建设工程项目进度计划系统的内涵

建设工程项目进度计划系统是由多个相互关联的进度计划组成的系统，它是项目进度控制的依据。由于各种进度计划编制所需要的必要资料是在项目进展过程中逐步形成的，因此项目进度计划系统的建立和完善也有一个过程，它是逐步形成的。如图 5-1 所示是一个建设工程项目进度计划系统的示例。

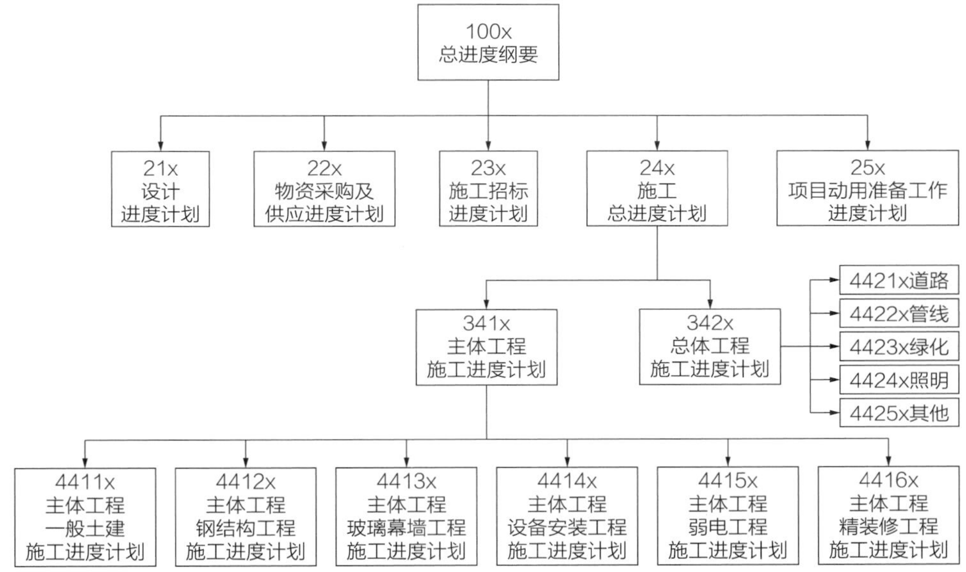

图 5-1　建设工程项目进度计划系统示例

（2）进度计划系统的类型

1）由不同深度的计划构成进度计划系统，包括：总进度规划大纲（计划）、项目子系统进度实施规划（计划）、项目子系统中的单项工程进度策划（计划）等。

2）由不同功能的计划构成进度计划系统，包括：控制性进度规划（计划）、指导性进度规划（计划）、实施性（操作性）进度计划等。

3）由不同周期的计划构成进度计划系统，包括：5 年建设进度计划、年度、半年、季度、月度和旬计划等。

（3）进度计划系统的内部关系

在建设工程项目进度计划系统中各进度计划或各子系统进度计划编制和调整时

必须注意其相互间的联系和协调，如：

1）总进度规划大纲（计划）、项目子系统进度实施规划（计划）与项目子系统中的单项工程进度策划（计划）之间相联系和协调；

2）控制性进度规划（计划）、指导性进度规划（计划）与实施性（操作性）进度计划之间的联系和协调；

3）业主方编制的整个项目实施的进度计划、设计方编制的进度计划、施工和设备安装方编制的进度计划与采购和供货方编制的进度计划之间的联系和协调等。

5.1.2 建设工程项目进度控制的措施

1. 项目进度控制的组织措施

组织是目标能否实现的决定性因素，为实现项目的进度目标，应充分重视健全项目管理的组织体系。在项目组织结构中应有专门的工作部门和符合进度控制岗位资格的专人负责进度控制工作。

进度控制的主要工作环节包括进度目标的分析和论证、编制进度计划、定期跟踪进度计划的执行情况、采取纠偏措施以及调整进度计划。这些工作任务和相应的管理职能应在项目管理组织设计的任务分工表和管理职能分工表中标示并落实。同时，应编制项目进度控制的工作流程。进度控制工作包含了大量的组织和协调工作，应进行有关进度控制会议的组织设计，以明确：

（1）会议的类型。

（2）各类会议的主持人及参加单位和人员。

（3）各类会议的召开时间。

（4）各类会议文件的整理、分发和确认等。

2. 项目进度控制的管理措施

建设工程项目进度控制的管理措施涉及管理的思想方法和手段以及承发包模式、合同管理和风险管理等。在理顺组织的前提下，科学和严谨的管理显得十分重要。用工程网络计划的方法编制进度计划必须很严谨地分析和考虑工作之间的逻辑关系，通过工程网络的计算可发现关键工作和关键线路，也可知道非关键工作可使用的时差，用网络计划的方法编制进度计划有利于实现进度控制的科学化。

承发包模式的选择直接关系到项目实施的组织和协调。工程物资的采购模式对进度也有直接的影响。

为实现进度目标，不但应进行进度控制，还应注意分析影响工程进度的风险，并在建设工程项目进度控制措施分析的基础上采取风险管理措施，以减少进度失控的风险量。重视信息技术（包括相应的软件、局域网、互联网以及数据处理设备）在进度控制中的应用。虽然信息技术对进度控制而言只是一种管理手段，但它的应用有利于提高进度信息处理的效率、有利于提高进度信息的透明度、有利于促进进度信息的交流和项目各参与方的协同工作。

3. 项目进度控制的经济措施

建设工程项目进度控制的经济措施涉及资金需求计划、资金供应的条件和经济激励措施等。为确保进度目标的实现，应编制与进度计划相适应的资源需求计划（资源进度计划），包括资金需求计划和其他资源（人力和物力资源）需求计划，以反映工程实施的各时段所需要的资源。通过资源需求的分析，可发现所编制的进度计划实现的可能性，若资源条件不具备，则应调整进度计划。资金需求计划也是工程融资的重要依据。

资金供应条件包括可能的资金总供应量、资金来源（自有资金和外来资金）以及资金供应的时间。在工程预算中应考虑加快工程进度所需要的资金，其中包括为实现进度目标将要采取的经济激励措施所需要的费用。

4. 项目进度计划的技术措施

建设工程项目进度控制的技术措施涉及对实现进度目标有利的设计技术和施工技术的选用。不同的设计理念、设计技术路线、设计方案会对工程进度产生不同的影响。在设计工作的前期，特别是在设计方案评审和选用时，应对设计技术与工程进度的关系做分析比较。在工程进度受阻时，应分析是否存在设计技术的影响因素，从而论证为实现进度目标而进行设计变更的可能性。

5.1.3 项目进度计划的编制

1. 工程项目进度计划的编制依据

（1）有关法律、法规和技术规范、标准、政府指令及相关定额等；

（2）工程项目的有关合同文件，主要包括建筑施工、工程监理、设备和材料采购合同等；

（3）工程项目的施工规划与施工组织设计；

（4）工程项目设计进度计划；

（5）有关技术经验资料，主要包括项目所在地的地质、水文、气候、环境资料、交通运输条件、能源供应情况等；

（6）其他资料。

2. 项目进度计划编制原则

工程项目是一次性的，且目标明确，因此进度计划的编制必须合理且有所根据，编制进度计划的过程中也应当进行均衡、合理、科学的安排。

进度计划本身具有多变性，因此编制进度计划必须充分考虑计划的可行性。在工程项目中，一般工程往往要受到重点工程的制约，附属工程则受到主体工程的制约，单位工程计划受到项目总体进度的制约，而项目总体进度则会受到单位工程进度的影响，因此在编制进度计划的过程中要突出重点、难点。

首先，工程项目的工期要满足工程承包合同的规定，在保证工程质量的前提下尽量使工期提前。

其次，在施工组织设计的过程中，要充分考虑各个施工工序之间的逻辑关系，科学合理地安排施工日期与施工顺序。

再次，根据项目设计图纸的资料，确定图纸交付的日期来决定相应单位工程及相应施工部位的施工时间。

最后，根据人力、财力、物力等资源的供应情况，通过考虑项目中的多种不确定的动态因素，在进度计划的编制之前收集类似项目的施工资料，对材料加以整理，做到统筹兼顾，为进度计划的编制提前做好准备。

3. 项目进度计划的表现形式

（1）横道图法

横道图法又称甘特图法，以图示通过活动列表和时间刻度表示出特定项目的顺序与持续时间。横道图，横轴表示时间，纵轴表示项目，线条表示期间计划和实际完成情况，直观表明计划何时进行，进展与要求的对比。便于管理者弄清项目的剩余任务，评估工作进度。如图 5–2 所示。

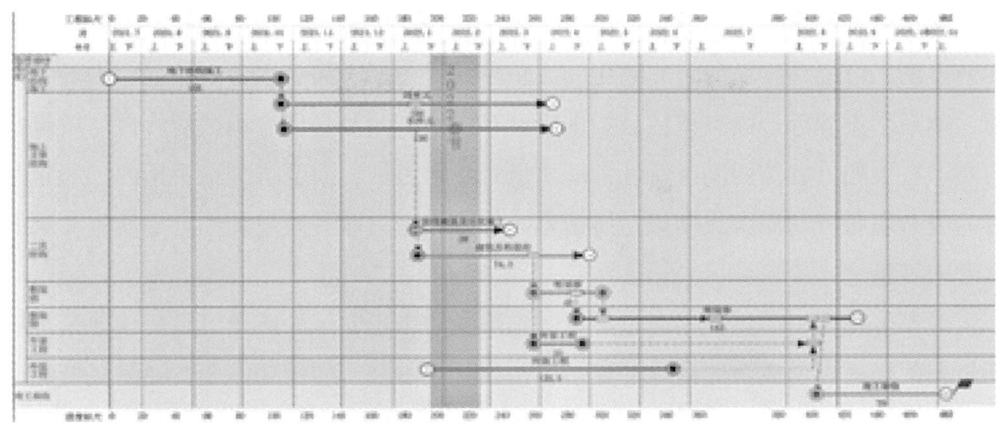

图 5-2　横道图

（2）工程网络计划

工程网络计划最大特点就在于能够提供施工管理所需要的多种信息，有利于加强工程管理，有助于管理人员合理地组织生产，知道管理的重点、缩短工期、降低成本的方法，在工程管理中提高应用网络计划技术的水平，必能进一步提高工程管理的水平。

工程网络计划又分为双代号网络计划、单代号网络计划、双代号时标网络计划、单代号搭接网络计划。双代号网络计划图如图 5-3 所示。

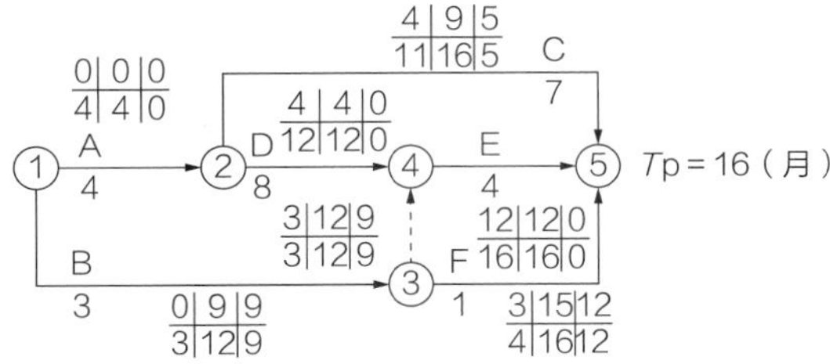

图 5-3　某工程双代号网络计划图

5. 2　工程项目质量控制

5. 2. 1　建设工程项目质量控制的内涵

1. 项目质量控制的目标、任务与责任

（1）工程项目质量管理的基本概念

质量是指客体的一组固有特性满足要求的程度。客体是指可感知或可想象到的任何事物，可能是物质的、非物质的或想象的，包括产品、服务、过程、人员、组织、体系、资源等。固有特性是指本来就存在的，尤其是那种永久的特性。质量由与要求有关的、客体的固有特性，即质量特性来表征；而要求是指明示的、通常隐含的或必须履行的需求或期望。质量差、好或优秀，以其质量特性满足质量要求的程度来衡量。

建设工程项目质量是指通过项目实施形成的工程实体的质量，是反映建筑工程满足相关标准规定或合同约定的要求，包括其在安全、使用功能及其在耐久性能、环境保护等方面所有明显和隐含能力的特性总和。其质量特性主要体现在适用性、安全性、耐久性、可靠性、经济性及与环境的协调性等六个方面。

工程项目质量管理是指在工程项目实施过程中，指挥和控制项目参与各方关于质量相互协调的活动，是围绕使工程项目满足质量要求，而开展的策划、组织、计划、实施、检查、监督和审核等所有管理活动的总和。它是工程项目的建设、勘察、设计、施工、监理等单位的共同职责。项目参与各方的项目经理必须调动与项目质量有关的所有人员的积极性，共同做好本职工作，才能完成项目质量管理的任务。

质量控制是质量管理的一部分，是致力于满足质量要求的一系列相关活动。这些活动主要包括：

1）设定目标：按照质量要求，确定需要达到的标准和控制的区间、范围、区域。

2）测量检查：测量实际成果满足所设定目标的程度。

3）评价分析：评价控制的能力和效果，分析偏差产生的原因。

4）纠正偏差：对不满足设定目标的偏差，及时采取针对性措施尽量纠正偏差。

也就是说，质量控制是在具体的条件下围绕着确定的质量目标，通过行动方案和资源配置的计划、实施、检查和监督，进行事前预控、事中控制和事后控制，致力于实现预期质量目标的系统过程。

工程项目的质量要求是由业主方提出的，即项目的质量目标，是业主的建设意图通过项目策划，包括项目的定义及建设规模、系统构成、使用功能和价值、规格、档次、标准等的定位策划和目标决策来确定的。

工程项目质量控制，就是在项目实施整个过程中，包括项目的勘察设计、招标采购、施工安装、竣工验收等各个阶段，项目参与各方致力于实现业主要求的项目质量总目标的一系列活动。

工程项目质量控制包括项目的建设、勘察、设计、施工、监理各方的质量控制活动。

（2）项目质量控制的目标与任务

1）建设工程项目质量控制的目标，就是实现由项目决策所决定的项目质量目标，使项目的适用性、安全性、耐久性、可靠性、经济性及与环境的协调性等方面满足建设单位需要并符合国家法律、行政法规和技术标准、规范的要求。项目的质量涵盖设计质量、材料质量、设备质量、施工质量和影响项目运行或运营的环境质量等，各项质量均应符合相关的技术规范和标准的规定，满足业主方的质量要求。

2）工程项目质量控制的任务就是对项目的建设、勘察、设计、施工、监理单位的工程质量行为，以及涉及项目工程实体质量的设计质量、材料质量、设备质量、施工安装质量进行控制。

3）项目的质量目标最终由项目工程实体的质量来体现，而项目工程实体的质量最终是通过施工作业过程直接形成的，设计质量、材料质量、设备质量往往也要在施工过程中进行检验，因此，施工质量控制是项目质量控制的重点。

2. 项目质量的形成过程和影响因素分析

（1）建设工程质量的形成过程

质量需求的识别过程：在建设项目决策阶段，主要包括建设项目发展策划、可行性研究、建设方案论证和投资决策。在这一过程的质量管理职能与识别建设意图和需求中必须指出，由于建筑产品采取定制式的承包生产，因此其质量目标的法律法规的要求是决定建设工程项目质量目标的主要依据。

质量目标的定义过程：一方面是建设工程设计阶段使质量目标具体化。另一方面，承包方也会为了创品牌工程或根据业主的创优要求及具体的情况来确定工程项目的质量目标，策划精品工程质量控制。

建设工程质量目标实现的最重要和最关键的过程是在施工阶段，包括施工准备过程和施工作业技术活动过程。

（2）建设工程质量的影响因素

建设工程质量的影响因素，主要是在建设工程质量目标策划、决策和实现过程中影响质量形成的各种客观因素和主观因素，包括人的因素、技术因素、管理因素、环境因素和社会因素等。

在工程项目质量管理中，人的因素起决定性的作用。项目质量控制应以控制人的因素为基本出发点。人的因素包括个人和组织。一是指直接承担建设工程项目质量职能的决策者、管理者和作业者个人的质量意识及质量活动能力；二是指承担建设工程项目策划、决策或实施的建设单位、勘察设计单位、咨询服务单位、工程承包单位等实体组织的质量管理体系及其管理能力。前者是个体的人，后者是群体的人。我国实行建筑业企业经营资质管理制度、市场准入制度、执业资格注册制度、作业及管理人员持证上岗制度等，从本质上说，都是对从事建设工程活动的人的素质和能力进行必要的控制。人，作为控制对象，人的工作应避免失误；作为控制动力，应充分调动人的积极性，发挥人的主导作用。因此，必须有效控制项目参与各方的人员素质，不断提高人的活动质量，才能保证项目质量。

在施工过程中，做好相应的技术储备是保证工程顺利进行的一项重要内容。但在实际施工工作中，一些突发情况的发生，常常会导致技术人员措手不及，为了处理好这样的问题，往往要花费大量的时间和精力进行分析调查，进而进行处理。突发事件具有不可控性，相关人员如果对技术要求及施工标准缺乏明确的认识，对问题的分析没有考虑全面，常常会出现因自身水平限制而延缓部分工程的施工进度。

技术因素：涉及内容广泛，包括直接的工程技术和辅助的生产技术，前者如工程勘察技术、设计技术、施工技术、材料技术等，后者如工程检验技术、实验技术等。

管理因素：关键在于决策因素首先是建设工程项目方案决策，其次是建设工程项目实施过程中，实施主体的各项技术决策和管理决策。主要影响因素包括建设工程项目实施的管理组织和任务组织。

环境因素：对于建设工程项目质量控制而言，直接影响建设工程项目质量的环境因素，一般是指建设工程项目所在地的水文、地质和气象等自然环境；施工现场的通风、照明、安全卫生防护设施等劳动作业环境，以及由多单位、多专业交叉协同施工的管理关系、组织协调方式、质量控制系统等构成的管理环境。

社会因素：对于建设工程项目管理者而言，人、技术、管理和环境因素，是可控因素；社会因素存在于建设工程项目系统之外，一般情形下属于不可控因素。

上述因素对项目质量的影响，具有复杂多变和不确定性的特点。对这些因素进行控制，是项目质量控制的主要内容。

3. 项目质量风险分析和控制

建设工程项目质量的影响因素中，有可控因素，有不可控因素。这些因素对项目质量的影响存在不确定性，这就形成了建设工程项目的质量风险。建设工程项目质量风险通常是指某种因素对实现项目质量目标造成不利影响的不确定性，这些因素导致发生质量损害的概率和造成质量损害的程度都是不确定的。在项目实施的整个过程中，对质量风险进行识别、评估、响应及控制，减少风险源的存在，降低风险事故发生的概率，减少风险事故对项目质量造成的损害，把风险损失控制在可以接受的程度，是项目质量控制的重要内容。

（1）风险识别

项目质量风险的识别就是识别项目实施过程中存在哪些风险因素以致可能产生哪些质量损害。

1）风险按产生原因分类（表 5–1）

风险按产生原因分类　表 5-1

自然风险	自然条件、自然灾害对质量造成的损害
技术风险	技术水平的局限和项目实施人员对技术掌握、应用不当对项目质量造成的不利影响
管理风险	各单位质量管理体系缺陷，组织方面（组织结构、工作流程、任务和职能分工不当、制度不健全、人员能力和责任心的问题）对质量的损害
环境风险	社会环境、实施现场的工作环境的影响

2）风险损失责任承担内容（表 5–2）

风险损失责任承担内容　表 5-2

业主方	决策失误，单位选择错误，提供的资料不准确等
勘察设计方	勘察的疏漏，设计的错误
施工方	管理松懈、混乱，技术错误，材料机械使用不当
监理方	监理未依法履行在质量和安全方面的监理责任

（2）质量风险识别的方法

项目质量风险具有广泛性，影响质量的各方面因素都可能存在风险，项目实施的各个阶段都有不同的风险。进行风险识别应在广泛收集质量风险相关信息的基础上，集合从事项目实施的各方面工作和具有各方面知识的人员参加。风险识别可按风险责任单位和项目实施阶段分别进行风险识别。具体可按以下程序进行。

1）采用层次分析法画出质量风险结构层次图。

2）分析各种风险的促发因素。

分析方法：头脑风暴法；专家调查（访谈）法；经验判断法；因果分析图法。

3）将风险识别的结果汇总成为质量风险识别报告。

报告没有固定格式，通常可用列表的形式，内容包括：风险编号、种类、促发因素、风险事故的简单描述以及承担的责任方等。

（3）质量风险评估

质量风险评估分两块：一是评估各种质量风险发生的概率；二是各种质量风险可能造成的损失量。

质量风险评估应采取定性与定量相结合的方法进行。通常可以采用经验判断法或德尔菲法。针对各个风险事件发生的概率和事件后果对项目的结构安全和主要使用功能影响的严重性进行专家打分，然后进行汇总分析，以估算每一个风险事件的风险水平，进而确定其风险等级。项目质量风险评估表如表 5–3 所示，根据图 5–4 确定事件风险量的区域。

项目质量风险评估表　　表 5-3

编号	风险种类	风险因素	风险事件描述	发生概念	损失量	风险等级	备注

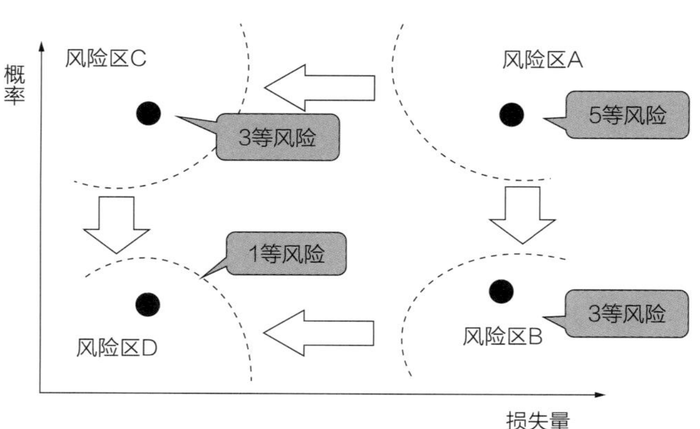

图 5-4　事件风险量的区域

（4）质量风险响应

1）质量风险应对策略

常用的质量风险对策包括风险规避、减轻、转移、风险承担及其组合等策略

（表 5–4）。

常用的质量风险对策　　表 5-4

规避	采取恰当的措施避免质量风险的发生（选择好的、正确的、避开、不选用）
减轻	针对无法规避的，制定应对方案，降低损失
转移	采用法定的方法把质量风险转移给其他方共同承担；担保转移、保险转移
风险承担	风险自留。无法避免，损害不大而预防费用高。具体分为无计划自留（未做预处理）和有计划自留（如设立风险基金、预留不可预见费）

2）质量风险管理计划的内容

质量风险管理计划应包括：

风险应对应形成项目质量风险管理计划；项目质量风险管理方针、目标；质量风险识别和评估结果；质量风险应对策略和具体措施；质量风险控制的责任分工；相应的资源准备计划。为便于管理，项目质量风险管理计划的具体内容也可以采用一览表的形式表示（表 5–5）。

项目质量风险管理计划一览表　　表 5-5

编号	风险事件	风险等级	响应策略	主要监控措施	责任部门	责任人	备注

5.2.2　建设工程项目质量控制体系

1. 全面质量管理思想

（1）全面质量管理（TQC）的思想

TQC（Total Quality Control）即全面质量管理，是 20 世纪中期开始在欧美和日本广泛应用的质量管理理念和方法。我国从 20 世纪 80 年代开始引进和推广全面质量管理，其基本原理就是强调在企业或组织最高管理者的质量方针指引下，实行全面、全过程和全员参与的质量管理。

TQC 的主要特点是：以顾客满意为宗旨；领导参与质量方针和目标的制定；提倡预防为主、科学管理、用数据说话等。在当今国际标准化组织颁布的 ISO 9000 质量管理体系标准中，处处都体现了这些特点和思想。建设工程项目的质量管理，同样应贯彻“三全”管理的思想和方法。

1）全方位展开质量管理：是指项目各参与方、各层面、各空间都进行的工程质量管理。

2）全过程控制质量管理：根据工程质量的形成规律，从源头抓起，全过程推进。

3）全员参与质量管理：组织内部的每个部门和工作岗位都承担着相应的质量职能。

（2）质量管理的 PDCA 循环

在长期的生产实践和理论研究中形成的 PDCA 环，是建立质量管理体系和进行质量管理的基本方法。PDCA 循环如图 5–5 所示。从某种意义上说，管理就是确定任务目标，并通过 PDCA 循环来实现预期目标。每一循环都围绕着实现预期的目标，进行计划、实施、检查和处置活动，随着对存在问题的解决和改进，在一次一次的滚动循环中逐步上升，不断增强质量管理能力，不断提高质量水平。每一个循环的四大职能活动相互联系，共同构成了质量管理的系统过程。

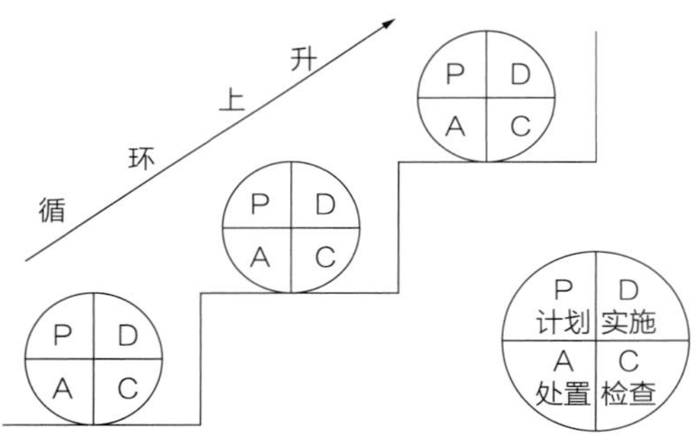

图 5-5　PDCA 循环示意图

1）计划 P（Plan）：包括确定质量目标和制定实现质量目标的行动方案两方面。

2）实施 D（Do）：进行行动方案的部署和交底。

3）检查 C（Check）：指对计划实施过程进行各种检查，包括作业者的自检、互检和专职管理者专检。

4）处置 A（Action）：处置分纠偏和预防改进两个方面。

2. 项目质量控制体系的建立和运行

建设工程项目的实施，涉及业主方、勘察方、设计方、施工方、监理方、供应方等多方质量责任主体的活动，各方主体各自承担不同的质量责任和义务。为了有效地进行系统、全面的质量控制，必须由项目实施的总负责单位，负责建设工程项目质量控制体系的建立和运行，实施质量目标的控制。

（1）项目质量控制体系的建立

项目质量控制体系的建立过程，实际上就是项目质量总目标的确定和分解过程，也是项目各参与方之间质量管理关系和控制责任的确立过程。为了保证质量控制体系的科学性和有效性，必须明确体系建立的原则、程序和主体。

1）建立的原则

分层次规划原则：项目质量控制体系的分层次规划，是指项目管理的总组织者和承担项目实施任务的各参与单位，分别进行不同层次和范围的建设工程项目质量控制体系规划。

目标分解原则：项目质量控制系统目标的分解，是根据控制系统内工程项目的分解结构，将工程项目的建设标准和质量总体目标分解到各个责任主体，明示于合同条件，由各责任主体制定出相应的质量计划，确定其具体的控制方式和控制措施。

质量责任制原则：项目质量控制体系的建立，应按照国家有关规定，界定各方的质量责任范围和控制要求。

2）建立的程序

项目质量控制体系的建立过程，一般可按以下环节依次展开工作：

① 建立系统质量控制网络

首先确定系统各层面的工程质量控制负责人。一般应包括承担项目实施任务的项目经理、总工程师、项目监理机构的总监理工程师、专业监理工程师等，以形成明确的项目质量控制责任者的关系网络架构。

② 制定质量控制制度

包括质量控制例会制度、协调制度、报告审批制度、质量验收制度和质量信息管理制度等。形成建设工程项目质量控制体系的管理文件或手册，作为承担建设工程项目实施任务各方主体共同遵循的管理依据。

③ 分析质量控制界面

项目质量控制体系的质量责任界面，包括静态界面和动态界面。静态界面通常根据法律法规、合同条件、组织内部职能分工来确定。动态界面主要是指项目实施过程中涉及总包与分包之间、设计与施工之间的衔接配合关系及其责任划分，必须通过分析研究，确定管理原则与协调方式。

④ 编制质量控制计划

项目管理总组织者，负责主持编制建设工程项目总质量计划。并根据质量控制体系的要求，布置各质量责任主体分别编制与其承担任务范围相符合的质量计划，并按规定程序完成质量计划的审批，最后为其实施提供自身工程质量控制的依据。

（2）项目质量控制体系的运行

项目质量控制体系的建立，为项目的质量控制提供了组织方面的保证，质量控制体系的有效运行，依赖于系统内部的运行环境和运行机制的完善。

1）运行环境

项目质量控制体系的运行环境，主要是指以下几方面为系统运行提供支持的管理关系、组织制度和资源配置的条件。

① 项目的合同结构

建设工程合同是联系建设工程项目各参与方的纽带，只有在项目合同结构合理、质量标准和责任条款明确，并严格执行履约管理的条件下，质量控制体系的运行才能成为各方的自觉行动。

② 质量管理的资源配置

质量管理的资源配置，包括专职的工程技术人员和质量管理人员的配置；实施技术管理和质量管理所必需的设备、设施、器具、软件等物质资源的配置。人员和资源的合理配置是质量控制体系得以运行的基础条件。

③ 质量管理的组织制度

项目质量管理控制体系内部的各项管理制度和程序性文件的建立，为质量控制系统各个环节的运行提供必要的行动指南、行为准则和评价基准的依据，是系统有序运行的基本保证。

2）运行机制

① 动力机制

动力机制是项目质量控制体系运行的核心机制，它是基于对项目各参与方及其各层次管理人员公正、公开、公平的责、权、利分配，以及适当的竞争机制而形成的内在动力。

② 约束机制

约束机制取决于各质量责任主体内部的自我约束能力和外部监控效力。约束能力表现为组织及个人的经营理念、质量意识、职业道德及技术能力的发挥；监控效力取决于项目实施主体外部对质量工作的推动和检查监督。两者相辅相成，构成了质量控制过程的制衡关系。

③ 反馈机制

运行状态和结果的信息反馈，是对质量控制系统的能力和运行效果进行评价，并为及时作出处置提供决策依据。因此，必须有相关的制度保证质量信息反馈的及时和准确。

④ 持续改进机制

在项目实施的各阶段，不同的层面、不同的范围和不同的质量责任主体之间，应用 PDCA 循环原理，并不断寻求改进机会，研究改进措施，才能保证建设工程项目质量控制系统的不断完善和持续改进，不断提高质量控制能力和控制水平。

5.2.3　建设工程项目施工质量控制

1. 施工质量控制的基本环节

施工质量控制应贯彻全面、全员、全过程质量管理的思想，运用动态控制原理，进行质量的事前控制、事中控制和事后控制。

（1）事前质量控制

编制施工质量计划、确定质量目标、制定施工方案、设置质量控制点、落实质量责任。分析可能导致质量目标偏离的各种影响因素，针对这些影响因素制定有效的预防措施，防患于未然。

事前质量预控要求针对质量控制对象的控制目标、活动条件、影响因素进行周密分析，找出薄弱环节，制定有效的控制措施和对策。

（2）事中质量控制

事中质量控制也称作业活动过程质量控制，包括质量活动主体和他人监控的控制方式。自我控制是第一位的，即作业者在作业过程中对自己质量活动行为的约束和技术能力的发挥，以完成符合质量目标的作业任务；他人监控是作业者的质量活动过程和结果，接受来自企业内部管理者和企业外部有关方面的检查检验，如工程监理机构、政府质量监督部门等的监控。

施工质量的自控和监控是相辅相成的系统过程。自控主体的质量意识和能力是关键，是施工质量的决定因素；各监控主体所进行的施工质量监控是对自控行为的推动和约束。自控主体必须正确处理自控和监控的关系，在致力于施工质量自控的同时，还必须接受来自政府、业主、监理等方面对其质量行为和结果所进行的监督管理，包括质量检查、评价和验收。自控主体不能因为监控主体的存在和监控职能的实施而减轻或推脱其质量责任。

事中质量控制的目标是确保工序质量合格，杜绝质量事故的发生；控制的关键是坚持质量标准；控制的重点是工序质量、工作质量和质量控制点的控制。

（3）事后质量控制

事后控制包括对质量活动结果的评价、认定；对工序质量偏差的纠正；对不合格产品进行整改和处理。控制的重点是发现施工质量方面的缺陷，并通过分析提出施工质量改进的措施，保持质量处于受控状态。

以上三大环节不是互相孤立的，它们共同构成有机的系统过程，实质上也就是质量管理 PDCA 循环的具体化，在每一次滚动循环中不断提高，达到质量管理和质量控制的持续改进。

2. 施工质量计划的内容与编制方法

（1）施工质量计划的形式和内容

1）施工质量计划的形式

现行的施工质量计划有三种形式：

工程项目施工质量计划；工程项目施工组织设计（含施工质量计划）；施工项目管理实施规划（含施工质量计划）。

2）施工质量计划的内容

施工质量计划的基本内容一般应包括：

① 工程特点及施工条件（合同条件、法规条件和现场条件等）分析。

② 质量总目标及其分解目标。

③ 质量管理组织机构和职责，人员及资源配置计划。

④ 确定施工工艺与操作方法的技术方案和施工组织方案。

⑤ 施工材料、设备等物资的质量管理及控制措施。

⑥ 施工质量检验、检测、试验工作的计划安排及其实施方法与检测标准。

⑦ 施工质量控制点及其跟踪控制的方式与要求。

⑧ 质量记录的要求等。

（2）施工质量计划的编制与审批

1）施工质量计划的编制主体

施工质量计划应由自控主体即施工承包企业进行编制。在平行发包方式下，各承包单位应分别编制施工质量计划。在总分包模式下，施工总承包单位应编制总承包工程范围的施工质量计划；各分包单位应编制相应分包范围的施工质量计划，作为施工总承包质量计划的深化和组成部分；施工总承包方有责任对各分包方施工质量计划的编制进行指导和审核，并承担相应施工质量的连带责任。

2）施工质量计划的审批

施工单位的项目施工质量计划或施工组织设计文件编成后，应按照工程施工管理程序进行审批，包括施工企业内部的审批和项目监理机构的审查。

① 企业内部的审批

通常是由项目经理部主持编制，报企业组织管理层批准。

② 监理工程师的审查

实施工程监理的施工项目，按照我国《建设工程监理规范》GB/T 50319—2013的规定，施工承包单位必须填写《施工组织设计（方案）报审表》并附施工组织设计（方案），报送项目监理机构审查。规范规定项目监理机构“在工程开工前，总监理工程师应组织专业监理工程师审查承包单位报送的施工组织设计（方案）报审表，提出意见，并经总监理工程师审核、签认后报建设单位”。

③ 审批关系的处理原则

充分发挥质量自控主体和监控主体的共同作用。

对监理工程师审查所提出的建议、希望、要求等意见是否采纳以及采纳的程度，应由负责质量计划编制的施工单位自主决策。

经过按规定程序审查批准的施工质量计划，在实施过程中如因条件变化需要对某些重要决定进行修改时，其修改内容仍应按照相应程序经过审批后执行。

3）质量控制点的设置

对工程质量形成过程产生直接影响的关键部位、工序、环节及隐蔽工程。

施工过程中的薄弱环节，或者质量不稳定的工序、部位或对象。

对下道工序有较大影响的上道工序。

采用新技术、新工艺、新材料的部位或环节。

施工质量无把握的、施工条件困难的或技术难度大的工序或环节。

用户反馈指出的和过去有过返工的不良工序。

做好施工质量控制点的设置和跟踪管理。

对于危险性较大的分项工程或特殊施工过程，除按一般过程质量控制的规定执行外，还应由专业技术人员编制专项施工方案或作业指导书，经项目技术负责人审批及监理工程师批准后执行。

施工质量控制点，细分为见证点和待检点。凡属见证点的重要部位、特种作业、专门工艺等，施工方必须在该项作业开始前24小时，书面通知现场监理机构到位旁站，见证施工作业过程；凡属待检点（隐蔽工程），施工方必须在完成施工质量自检的基础上，提前24小时通知项目监理机构进行检查验收。

3. 施工生产要素的质量控制

施工生产要素是施工质量形成的物质基础，其质量的含义包括：作为劳动主体的施工人员，即直接参与施工的管理者、作业者的素质及其组织效果；作为劳动对象的建筑材料、构件、半成品、工程设备等的质量；作为劳动方法的施工工艺及技术措施的水平；作为劳动手段的施工机械、设备、工具、模具等的技术性能，以及施工环境——现场水文、地质、气象等自然条件，通风、照明、安全等作业环境设置，以及协调配合的管理水平。它主要包括以下几个方面：

（1）施工人员的质量控制；

（2）材料设备的质量控制；

（3）工艺方案的质量控制；

（4）施工机械的质量控制；

（5）施工环境因素的控制（自然环境、施工质量管理、施工作业环境因素）。

4. 施工准备的质量控制

（1）计量控制：这是施工质量控制的一项重要的基础工作。施工过程中的计量，包括施工生产时的投料计量、施工测量、监测计量以及对项目、产品或过程的测试、检验、分析计量等。统一计量单位，组织量值传递，保证量值统一，从而保证施工过程中计量的准确。

（2）测量控制：工程测量放线是建设工程产品由设计转化为实物的第一步。施工单位开工前应编制测量控制方案，经项目技术负责人批准后实施。对建设单位提供的原始坐标点、基准线和水准点等测量控制点进行复核，并将复测结果上报监理工程师审核，批准后施工单位才能建立施工测量控制网，进行工程定位和标高基准的控制。

（3）施工平面图控制：建设单位应按照合同约定并充分考虑施工的实际需要，事先划定并提供施工用地和现场临时设施用地的范围，协调平衡和审查批准各施工单位的施工平面设计。施工单位要严格按照批准的施工平面布置图，科学合理地使用施工场地，正确安装设置施工机械设备和其他临时设施，维护现场施工道路畅通无阻和通信设施完好，合理控制材料的进场与堆放，保持良好的防洪排水能力，保证充分的给水和供电。建设（监理）单位应会同施工单位制定严格的施工场地管理制度、施工纪律和相应的奖惩措施，严禁乱占场地和擅自断水、断电、断路，及时制止和处理各种违纪行为，并做好施工现场的质量检查记录。

5. 施工过程的质量控制

施工过程的质量控制，是在工程项目质量实际形成过程中的事中质量控制。一般可称过程控制。建设工程项目施工是由一系列相互关联、相互制约的作业过程（工序）构成，因此施工质量控制，必须对全部作业过程，即各道工序的作业质量持续进行控制。从项目管理的立场看，工序作业质量的控制，首先是质量生产者即作业者的自控，在施工生产要素合格的条件下，作业者能力及其发挥的状态是决定作业质量的关键。其次，是来自作业者外部的各种作业质量检查、验收和对质量进行的监督，也是不可缺少的设防和把关的管理措施。

（1）工序施工质量控制

工序是人、机械、材料设备、施工方法和环境因素对工程质量综合起作用的过程，所以对施工过程的质量控制，必须以工序作业质量控制为基础和核心。因此，工序的质量控制是施工阶段质量控制的重点。只有严格控制工序质量，才能确保施工项目的实体质量。工序施工质量控制主要包括工序施工条件质量控制和工序施工效果质量控制。

（2）施工作业质量自控

施工作业质量的自控，从经营的层面上说，强调的是作为建筑产品生产者和经营者的施工企业，应全面履行企业的质量责任，向顾客提供质量合格的工程产品；从生产的过程来说，强调的是施工作业者的岗位质量责任，向后道工序提供合格的作业成果。因此，施工方是施工阶段质量自控主体。

1）施工作业质量自控的程序

① 施工作业技术交底；② 施工作业活动的实施；③ 施工作业质量的检验。

2）施工作业质量自控的要求

工序作业质量是直接形成工程质量的基础，为达到对工序作业质量控制的效果，在加强工序管理和质量目标控制方面应坚持以下要求：

① 预防为主；② 重点控制；③ 坚持标准；④ 记录完整。

（3）施工作业质量的监控

1）施工作业质量的监控主体

建设单位、监理单位、设计单位及政府的工程质量监督部门，在施工阶段依据法律法规和工程施工承包合同，对施工单位的质量行为和质量状况实施监督控制。

2）工序交接检查，对于重要的工序或对工程质量有重大影响的工序，应严格执行“三检”制度（即自检、互检、专检），未经监理工程师（或建设单位技术负责人）检查认可，不得进行下道工序施工。

（4）隐蔽工程验收与成品质量保护

隐蔽工程验收在后续施工前必须进行验收；成品形成后可采取防护、覆盖、封闭、包裹等相应措施进行保护。

6. 施工质量与设计质量的协调

要保证施工质量，首先要控制设计质量。项目设计质量的控制，主要是从满足项目建设需求入手，包括国家相关法律法规、强制性标准和合同规定的明确需求以及潜在需求，以使用功能和安全可靠性为核心。

7. 建设工程项目施工质量验收

（1）施工过程质量验收的内容

如前所述，工程项目质量验收，应将项目划分为单位工程、分部工程、分项工程和检验批进行验收。施工过程质量验收主要是指检验批和分项、分部工程的质量验收。分项工程是质量验收的基本单元；分部工程是在所含全部分项工程验收的基础上进行，并留下完整的质量验收记录和资料；单位工程作为具有独立使用功能的完整的建筑产品，进行竣工质量验收。施工过程的质量验收包括以下验收环节，通过验收后留下完整的质量验收记录和资料，为工程项目竣工质量验收提供依据：

1）检验批质量验收

所谓检验批是指“按同一生产条件或按规定的方式汇总起来供检验用的，由一定数量样本组成的检验体”。检验批是工程验收的最小单位，是分项工程乃至整个建筑工程质量验收的基础。

检验批应由监理工程师（建设单位技术负责人）组织施工单位项目专业质量（技术）负责人等进行验收。

检验批质量验收合格应符合下列规定：

主控项目和一般项目的质量经抽样检验合格；

具有完整的施工操作依据、质量检查记录。

主控项目是指对检验批的基本质量起决定性作用的检验批项目。因此，主控项目的验收必须严格要求，不允许有不符合要求的检验结果，主控项目的检验有否决权。除主控项目以外的检验项目成为一般项目。

2）分项工程质量验收

分项工程的质量验收在检验批验收的基础上进行。一般情况下，两者具有相同或相近的性质，只是批量的大小不同而已。分项工程可由一个或若干检验批组成。《建设工程施工质量验收统一标准》GB 50300—2013 有如下规定。

分项工程应由监理工程师组织施工单位项目专业质量（技术）负责人进行验收。

分项工程质量验收合格应符合下列规定：

分项工程所含检验批均应符合合格质量的规定；

分项工程所含的检验批的质量验收记录应完整。

3）分部工程质量验收

分部工程应由总监理工程师（建设单位项目负责人）组织施工单位项目负责人和技术、质量负责人等进行验收；地基与基础、主体结构分部工程的勘察、设计单位工程项目负责人和施工单位技术、质量负责人也应参加相关分部工程验收。

分部工程质量验收合格应符合下列规定：

① 所含分项工程的质量均应验收合格；

② 质量控制资料应完整；

③ 有关安全、节能、环境保护和主要使用功能的抽样检验结果应符合相应规定；

④ 观感质量应符合要求。

必须注意的是，由于分部工程所含的各分项工程性质不同，因此它并不是在所含分项验收基础上的简单相加，即所含分项验收合格且质量控制资料完整，只是分部工程质量验收的基本条件，还必须在此基础上对涉及安全、节能、环境保护和主要使用功能的地基基础、主体结构和设备安装分部工程进行见证取样试验或抽样检测；而且还需要对其观感质量进行验收，并综合给出质量评价，对于评价为“差”

的检查点应通过返修处理等进行补救。

（2）竣工质量验收

项目竣工质量验收是施工质量控制的最后一个环节，是对施工过程质量控制成果的全面检验，是从终端把关方面进行质量控制。未经验收或验收不合格的工程，不得交付使用。

1）竣工质量验收的标准

① 单位（子单位）工程所含分部（子分部）工程质量验收均应合格；

② 质量控制资料应完整；

③ 单位（子单位）工程所含分部工程有关安全和功能的检验资料应完整；

④ 主要工程项目的抽查结果应符合相关专业质量验收规范的规定；

⑤ 观感质量验收应符合规定。

2）竣工质量验收的程序

建设工程项目竣工验收，可分为验收准备、竣工预验收和正式验收三个环节进行。

竣工验收准备：施工单位按照合同规定的施工范围和质量标准完成施工任务后，应自行组织有关人员进行质量检查评定。

竣工预验收：监理单位收到施工单位的工程竣工预验收的申请报告后，应就验收的准备情况和验收条件进行检查，对工程质量进行竣工预验收。

正式竣工验收：建设单位收到工程竣工验收报告后，应由建设单位（项目）负责人组织施工（含分包单位）、设计、勘察、监理等单位（项目）负责人进行单位工程验收。

建设单位应在工程竣工验收前 7 个工作日前将验收时间、地点、验收组名单书面通知该工程的工程质量监督机构。

（3）竣工验收备案

建设单位应当自建设工程竣工验收合格之日起 15 日内，将建设工程竣工验收报告和规划、消防、环保等部门出具的认可文件或准许使用文件，报建设行政主管部门或其他相关部门备案。

备案部门在收到备案文件资料后的 15 日内，对文件资料进行审查，符合要求的工程，在验收备案表上加盖“竣工验收备案专用章”，并将一份退建设单位存档。

5.3　工程项目安全控制

安全作业对于建筑工程而言，不仅可以博得口碑创造经济收益，更可以确保人民的生命及财产安全，建筑工程的安全管控重要性可见一斑。

5.3.1　建筑工程项目安全管理与控制的必要性

改革开放以来，我国社会经济快速发展，城市建设正在大规模开展中，每年都会新增建筑工程。建筑工程不仅关系到居民的居住生活，还会影响城市建设和社会稳定。在建筑工程项目管理中，安全管理与控制工作是项目管理的重要组成部分。因建筑业是一个高危险、事故多发的行业，建筑施工中人员流动大、露天和高处作业多，工程施工过程的复杂性及多变的工作环境都决定施工易发生安全事故。因此，对施工进行安全的管理与控制势在必行。安全管理与控制工作的科学开展能够保障人机安全、减少事故处理成本，促进企业经济效益的提高。近年来，建筑工程安全事故的时有发生也凸显了安全管理与控制工作的重要性。在建筑中事故的发生不单造成了伤者家属的痛苦，也增加了建筑工程的成本，更使建筑施工造成了不良的社会影响，对建筑企业在建筑业的信誉造成了负面评价，这样建筑企业的经济效益就会减少，一次事故需要建筑企业用很长时间来恢复这些负面的评价，那么建筑企业的发展就会减缓、止步，甚至出现了倒退的可怕情况。面对这样严重的后果，在建筑施工中进行安全管理与控制是每个建筑参与者的共同目标。需要从管理者到施工人员都要把安全管理与控制放在第一位来看待，在保证安全的前提下，再提高施工技术，保障施工质量。

5.3.2　建筑工程项目安全管理与控制中存在的问题

1. 管理人员对安全管理与控制重要性认识不足

施工单位的领导对安全法规及生产政策认识不到位，不能处理好安全与生产，安全与效益，安全与进度的关系，现场安全标语形同虚设。工程的项目负责人只求在近期取得好的经济效益，对安全生产心存侥幸。在整个工程预算中，虽然规定了要有一定的安全文明施工费，但是实际上安全文明经费经常被削减，购买发放安全保护用品质量低劣，甚至施工用的安全帽都不达标。

2. 对施工设备的不安全性认识不足

对机械设备维修保养、定期安检跟不上，重使用，轻管理，机械设备老化，该报废的不报废，采取能用就用的心态应对。钢管经过多年使用后，处于金属疲劳的钢管易产生变形和弯曲。脚手架搭设不规范，扫地杆不按照规范搭设，没有检查脚手板是否腐烂。还有很多是因素是事故多发的主要原因：违章操作；违章指挥；违章从事特种作业；非法使用特种设备等。

3. 施工现场安全管理制度有待完善

目前，还有很多施工企业都受到传统建设理念的制约，在施工单位招标投标过程中只注重投标价，没有将企业安全生产信誉与工程建设准入条件完全挂钩，使一些技能素质水平不高的施工单位进入施工现场中，给工程安全施工埋下了极大的隐患。此外，工程现场施工过程中，还有少数建设单位管理人员对工程安全生产认识深度和广度不够，没有加大监管力度，缺乏与其他参建单位的相互协作和监督，出现了监而不管的现象，给工程施工安全带来巨大威胁。

4. 建筑施工安全监理力度不够

建筑施工过程中出现的伤亡事故，不仅给施工人员带来巨大生命财产损失，同时也给施工企业和业主单位带来严重的社会负面影响。据有关资料表明，造成伤亡事故的主要因素就是工程安全管理人员只注重安全管理的监督批评功能，没有很好地将安全监督和服务两者有机联系起来，造成了一系列安全隐患，隐患发生后没能及时整改，由此影响了整个工程施工的进展。还有一些施工企业在施工方案制定过程中，对安全保护措施并不重视，只是一般化的处理，却将方案的经济性作为首要因素，当面临施工作业特殊情况时，就会威胁到施工人员的人身财产安全。总之，一些工程监管人员仅从施工安全方案和措施进行督查，安全责任没能落实，这使施工安全状况令人担忧。

5.3.3 加强建筑工程安全管理及控制的措施

1. 完善安全管理制度

要加强建筑工程进行中，安全管理工作的效果，必须要建立完善的安全管理制度，对现有制度的不足进行及时的调整与改进。建筑的管理部门需要严格地执行国家相关的法律法规，保证自身安全管理制度的实效性。对于建筑施工企业的管理上，要做好企业资质审查，对于一些不符合国家相关规定与标准，缺乏安全资质的企业，要进行严厉的取缔，提高建筑企业的整体安全施工水平。在施工过程中，要落实标准化的管理工作，建立完善的项目安全保证体系，对施工过程中的安全问题进行详细的评价。管理部门可以采用建立企业安全问题档案的方式，加强对企业安全生产能力的监管，并提高企业对安全管理工作的重视程度。安全管理人员要制定合理的监督检查方案，对施工过程进行全方位的落实，保证安全管理制度得到良好的实施。

2. 深入宣传教育，提高安全生产意识

（1）在职工培训时进行安全教育，并且通过考试提高知晓率，从源头上提高安全意识，规范操作技能。其中应突出强化新工人的教育，安全教育考核合格后，方可准许其进入操作岗位。对电气、起重、电焊、机械等特殊工种的工人，必须进行专门的安全操作技术培训，经考核合格后才能准许上岗操作。

（2）通过现场宣讲、制作展板、发放资料、召开现场会等多种形式对管理人员、技术人员、工人进行教育，以及通过观看安全生产警示教育片，从视觉、听觉等感官上造成高压态势，提高现场施工人员对生产安全的警觉度，增强安全生产的自觉性。

3. 增加安全资金投入，增强安全保障能力

安全牵连到人的生命，所以安全是企业的命脉。在施工管理上，一定要把安全工作放在施工管理工作中的首位。在埋头搞经济的同时，不仅要牢固树立“安全就是最大的效益”的理念，而且要狠抓安全生产标准化建设，加大安全科技和资金投入、设备更新换代等，实现安全和效益的良性循环。对老化陈旧的设备该更换时要及时更换，先进的设备要积极引进，重点部位应安装监控，提高科技防范能力。

4. 创新工作方法，实现安全管理工作的科学化

对于建筑工程的施工单位来讲，安全生产是绝对放在首位的，这不仅仅直接关系到了它的经济效益，同时更关系着它在这个行业中的信誉；而它所进行的安全管

理工作还未能真正地实现科学化以及规范化，很重要的原因就是没有真正建立起一个有效的预防和控制安全事故的制度。因此，施工单位必须认真地分析和总结安全事故的发生特征，制定有关安全工作的专业治理目标以及全年安全管理工作中的核心任务，为施工现场制定严谨的安全管理防范措施，大力推广和实施安全生产责任制，将安全生产的目标进行分解，从最高层分解至最底层，这样才能一层抓一层，从而实现安全生产管理工作的常态化。

5. 加大安全督查力度

要把安全生产监督放在首位，对可能出现的安全隐患要深入细致地排查，做到早发现早处理。对于一时难以解决的问题，要采取必要措施，防止酿成事故。对野蛮生产、违章作业的行为坚决制止，严肃处理。监管机构和监管人员要理直气壮履行职责，有效监管，常抓不懈。要坚定不移地把安全抓在手上，毫不动摇地放在心上，始终如一地落到实处。要把日常监管和专项整治结合起来，形成严管态势。建立横向到边，纵向到底的监管责任体系。要想取得实质性进展，一方面要靠领导带头，以身作则，一级做给一级看；另一方面，要在制度层面上形成长效机制，提高违规成本。作为施工管理人员必须要做好安全措施，对所有的进场人员要做好安全教育和宣传工作，让他们自觉遵守安全规则，执行安全措施。安全检查必须要有明确的目的、要求和具体计划，自查整改，列出隐患，制定整改方案，明确整改措施，责任落实到人，存在重大隐患的要立即停工整改。

开展工程项目安全控制工作，是贯彻落实“安全第一，预防为主”方针的重要手段，是企业实施科学化、规范化安全管理的工作基础。科学、系统地开展安全控制工作，不仅直接起到了消除危险有害因素、减少事故发生的作用，有利于全面提高企业的安全管理水平，而且有利于系统地、有针对性地加强对不安全状况的治理、改造，最大限度地降低安全生产风险。

5.4 工程项目采购管理

5.4.1 项目采购的定义与特征

项目采购是指从项目组织外部获得所需和配套服务的过程。对此买卖双方都各有各的目的和要求，在一定的基础上发生相互作用。卖方一般承担和履行供应商的职责。他们在履行和承担责任的基础上向买方提供货物或服务，现如今在组织内部已经把其视为工程项目管理。

项目采购管理是指在整个项目过程中整合内外需求，针对性地采购项目所需资源的两个方面入手进行系统管理的完整过程。也有人翻译为“项目获得管理”。

项目采购管理由以下几方面构成：

1）采购安排（procurement arrangement）。

2）询价（inquiry arrangement）。

3）报盘（offer）。取得报价单（quotations）、出价（bids）、要约（offers）或订约提议（proposals）。

4）还盘（counter-offer）。获得满意的报价和交易条款。

5）受盘（acceptance）。同意并接受交易。

6）合同签订及履行（contract——sign and implement）。合同的签订和按合同履约。

这六个环节是相互发生作用和相互影响的。它们之间具有内在联系和组织关系。对于交易成功与否来说，意义不言而喻。

招标方式分为：公开竞争性招标和有限竞争性招标（邀请招标）。询价采购不能算是招标的方式，只是一种采购的形式。无论是公开还是邀请的方式，投标人都必须有三家以上才可以开标，否则废标，招标人重新组织招标。有些必须招标的项目，因为潜在投标人不足三家，或者项目有特殊要求，或者招标两次都废标的项目，经过相关主管部门同意，可以采取询价采购的方式进行采购。具体如下：

公开竞争性招标：对政府投资类项目或政府占主导地位的项目，通常由国内竞争性招标，而使用世界银行贷款或其他组织金融贷款的项目一般进行国际竞争性招标。对此我们可以进行公开招标，做到综合比较，择优录取。

有限竞争性招标：即邀请招标。立足现有的信息和其他渠道获得的信息，向比较合适而又有意向的企业发出邀请。

询价采购：俗称比价方式，要多比多参考，权衡比较，根据实际情况往往不需要正式招标文件。对于现货采购，或者价值较小的采购，适合使用此方式。

直接采购：无须招标，无须邀请，直截了当与供应商签订合同，当然，如果所需产品具有专卖性质，也得直接采购。

概言之，工程项目采购具有以下鲜明的特点。

（1）采购对象的不确定性

1）因建设工程项目所需采购的种类多，而且供需要求多。如建筑材料和施工机具设备的种类繁多，此外还可能涉及建筑行业不同的工种、级别标准，有其内在具体质量要求和行业规范的管理标准。

2）工程项目的采购涉及面非常广泛而又复杂，其中包含计划、方法、内容、实施等相关环节，因此必须在实际操作中理清头绪，把握主次要点和难点。其在时间要求、价格合理性、数量要求、质量要求、合同的责任以及工作流程等方面有极其复杂的内外部联系。对于一个项目的所有采购活动来说，各组织部门之间必须协调一致，共同努力构成一种稳定的内在体系，所以说，采购应该有严密而周详的计划。

（2）采购数量和时间不同步

工程项目在生产过程中一般各部门是不同步的，也就会带来产生不平衡性的问题，导致采购数量和时间不一致，可以说几乎无规律可循。

（3）采购供应过程复杂

要保证工程顺利实施，在采购时必须有复杂的招标投标过程，合同签订及实施过程和资源的供应过程，在其中的每个环节上都不能出现纰漏，否则将无法保证工程的顺利实施。

（4）项目采购是一个变化的过程

作为项目总计划一部分的采购计划，它会受工程项目的范围大小、技术先进性与否、计划安排的合理性和环境影响评价的准确性影响。

1）建设工程项目因其本身的特殊性，对于采购的计划量和采购过程的所需时间安排是无法精准预判的。

2）在做设计和计划时必须未雨绸缪，应充分调查当前市场所能提供的机械设备和材料构配件情况，材料设备的供应能力和供应条件，要不然设计和计划会严重脱离实际。

3）采购和供应受外界因素影响很大，往往伴随着一定的风险发生。政治环境、经济环境、文化环境以及自然气候条件都会对其发生一定的影响和作用。比如，在国际工程项目中，工程所在国的政治环境、材料供应情况、当地的劳务关系、设备性能，以及在工程竣工后设备和剩余材料的处理，都会受到不同程度的影响。

（5）容易出现违法乱纪的现象

虽然目前国家对行贿和索贿设有专门的法律和法规，但因为建设项目采购的特殊性，在项目采购中的行贿和索贿现象时有发生。这种腐败现象的发生，促使在项目内部必须设置严密的组织管理体系和管理程序，尽量避免违法乱纪的现象出现，这样可以对项目的采购全过程进行全程监控。

5.4.2　项目采购的成分因素

采购活动必须要围绕“时”“价”“质”“量”“地”等基本要素（5R）来开展工作，即要“适时（right time）”“适价（right price）”“适质（right quality）”“适量（right quantity）”和“适地（right place）”地进行采购。

人们通常所指的采购的适时（right time）原则，也就是选择恰当的时机来进行采购。根据施工单位事先安排好的施工计划，适时适量地采购相关材料，如因建筑材料未能如期到达施工现场，往往会引起施工无法顺利进行，甚至会出现停工待料情况，进而导致工程延期，不能按计划完工，引起建设单位索赔；若材料已经提前很长时间就到了工地，不仅有的材料会被腐蚀，从而造成采购资金的大量积压，还会造成仓储管理成本的浪费。这就要求项目采购人员要有足够的协调能力，即去督促与协调设备材料供应商按预定时间发货、交货。

适宜的价格（right price）。采购价格可直接影响采购的成本，因此在采购活动中做到价格适宜是采购的重要内容之一。但要确定合适的项目材料采购价格，往往要经过调研、询价、议价、谈判等几个环节，最终确定合适的价格。若价格过高会增加采购者的采购成本，降低市场竞争力；若价格过低，则压缩了供应商利润，影响对方的供货积极性，甚至出现供货商为了降低供货成本而故意使产品质量不过关的问题。

适宜的质量（right quality）。采购的目的是采购商为了保证生产或项目的需要而进行采购行为，因此为了保证其质量使采购的资源能满足企业的要求是最重要的事情。保证“质量”既要考虑质量不能过高，也不能太差。若质量太高无疑会增加采购成本，造成过多功能无法使用而浪费。质量太差则影响最终产品或项目的质量，严重的还能危及生命财产安全。

适宜的数量（right quantity）。对采购数量的管理也是重要内容之一，如对数量折扣率、库存量、订货次数、资金占用等因素做好科学筹划，按计划合理进行采购。要避免过量采购和采购不足量的问题，若采购总量过大，则易造成资源积压；若采购总量过少，则可能出现供货停滞，增加采购次数，从而无端增加采购成本支出。因此采购的数量应适宜。

适地（right place）。也就是本着降低成本、服务便捷、沟通方便的原则选择合适的供货和交货地点。

5.4.3 项目采购管理方法的优化

采购管理应遵循下列程序：

（1）确定采购产品或服务的基本要求、采购分工及有关责任。

（2）进行采购策划，编制采购计划。

（3）进行市场调查，选择合格的产品供应或服务单位，建立名录。

（4）采用招标或协商等方式实施评审工作，确定供应或服务单位。

（5）签订采购合同。

（6）运输、验证、移交采购产品或服务。

（7）处置不合格产品或不符合要求的服务。

（8）采购资料归档。

如何快速寻找到合适项目的供应商，在项目采购管理过程中，最佳供应商的快速寻找，是有效提高工作效率的首要步骤，通过相应的采购管理系统，输入相关企业信息，最佳供应商就能够被找到，供应商的详细资料和完成的历史成交记录会被体现出来，这样供应商的完整信息被完整提供出来，以便项目的采购者及时发现并与预选供应商达成合作。

启用电子招标投标，可以选择公开招标和邀请招标方式进行，通过创建不同类型的招标战略和计划，通过前期调研，编制招标文件，发布招标公告，然后进行招标，并由评标委员会按照招标文件中规定的评标办法进行公证的评标，最后确定中标候选人，以此来获得最优供应商。

采购管理系统是一个重要的辅助工具，使用最新的电子技术准确有效地完成采购计划任务。除上述功能外，还有采购的安全管理以及外包管理、供应商及供应商之间关系管理，复杂业务关系管理和功能等。

5.5 工程项目成本（费用）控制

成本作为项目管理的一个关键性目标，包括责任成本目标和计划成本目标，它们的性质和作用不同。成本管理责任体系应包括组织管理层和项目经理部。

5.5.1　成本管理的任务、程序和措施

1. 成本管理的任务和程序

施工成本管理的任务和环节主要包括：① 施工成本预测；② 施工成本计划；③ 施工成本控制；④ 施工成本核算；⑤ 施工成本分析；⑥ 施工成本考核。

施工项目成本管理应遵循下列程序：① 掌握生产要素的价格信息；② 确定项目合同价；③ 编制成本计划，确定成本实施目标；④ 进行成本控制；⑤ 进行项目过程成本分析；⑥ 进行项目过程成本考核；⑦ 编制项目成本报告；⑧ 项目成本管理资料归档。

2. 成本管理的措施

（1）施工成本管理的基础工作内容

施工成本管理的基础工作内容是多方面的，成本管理责任体系的建立是其中最根本最重要的基础工作。

（2）施工成本管理的措施

为了取得施工成本管理的理想成效，应当从多方面采取措施实施管理，通常可以将这些措施归纳为组织措施、技术措施、经济措施、合同措施。

5.5.2　成本计划

1. 成本计划的类型

对于施工项目而言，成本计划的编制是一个不断深化的过程。在这一过程的不同阶段形成深度和作用不同的成本计划，若按照其发挥的作用可以分为竞争性成本计划、指导性成本计划和实施性成本计划。也可以按成本组成、项目结构和工程实施阶段分别编制项目成本计划。成本计划的编制以成本预测为基础，关键是确定目标成本。计划的制定需结合施工组织设计的编制过程，通过不断优化施工技术方案和合理配置生产要素，进行工、料、机消耗的分析，制定一系列节约成本的措施，确定成本计划。一般情况下，成本计划总额应控制在目标成本的范围内，并建立在切实可行的基础上。施工总成本目标确定之后，还需通过编制详细的实施性成本计

划把目标成本层层分解，落实到施工过程的每个环节，有效地进行成本控制。

（1）竞争性成本计划：即工程项目投标及签订合同阶段的估算成本计划。

（2）指导性成本计划：即选派项目经理阶段的预算成本计划，是项目经理的责任成本目标。

（3）实施性计划成本：即项目施工准备阶段的施工预算成本计划，它以项目实施方案为依据，落实项目经理责任目标为出发点，采用企业的施工定额，通过施工预算的编制而形成的实施性施工成本计划。

2. 按成本组成编制成本计划（图 5-6、图 5-7）

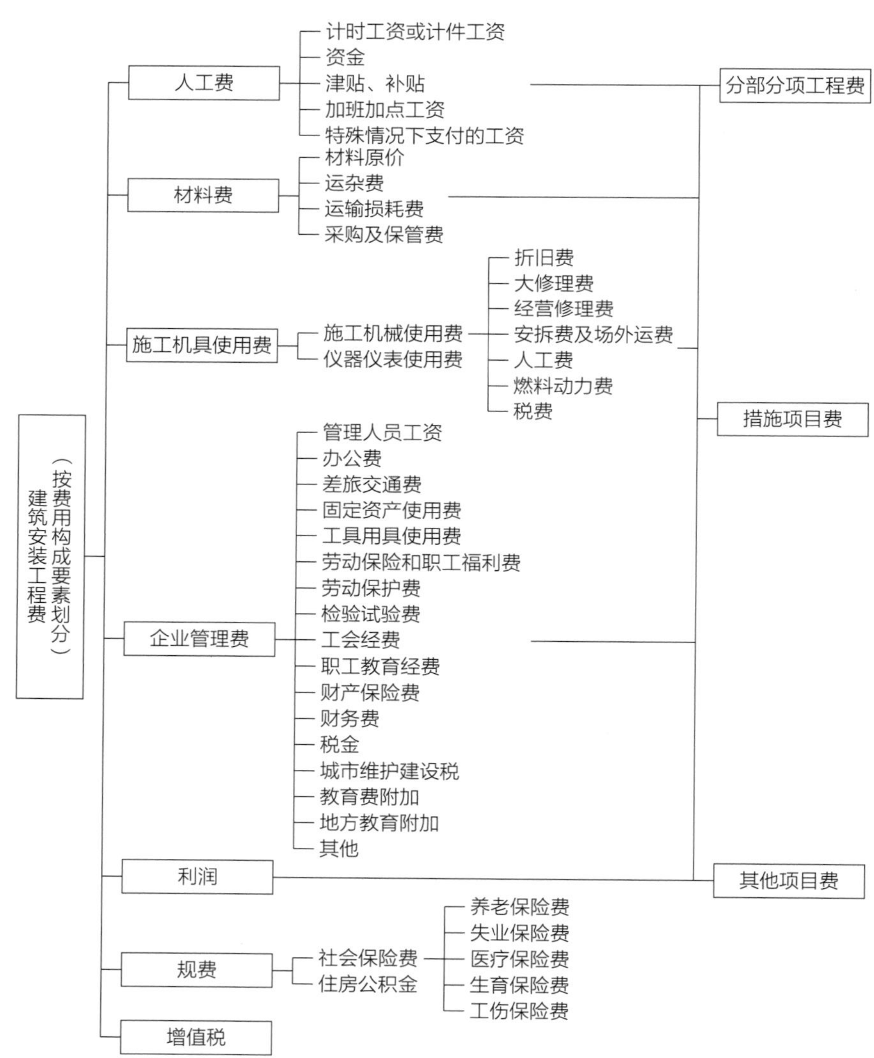

图 5-6　按成本构成要素划分的建筑安装工程费用项目组成

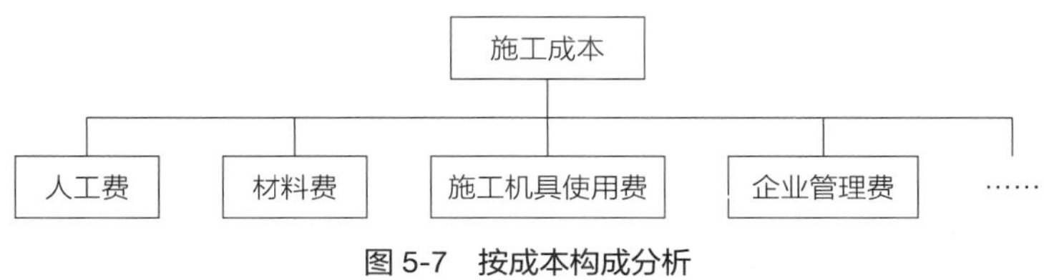

图 5-7 按成本构成分析

3. 按项目结构编制成本计划（图 5-8）

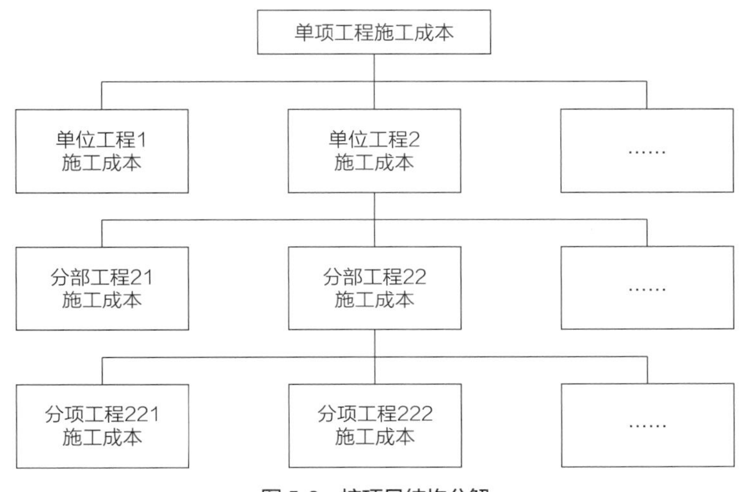

图 5-8 按项目结构分解

5.5.3 成本控制

成本控制是在项目成本的形成过程中，对生产经营所消耗的人力资源、物资资源和费用开支进行指导、监督、检查和调整，及时纠正将要发生和已经发生的偏差，把各项生产费用控制在计划成本的范围之内，以保证成本目标的实现。

1. 成本控制的依据和程序

施工成本控制的依据包括以下内容：工程承包合同；施工成本计划；进度报告；工程变更。

（1）工程承包合同

成本控制要以合同为依据，围绕降低工程成本这个目标，从预算收入和实际成本两方面，研究节约成本、增加收益的有效途径，以求获得最大的经济效益。

（2）施工成本计划

成本计划是根据项目的具体情况制定的成本控制方案，既包括预定的具体成本控制目标，又包括实现控制目标的措施和规划，是成本控制的指导文件。

（3）进度报告

进度报告提供了对应时间节点的工程实际完成量，工程成本实际支出情况等重要信息。成本控制工作正是通过实际情况与成本计划相比较，找出二者之间的差别，分析偏差产生的原因，从而采取措施改进以后的工作。此外，进度报告还有助于管理者及时发现工程实施中存在的隐患，并在可能造成重大损失之前采取有效措施，尽量避免损失。

（4）工程变更

在项目的实施过程中，由于各方面的原因，工程变更是很难避免的。工程变更一般包括设计变更、进度计划变更、施工条件变更、技术规范与标准变更、施工次序变更、工程量变更等。一旦出现变更，工程量、工期、成本都有可能发生变化，从而使得成本控制工作变得更加复杂和困难。因此，成本管理人员应当通过对变更中各类数据的计算、分析，及时掌握变更情况，包括已发生工程量、将要发生工程量、工期是否拖延、支付情况等重要信息，判断变更可能带来的成本增减。

施工成本控制的步骤：① 比较；② 分析；③ 预测；④ 纠偏，纠偏是施工成本控制中最具实质性的一步；⑤ 检查。

2. 成本控制的方法

（1）成本的过程控制方法

施工阶段是成本发生的主要阶段，这个阶段的成本控制主要是通过确定成本目标并按计划成本组织施工，合理配置资源，对施工现场发生的各项成本费用进行有效控制，其具体的控制方法如下：

1）人工费的控制

人工费的控制实行“量价分离”的方法，将作业用工及零星用工按定额工日的一定比例综合确定用工数量与单价，通过劳务合同进行控制。

人工费的影响因素：社会平均工资水平；生产消费指数；劳动力市场供需变化；政府推行的社会保障和福利政策也会影响人工单价的变动；经会审的施工图、施工定额、施工组织设计等决定人工的消耗量。

控制人工费的方法：

加强劳动定额管理，提高劳动生产率，降低工程耗用人工工日，是控制人工费支出的主要手段。

① 制定先进合理的企业内部劳动定额，严格执行劳动定额，并将安全生产、文明施工及零星用工下达到作业队进行控制。全面推行全额计件的劳动管理办法和单项工程集体承包的经济管理办法，以不超出施工图预算人工费指标为控制目标，实行工资包干制度。认真执行按劳分配的原则，使职工个人所得与劳动贡献相一致，充分调动广大职工的劳动积极性，以提高劳动力效率。把工程项目的进度、安全、质量等指标与定额管理结合起来，提高劳动者的综合能力，实行奖励制度。

② 提高生产工人的技术水平和作业队的组织管理水平，根据施工进度、技术要求，合理搭配各工种工人的数量，减少和避免无效劳动。不断地改善劳动组织，创造良好的工作环境，改善工人的劳动条件，提高劳动效率。合理调节各工序人数安排情况，安排劳动力时，尽量做到技术工不做普通工的工作，高级工不做低级工的工作，避免技术上的浪费，既要加快工程进度，又要节约人工费用。

③ 加强职工的技术培训和多种施工作业技能的培训，不断提高职工的业务技术水平和熟练操作程度，培养一专多能的技术工人，提高作业工效。提倡技术革新和推广新技术，提高技术装备水平和工厂化生产水平，提高企业的劳动生产率。

④ 实行弹性需求的劳务管理制度。对施工生产各环节上的业务骨干和基本的施工力量，要保持相对稳定。对短期需要的施工力量，要做好预测、计划管理，通过企业内部的劳务市场及外部协作队伍进行调剂。严格做到项目部的定员随工程进度要求及时进行调整，进行弹性管理。要打破行业、工种界限，提倡一专多能，提高劳动力的利用效率。

2）材料费的控制

材料费控制同样按照“量价分离”原则，控制材料用量和材料价格。

材料用量的控制：

① 定额控制。对于有消耗定额的材料，以消耗定额为依据，实行限额领料制度。

a. 限额领料的形式

按分项工程实行限额领料，就是按照分项工程进行限额领料，如钢筋绑扎、混凝土浇筑、砌筑、抹灰等，它是以施工班组为对象进行的限额领料；

按工程部位实行限额领料，就是按工程施工工序分为基础工程、结构工程和装饰工程，它是以施工专业队为对象进行的限额领料；

按单位工程实行限额领料，就是对一个单位工程从开工到竣工全过程的建设工程项目的用料实行的限额领料，它是以项目管理机构或分包单位为对象开展的限额领料。

b. 限额领料的依据

准确的工程量，是按工程施工图纸计算的正常施工条件下的数量，是计算限额领料量的基础；

现行的施工预算定额或企业内部消耗定额，是制定限额用量的标准；

施工组织设计，是计算和调整非实体性消耗材料的基础；

施工过程中发包人认可的变更洽商单，它是调整限额量的依据。

c. 限额领料的实施

确定限额领料的形式。施工前，根据工程的分包形式，与使用单位确定限额领料的形式。

签发限额领料单。根据双方确定的限额领料形式，根据有关部门编制的施工预算和施工组织设计，将所需材料数量汇总后编制材料限额数量，经双方确认后下发。

限额领料单的应用。限额领料单一式三份：一份交保管员作为控制发料的依据；一份交使用单位，作为领料的依据；一份由签发单位留存，作为考核的依据。

限额量的调整。在限额领料的执行过程中，会有许多因素影响材料的使用，如：工程量的变更、设计更改、环境因素等。限额领料的主管部门在限额领料的执行过程中要深入施工现场，了解用料情况，根据实际情况及时调整限额数量，以保证施工生产的顺利进行和限额领料制度的连续性、完整性。

限额领料的核算。根据限额领料形式，工程完工后，双方应及时办理结算手续，检查限额领料的执行情况，对用料情况进行分析，按双方约定的合同，对用料节超进行奖罚兑现。

② 指标控制。对于没有消耗定额的材料，则实行计划管理和按指标控制的办法。根据以往项目的实际耗用情况，结合具体施工项目的内容和要求，制定领用材料指标，以控制发料。超过指标的材料，必须经过一定的审批手续方可领用。

③ 计量控制。准确做好材料物资的收发计量检查和投料计量检查。

④ 包干控制。在材料使用过程中，对部分小型及零星材料（如钢钉、钢丝等）根据工程量计算出所需材料量，将其折算成费用，由作业者包干使用。

材料价格的控制：材料价格主要由材料采购部门控制。由于材料价格是由买价、运杂费、运输中的合理损耗等所组成，因此控制材料价格，主要是通过掌握市场信息，应用招标和询价等方式控制材料、设备的采购价格。施工项目的材料物资，包括构成工程实体的主要材料和结构件，以及有助于工程实体形成的周转使用材料和低值易耗品。从价值角度看，材料物资的价值约占建筑安装工程造价的 60% 甚至 70% 以上，因此，对材料价格的控制非常重要。由于材料物资的供应渠道和管理方式各不相同，所以控制的内容和所采取的控制方法也将有所不同。

（2）赢得值（挣值）法

1）赢得值法的三个基本参数

① 已完工作预算费用

已完工作预算费用为 *BCWP*（Budgeted Cost for Work Performed），是指在某一时间已经完成的工作（或部分工作），以批准认可的预算为标准所需要的资金总额，由于发包人正是根据这个值为承包人完成的工作量支付相应的费用，也就是承包人获得（挣得）的金额，故称赢得值或挣值。

已完工作预算费用（*BCWP*）＝已完成工作量 × 预算单价

② 计划工作预算费用

计划工作预算费用，简称 *BCWS*（Budgeted Cost for Work Scheduled），即根据进度计划，在某一时刻应当完成的工作（或部分工作），以预算为标准所需要的资金总额。一般来说，除非合同有变更外，*BCWS* 在工程实施过程中应保持不变。

计划工作预算费用（*BCWS*）＝计划工作量 × 预算单价

③ 已完工作实际费用

已完工作实际费用，简称 *ACWP*（Actual Cost for Work Performed），即到某一时刻为止，已完成的工作（或部分工作）所实际花费的总金额。

已完工作实际费用（*ACWP*）＝已完成工作量 × 实际单价

2）赢得值法的四个评价指标

费用偏差 *CV*（Cost Variance）：

费用偏差（*CV*）＝已完工作预算费用（*BCWP*）－已完工作实际费用（*ACWP*）。

当费用偏差 *CV* 为负值时，即表示项目运行超出预算费用；

当费用偏差 *CV* 为正值时，表示项目运行节支，实际费用没有超出预算费用。

进度偏差 *SV*（Schedule Variance）：

进度偏差（*SV*）＝已完工作预算费用（*BCWP*）－计划工作预算费用（*BCWS*）。

当进度偏差 SV 为负值时，表示进度延误，即实际进度落后于计划进度；

当进度偏差 SV 为正值时，表示进度提前，即实际进度快于计划进度。

费用绩效指数（CPI）：

费用绩效指数（CPI）＝已完工作预算费用（$BCWP$）/ 已完工作实际费用（$ACWP$）。

当费用绩效指数（CPI）＜1 时，表示超支，即实际费用高于预算费用；

当费用绩效指数（CPI）＞1 时，表示节支，即实际费用低于预算费用。

进度绩效指数（SPI）：

进度绩效指数（SPI）＝已完工作预算费用（$BCWP$）/ 计划工作预算费用（$BCWS$）。

当进度绩效指数（SPI）＜1 时，表示进度延误，即实际进度比计划进度慢；

当进度绩效指数（SPI）＞1 时，表示进度提前，即实际进度比计划进度快。

费用（进度）偏差仅适合于对同一项目作偏差分析。费用（进度）绩效指数反映的是相对偏差，它不受项目层次的限制，也不受项目实施时间的限制，因而在同一项目和不同项目比较中均可采用。在项目的费用、进度综合控制中引入赢得值法，可以克服过去进度、费用分开控制的缺点，即当发现费用超支时，很难立即知道是由于费用超出预算，还是由于进度提前。相反，当发现费用低于预算时，也很难立即知道是由于费用节省，还是由于进度拖延。而引入赢得值法即可定量地判断进度、费用的执行效果。

（3）偏差分析的表达方法：常用的有横道图法、表格法和曲线法

横道图法：用横道图法进行费用偏差分析，是用不同的横道标识已完工作预算费用（$BCWP$）、计划工作预算费用（$BCWS$）和已完工作实际费用（$ACWP$），横道的长度与其金额成正比例。横道图法具有形象、直观、一目了然等优点。但这种方法反映的信息量少，一般在项目的较高管理层应用。

表格法：表格法是进行偏差分析最常用的一种方法。它将项目编号、名称、各费用参数以及费用偏差数综合归纳入一张表格中，并且直接在表格中进行比较。由于各偏差参数都在表中列出，使得费用管理者能够综合地了解并处理这些数据。用表格法进行偏差分析具有如下优点：

① 灵活、适用性强。可根据实际需要设计表格，进行增减项。

② 信息量大。可以反映偏差分析所需的资料，从而有利于费用控制人员及时采取针对性措施，加强控制。

③ 表格处理可借助于计算机，从而节约大量数据处理所需的人力，并大大提高速度。曲线法：在项目实施过程中，以上三个参数可以形成三条曲线，即计划工作预算费用（*BCWS*）、已完工作预算费用（*BCWP*）、已完工作实际费用（*ACWP*）曲线，如图 5-9 所示。

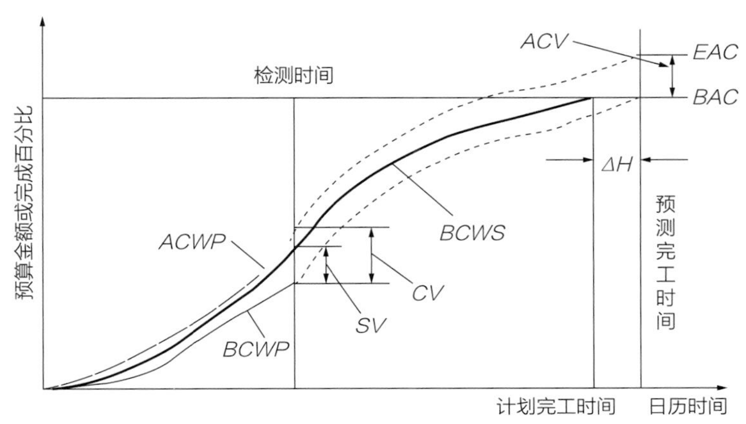

图 5-9 赢得值法评价曲线

图中 $CV = BCWP - ACWP$，由于两项参数均以已完工作为计算基准，所以两项参数之差，反映项目进展的费用偏差。

$SV = BCWP - BCWS$，由于两项参数均以预算值（计划值）作为计算基准，所以两者之差，反映项目进展的进度偏差。

BAC（Budget at Completion）——项目完工预算，指编计划时预计的项目完工费用。

EAC（Estimate at Completion）——预测的项目完工估算，指计划执行过程中根据当前的进度、费用偏差情况预测的项目完工总费用。

ACV（At Completion Variance）——预测的项目完工时的费用偏差。

$$ACV = BAC - EAC$$

采用赢得值法进行费用、进度综合控制，还可以根据当前的进度、费用偏差情况，通过原因分析，对趋势进行预测，预测项目结束时的进度、费用情况。

5.5.4 成本核算

施工成本核算包括两个基本环节：一是按照规定的成本开支范围对施工费用进行归集和分配，计算出施工费用的实际发生额；二是根据成本核算对象，采用适当的方法，计算出该施工项目的总成本和单位成本。

施工成本一般以单位工程为成本核算对象，形象进度、产值统计、实际成本归集三同步，即三者的取值范围应是一致的。形象进度表达的工程量、统计施工产值的工程量和实际成本归集所依据的工程量均应是相同的数值。对竣工工程的成本核算，应区分为竣工工程现场成本和竣工工程完全成本，分别由项目经理部和企业财务部门进行核算分析，其目的在于分别考核项目管理绩效和企业经营绩效。

成本核算的方法：施工项目成本核算的方法主要有表格核算法和会计核算法。

（1）表格核算法

表格核算法是通过对施工项目内部各环节进行成本核算，以此为基础，核算单位和各部门定期采集信息，按照有关规定填制一系列的表格，完成数据比较、考核和简单的核算，形成工程项目成本的核算体系，作为支撑工程项目成本核算的平台。这种核算的优点是简便易懂，方便操作，实用性较好；缺点是难以实现较为科学严密的审核制度，精度不高，覆盖面较小。

（2）会计核算法

会计核算法是建立在会计对工程项目进行全面核算的基础上，再利用收支全面核实和借贷记账法的综合特点，按照施工项目成本的收支范围和内容，进行施工项目成本核算。不仅核算工程项目施工的直接成本，而且还要核算工程项目在施工过程中出现的债权债务，为施工生产而自购的工具、器具摊销，向发包单位的报量和收款，分包完成和分包付款等。这种核算方法的优点是科学严密，人为控制的因素较小，而且核算的覆盖面较大；缺点是对核算工作人员的专业水平和工作经验都要求较高。项目财务部门一般采用此种方法。

（3）两种核算方法的综合使用

因为表格核算具有操作简单和表格格式自由等特点，因而对工程项目内各岗位成本的责任核算比较实用。施工单位除对整个企业的生产经营进行会计核算外，还应在工程项目上设成本会计，进行工程项目成本核算，以减少数据的传递，提高数据的及时性，便于与表格核算的数据接口。总的来说，用表格核算法进行工程项目施工各岗位成本的责任核算和控制，用会计核算法进行工程项目成本核算，两者互补，相得益彰，确保工程项目成本核算工作的开展。

5.5.5 成本分析

施工成本分析是在施工成本核算的基础上，对成本的形象过程和影响成本升降的因素进行分析，以寻求进一步降低成本的途径，包括有利偏差的挖掘和不利偏差的纠正。施工成本分析贯穿于施工成本管理的全过程，尤其是在成本的形成过程中。

成本分析的基本方法包括比较法、因素分析法、差额计算法、比率法等。

（1）比较法

比较法又称“指标对比分析法”，是指对比技术经济指标，检查目标的完成情况，分析产生差异的原因，进而挖掘降低成本的方法。这种方法通俗易懂、简单易行、便于掌握，因而得到了广泛的应用，但在应用时必须注意各技术经济指标的可比性。比较法的应用通常有以下形式：

1）将实际指标与目标指标对比

以此检查目标完成情况，分析影响目标完成的积极因素和消极因素，以便及时采取措施，保证成本目标的实现。在进行实际指标与目标指标对比时，还应注意目标本身有无问题，如果目标本身出现问题，则应调整目标，重新评价实际工作。

2）本期实际指标与上期实际指标对比

通过本期实际指标与上期实际指标对比，可以看出各项技术经济指标的变动情况，反映施工管理水平的提高程度。

3）与本行业平均水平、先进水平对比

通过这种对比，可以反映本项目的技术和经济管理水平与行业的平均及先进水平的差距，进而采取措施提高本项目管理水平。

（2）因素分析法

因素分析法又称连环置换法，可用来分析各种因素对成本的影响程度。在进行分析时，假定众多因素中的一个因素发生了变化，而其他因素则不变，然后逐个替换，分别比较其计算结果，以确定各个因素的变化对成本的影响程度。因素分析法的计算步骤如下：

1）确定分析对象，计算实际与目标数的差异。

2）确定该指标是由哪几个因素组成的，并按其相互关系进行排序（排序规则是：先实物量，后价值量；先绝对值，后相对值）。

3）以目标数为基础，将各因素的目标数相乘，作为分析替代的基数。

4）将各个因素的实际数按照已确定的排列顺序进行替换计算，并将替换后的实际数保留下来。

5）将每次替换计算所得的结果，与前一次的计算结果相比较，两者的差异即为该因素对成本的影响程度。

6）各个因素的影响程度之和，应与分析对象的总差异相等。

（3）差额计算法

差额计算法是因素分析法的一种简化形式，它利用各个因素的目标值与实际值的差额来计算其对成本的影响程度。

成本偏差的控制，分析是关键，纠偏是核心，要针对分析得出的偏差发生原因，采取切实措施，加以纠正。成本偏差分为局部成本偏差和累计成本偏差。

（4）比率法

比率法是指用两个以上的指标的比例进行分析的方法。它的基本特点是：先把对比分析的数值变成相对数，再观察其相互之间的关系。常用的比率法有以下几种：

1）相关比率法

由于项目经济活动的各个方面是相互联系、相互依存、相互影响的，因而可以将两个性质不同且相关的指标加以对比，求出比率，并以此来考察经营成果的好坏。例如：产值和工资是两个不同的概念，但他们是投入与产出的关系。在一般情况下，都希望以最少的工资支出完成最大的产值。因此，用产值工资率指标来考核人工费的支出水平，可以很好地分析人工成本。

2）构成比率法

又称比重分析法或结构对比分析法。通过构成比率，可以考察成本总量的构成情况及各成本项目占总成本的比重，同时也可看出预算成本、实际成本和降低成本的比例关系，从而寻求降低成本的途径。

3）动态比率法

动态比率法是将同类指标不同时期的数值进行对比，求出比率，以分析该项指标的发展方向和发展速度。动态比率的计算，通常采用基期指数和环比指数两种方法。

5.5.6 成本考核

施工成本考核是指在施工项目完成后，对施工项目成本形成中的各责任者，按施工项目成本目标责任制的有关规定，将成本的实际指标与计划、定额、预算进行对比和考核，评定施工项目成本计划的完成情况和各责任者的业绩，并以此给予相应的奖励和处罚。施工成本考核是衡量成本降低的实际成果，也是对成本指标完成情况的总结和评价。成本考核也可分别考核组织管理层和项目经理部。施工成本管理的每一个环节都是相互联系和相互作用的。成本预测是成本决策的前提，成本计划是成本决策所确定目标的具体化。

公司应以项目成本降低额、项目成本降低率作为对项目管理机构成本考核主要指标。要加强公司层对项目管理机构的指导，并充分依靠管理人员、技术人员和作业人员的经验和智慧，防止项目管理在企业内部异化为靠少数人承担风险的以包代管模式。成本考核也可分别考核公司层和项目管理机构。

公司应对项目管理机构的成本和效益进行全面评价、考核与奖惩。公司层对项目管理机构进行考核与奖惩时，既要防止虚盈实亏，也要避免实际成本归集差错等的影响，使成本考核真正做到公平、公正、公开，在此基础上落实成本管理责任制的奖惩措施。项目管理机构应根据成本考核结果对相关人员进行奖惩。

5.6　工程项目合同管理

5.6.1　建设工程施工招标与投标

1. 施工招标

招标人已经依法成立；初步设计及概算应当履行审批手续的，已经批准；招标范围、招标方式和招标组织形式等应当履行核准手续的，已经核准；有相应资金或资金来源已经落实；有招标所需的设计图纸及技术资料。

（1）招标投标的项目确定

从理论上讲，在市场经济条件下，建设工程项目是否采用招标的方式确定承包人，业主有着完全的决定权；采用何种方式进行招标，业主也有着完全的决定权。但是为了保证公共利益，各国的法律都规定了有政府资金投资的公共项目（包括部分投资的项目或全部投资的项目）、涉及公共利益的其他资金投资项目、投资额在一定额度之上时，要采用招标的方式进行采购。对此我国也有详细的规定。

按照我国的《招标投标法》，以下项目宜采用招标的方式确定承包人：① 大型基础设施、公用事业等关系社会公共利益、公众安全的项目；② 全部或者部分使用国有资金投资或者国家融资的项目；③ 使用国际组织或者外国政府资金的项目。

（2）招标方式的确定

1）公开招标

公开招标亦称无限竞争招标，招标人在公共媒体上发布招标公告，提出招标项目和要求，符合条件的一切法人或者组织都可以参加投标竞争，都有同等的竞争机会。

公开招标的优点是招标人有较大的选择范围，可在众多的投标人中选择报价合理、工期较短、技术可靠、资信良好的中标人。但是公开招标的资格审查和评标的工作量比较大，耗时长、费用高。

2）邀请招标

邀请招标亦称有限竞争性招标，招标人事先经过考察和筛选，将投标邀请书发给某些特定的法人或者组织，邀请其参加投标。对于有些特殊项目，采用邀请招标方式确有更加有利。根据我国有关规定，有下列情形之一的，经批准可进行邀请招标：项目技术复杂或者有特殊要求，只有少量几家潜在投标人可供选择的；受自然地域环境限制的；涉及国家安全、国家秘密或者抢险救灾，适宜招标但不宜公开招标的；拟公开招标的费用与项目的价值相比，不值得的；法律、法规规定不宜公开招标的。

（3）自行招标与委托招标

工程招标代理机构资质已经于 2017 年 12 月 28 日起取消，工程招标代理机构可以跨省、自治区、直辖市承担工程招标代理业务。

（4）招标信息的发布与修正

1）招标信息的发布

招标公告应当载明招标人的名称和地址；招标项目的性质、数量、实施地点和时间；投标截止日期以及获取招标文件的办法等事项。自招标文件或者资格预审文件出售之日起至停止出售之日止，最短不得少于 5 个工作日。投标人必须自费购买相关招标或资格预审文件。招标人发售资格预审文件、招标文件收取的费用应当限于补偿印刷、邮寄的成本支出，不得以营利为目的。对于所附的设计文件，招标人可以向投标人酌收押金；对于开标后投标人退还设计文件的，招标人应当向投标人退还押金。招标文件或者资格预审文件售出后，不予退还。

2）招标信息的修正

如果招标人在招标文件已经发布之后，风险有问题需要进一步澄清或修改，必须依据以下原则进行：① 时限：招标人对已发出的招标文件进行必要的澄清或者修改，应当在招标文件要求提交投标文件截止时间至少 15 日前发出；② 形式：所有澄清文件必须以书面形式进行；③ 全面：所澄清文件必须直接通知所有招标文件收受人。

由于修正与澄清文件是对于原招标文件的进一步补充或说明，因此该澄清或者修改的内容应为招标文件的有效组成部分。

（5）资格预审

招标人可以根据招标项目本身的特点和要求，要求投标申请人提供有关资质、业绩和能力等的证明，并对投标申请人进行资格审查。资格审查分为资格预审和资格后审。对于任何一个投标意向者问题的答复，均要求同时通知所有购买资格预审文件的投标意向者。

通过资格预审可以使招标人了解潜在投标人的资信情况，包括财务状况、技术能力以及以往从事类似工程的施工经验，从而选择优秀的潜在投标人参加投标，降低将合同授予不合格的投标人的风险。通过资格预审，可以淘汰不合格的潜在投标人，从而有效地控制投标人的数量，减少多余的投标，进而减少评审阶段的工作时间，减少评审费用，也为不合格的潜在投标人节约投标的无效成本。通过资格预审，招标人可以了解潜在投标人对项目投标的兴趣，如果潜在投标人的兴趣大大低于招标人的预期，招标人可以修改招标条款，以吸引更多的投标人参加竞争。

（6）标前会议

标前会议也称为投标预备会或招标文件交底会，是招标人按投标须知规定的时间和地点召开的会议。对招标文件中的某些内容加以修改和补充说明，以及对投标人书面提出的问题和即席会议上提出的问题给予解答，会议结束后，招标人应将会议纪要用书面通知的形式发给每一个投标人。无论是会议纪要还是对个别投标人的问题的解答，都应以书面形式发给每一个获得投标文件的投标人，以保证招标的公平和公正。但对问题的答复不需要说明问题来源。会议纪要和答复函件形成招标文件的补充文件，都是招标文件的有效组成部分，与招标文件具有同等法律效力。当补充文件与招标文件内容不一致时，以补充文件为准。

（7）评标

评标分为评标准备、初步评审、详细评审、编写评标报告等过程。详细评审是评标的核心，是对标书进行实质性审查，包括技术评审（技术）和商务评审（价格）。评标方法可以采用评议法、综合评分法或评标价法等，可根据不同的招标内容选择确定相应的方法。评标结束应该推荐中标候选人。评标委员会推荐的中标候选人应当限定在 1 至 3 人，并标明排列顺序。

2. 施工投标

（1）研究招标文件

投标单位取得投标资格，获得招标文件之后的首要工作就是认真仔细地研究招标文件，充分了解其内容和要求，以便有针对性地安排投标工作。

研究招标文件的重点应放在投标者须知、合同条款、设计图纸、工程范围及工程量表上，还要研究技术规范要求，看是否有特殊的要求。

投标人应该重点注意招标文件中的以下几个方面问题：

1）投标人须知：投标人须知是招标人向投标人传递基础信息的文件，包括工程概况、招标内容、招标文件的组成、投标文件的组成、报价的原则、招标投标时间安排等关键的信息。首先，投标人需要注意招标工程的详细内容和范围，避免遗漏或多报。其次，还要特别注意投标文件的组成，避免因提供的资料不全而被作为废标处理。最后还要注意招标答疑时间、投标截止时间等重要时间安排，避免因遗忘或迟到等原因而失去竞争机会。

2）投标书附录与合同条件：这是招标文件的重要组成部分，其中可能标明了招标人的特殊要求，即投标人在中标后应享受的权利、所要承担的义务和责任等，投标人在报价时需要考虑这些因素。

3）技术说明：要研究招标文件中的施工技术说明，熟悉所采用的技术规范，了解技术说明中有无特殊施工技术要求和有无特殊材料设备要求，以及有关选择代用材料、设备的规定，以便根据相应的定额和市场确定价格，计算有特殊要求项目的报价。

4）永久性工程之外的报价补充文件：永久性工程是指合同的标的物——建设工程项目及其附属设施，但是为了保证工程建设的顺利进行，不同的业主还会对承包商提出额外的要求，这些可能包括：对旧有建筑物和设施的拆除，工程师的现场办公室及其各项开支，模型、广告、工程照片和会议费用等。如果有的话，则需要将其列入工程总价中去，并弄清所有纳入工程总报价的费用方式，以免产生遗漏从而导致损失。

（2）进行各项调查研究

在研究招标文件的同时，投标人需要开展详细的调查研究，即对招标工程的自然、经济和社会条件进行调查，这些都是工程施工的制约因素，必然会影响到工程成本，是投标报价所必须考虑的，所以在报价前必须了解清楚。

1）市场宏观经济环境调查应调查工程所在地的经济形势和经济状况，包括与投标工程实施有关的法律法规、劳动力与材料的供应状况、设备市场的租赁状况、专业施工公司的经营状况与价格水平等。

2）工程现场考察和工程所在地区的环境考察。要认真地考察施工现场，认真调查具体工程所在地区的环境，包括一般自然条件、施工条件及环境，如地质地貌、气候、交通、水电等的供应和其他资源情况等。

3）工程业主方和竞争对手公司的调查业主，咨询工程师的情况，尤其是业主的项目资金落实情况、参加竞争的其他公司与工程所在地的工程公司的情况，与其他承包商或分包商的关系。参加现场踏勘与标前会议，可以获得更充分的信息。

（3）复核工程量

有的招标文件中提供了工程量清单，尽管如此，投标者还是需要进行复核，因为这直接影响到投标报价以及中标的机会。例如，当投标人大体上确定了工程总报价以后，可适当采用报价技巧（如不平衡报价法），对某些工程量可能增加的项目提高报价，而对某些工程量可能减少的可以降低报价。

对于单价合同，尽管是以实测工程量结算工程款，但投标人仍应根据图纸仔细核算工程量，当发现相差较大时，投标人应向招标人要求澄清。

对于总价固定合同，要特别引起重视。工程估算的错误可能带来无法弥补的经济损失，因为总价合同是以总报价为基础进行结算的，如果工程量出现差异，可能对施工方极为不利。

对于总价合同，如果业主在投标前对争议工程量不予更正，而且是对投标者不利的情况，投标者在投标时要附上声明：工程量表中某项工程量有错误，施工结算应按实际完成量计算。承包商在核算工程量时，还要结合招标文件中的技术规范弄清工程量中每一细目的具体内容，避免出现在计算单位、工程量或价格方面的错误与遗漏。

（4）选择施工方案

施工方案是报价的基础和前提，也是招标人评标时要考虑的重要因素之一。有什么样的方案，就有什么样的人工、机械与材料消耗，就会有相应的报价。因此，必须弄清分项工程的内容、工程量、所包含的相关工作，工程进度计划的各项要求、机械设备状态、劳动与组织状况等关键环节，据此制定施工方案。施工方案应由投标人的技术负责人主持制定，主要应考虑施工方法、主要施工机具的配置、各工种劳动力的安排及现场施工人员的平衡、施工进度及分批竣工的安排、安全措施等。施工方案的制定应在技术、工期和质量保证等方面对招标人有吸引力，同时又有利于降低施工成本。

（5）投标计算

投标计算是投标人对招标工程施工所要发生的各种费用的计算。在进行投标计算时，必须首先根据招标文件复核或计算工程量。作为投标计算的必要条件，应预先确定施工方案和施工进度。此外，投标计算还必须与采用的合同计价形式相协调。

（6）确定投标策略

正确的投标策略对提高中标率并获得较高的利润有重要作用。常用的投标策略以信誉取胜、以低价取胜、以缩短工期取胜、以改进设计取胜或者以先进或特殊的施工方案取胜等。不同的投标策略要在不同投标阶段的工作（如制定施工方案、投标计算等）中体现和贯彻。

（7）正式投标

投标人按照招标人的要求完成标书的准备与填报之后，就可以向招标人正式提交投标文件。在投标时需要注意以下几方面：

1）注意投标的截止日期

招标人所规定的投标截止日就是提交标书最后的期限。投标人在投标截止日之前所提交的投标文件是有效的，超过该日期之后就被视为无效投标。在招标文件要求提交投标文件的截止时间后送达的投标文件，招标人应予以拒收。

2）投标文件的完备性

投标人应当按照招标文件的要求编制投标文件。投标文件应当对招标文件提出的实质性要求和条件作出响应。投标不完备或投标没有达到招标人的要求，在招标范围以外提出新的要求，均被视为对于招标文件的否定。不会被招标人所接受。投标人必须为自己所投出的标负责，如果中标，必须按照投标文件中所阐述的方案来完成工程，其中包括质量标准、工期与进度计划、报价限额等基本指标以及招标人所提出的其他要求。

3）注意标书的标准

标书的提交有固定的要求，基本内容是：签章，密封。如果不密封或密封不满足要求，投标是无效的，投标书还需要按照要求签章，投标书需要盖有投标企业公章以及企业法定代表人的名章（或签字）。如果项目所在地与企业距离较远，由当地项目经理部组织投标，需要提交企业法定代表人对投标项目经理的授权委托书。

4）注意投标的担保

通常投标需要提交投标担保，主要有投标保证金和投标保函。

3. 合同谈判与签约

（1）合同订立的程序

与其他合同的订立程序相同，建设工程合同的订立也要采取要约和承诺方式。根据《招标投标法》对招标、投标的规定，招标、投标、中标的过程实质就是要约、承诺的一种具体方式。招标人通过媒体发布招标公告，或向符合条件的投标人发出招标文件，为要约邀请；投标人根据招标文件内容在约定的期限内向招标人提交投标文件，为要约；招标人通过评标确定中标人，发出中标通知书，为承诺；招标人和中标人按照中标通知书、招标文件和中标人的投标文件等订立书面合同时，合同成立并生效。建设工程施工合同的订立往往要经历一个较长的过程。在确定中标人并发出中标通知书后，双方即可就建设工程施工合同的具体内容和有关条款展开谈判，直到最终签订合同。

（2）建设工程施工承包合同谈判的主要内容

1）关于工程内容和范围的确认

招标人和中标人可就招标文件中的某些具体工程内容进行讨论、修改、确定或细化，从而确定工程承包的具体内容和范围。在谈判中双方达成一致的内容，包括在谈判讨论中经双方确认的工程内容和范围方面的修改或调整，应以文字方式确定下来，并以“合同补遗”或“会议纪要”方式作为合同附件，并明确它是构成合同的一部分。对于为监理工程师提供的建筑物、家具、车辆以及各项服务，也应逐项详细地予以明确。

2）关于技术要求、技术规范和施工技术方案

双方尚可对技术要求。技术规范和施工技术方案等进行进一步讨论和确认，必要的情况下甚至可以变更技术要求和施工方案。

3）关于合同价格条款。

依据计价方式的不同，建设工程施工合同可以分为总价合同、单价合同和成本

加酬金合同。一般在招标文件中就会规定合同将采用什么计价方式，在合同谈判阶段往往没有讨论的余地，但在可能的情况下，在谈判过程中仍然可以提出降低风险的改进方案。

4）关于价格调整条款

对于工期较长的建设工程，容易受到货币贬值或通货膨胀等因素影响。可能给承包人造成较大损失。价格调整条款可以比较公正地解决这一承包人无法控制的风险损失。无论是单价合同还是总价合同，都可以确定价格调整条款，即是否调整以及如何调整等。可以说，合同计价方式以及价格调整方式共同确定了工程承包合同的实际价格，直接影响承包人的经济利益。

5）关于合同款支付方式的条款

建设工程施工合同的付款分四个阶段进行，即预付款、工程进度款、最终付款和退还质量保证金。关于支付时间、支付方式、支付条件和支付审批程序等有很多种可能的选择，并且可能对承包人的成本、进度等产生比较大的影响，因此，合同支付方式的有关条款是谈判的重要方面。

6）关于工期和维修期

中标人与招标人可根据招标文件中要求的工期，或者根据投标人在投标文件中承诺的工期，并考虑工程范围和工程量的变动而产生的影响来商定一个确定的工期。同时，还要确定开工日期、竣工日期等。双方可根据各自的项目准备情况、季节和施工环境因素等条件洽商适当的开工时间。

7）合同条件中其他特殊条款的完善

主要包括：关于合同图纸；关于违约罚金和工期提前奖金；工程量验收以及衔接工序和隐蔽工程施工的验收程序；关于施工占地；关于向承包人移交施工现场和基础资料；关于工程交付；预付款保函的自动减额条款等。

（3）合同最后文本的确定和签订

1）合同风险评估

在签订合同之前，承包人应对合同的合法性、完备性、合同双方的责任与权益以及合同风险进行评审、认定和评价。

2）合同文件内容

建设工程施工承包合同文件构成：合同协议书；工程量及价格；合同条件，包括合同一般条件和合同特殊条件；投标文件；合同技术条件（含图纸）；中标通知书；双方代表共同签署的合同补遗（有时也以合同谈判会议纪要形式）；招标文件；

其他双方认为应该作为合同组成部分的文件，如：投标阶段业主要求投标人澄清问题的函件和承包人所做的文字答复，双方往来函件等对所有在招标投标及谈判前后各方发出的文件、文字说明、解释性资料进行清理。对凡是与上述合同构成内容有矛盾的文件，应宣布作废。可以在双方签署的《合同补遗》中，对此作出排除性质的声明。

3）关于合同协议的补遗

在合同谈判阶段双方谈判的结果一般以《合同补遗》的形式，有时也可以以《合同谈判纪要》形式，形成书面文件。同时应该注意的是，建设工程施工承包合同必须遵守法律。对于违反法律的条款，即使合同双方达成协议并签了字，也不受法律保障。

4）签订合同

双方在合同谈判结束后，应按上述内容和形式形成一个完整的合同文本草案，经双方代表认可后形成正式文件。双方核对无误后，由双方代表草签，至此合同谈判阶段即告结束。此时，承包人应及时准备正式签约承包合同。

5.6.2　建设工程合同的内容

1. 施工承包合同

建设工程施工合同有施工总承包合同和施工分包合同之分。施工总承包合同的发包人是建设工程的建设单位或取得建设工程总承包资格的工程总承包单位，在合同中一般称为业主或发包人。施工总承包合同的承包人是承包单位，在合同中一般称为承包人。施工分包合同又有专业工程分包合同和劳务作业分包合同之分。分包合同的发包人一般是取得施工总承包合同的承包单位，在分包合同中一般仍沿用施工总承包合同中的名称，即仍称为承包人。而分包合同的承包人一般是专业化的专业工程施工单位或劳务作业单位，在分包合同中一般称为分包人或劳务分包人。在国际工程合同中，业主可以根据施工承包合同的约定，选择某个单位作为指定分包人，指定分包人应与承包人签订分包合同，接受承包人的管理和协调。

（1）各种施工合同示范文本一般都由 3 部分组成：协议书、通用条款、专用条款。

（2）构成施工合同文件的组成部分，除了协议书、通用条款和专用条款以外应该包括：中标通知书、投标书及其附件、有关的标准、规范及技术文件、图纸清单、工程报价单和预算书等。

（3）作为施工合同文件组成部分的上述各个文件，其优先顺序是不同的，解释合同文件优先顺序的规定一般在合同通用条款内，可以根据项目的具体情况在专用条款内进行调整。原则上应把文件签署日期在后的和内容重要的排在前面，即更加优先。以下是合同通用条款规定的优先顺序：协议书（包括补充协议）；中标通知书；投标书及其附件；专用合同条款；通用合同条款；有关的标准、规范及技术文件；图纸；工程量清单；工程报价单或预算书等。

（4）各种施工合同示范文本的内容一般包括：

1）词语定义与解释。

2）合同双方的一般权利和义务，包括代表业主利益进行监督管理的监理人员权利和职责。

3）工程施工的进度控制。

4）工程施工的质量控制。

5）工程施工的费用控制。

6）施工合同的监督与管理。

7）工程施工的信息管理。

8）工程施工的组织与协调。

9）施工安全管理与风险管理等。

（5）其他内容还包括：主要的词语定义与解释；发包方的责任与义务；承包人的一般义务；进度控制的主要条款内容；质量控制的主要条款内容；费用控制的主要条款内容等。

2. 物资采购合同

工程建设过程中的物资包括建筑材料（含构配件）和设备等。材料和设备的供应一般需要经过订货、生产（加工）、运输、储存、使用（安装）等各个环节，经历一个非常复杂的过程。物资采购合同分建筑材料采购合同和设备采购合同，其合同当事人为供货方和采购方。供货方一般为物资供应单位或建筑材料和设备的生产厂家，采购方为建设单位（业主）、工程总承包单位或施工承包单位。供货方应对其生产或供应的产品质量负责，而采购方则应根据合同的规定进行验收。

3. 施工专业分包合同

专业工程分包，是指施工总承包单位将其所承包工程中的专业工程发包给具有相应资质的其他建筑业企业完成的活动。针对各种工程中普遍存在专业工程分包的实际情况，为了规范管理，减少或避免纠纷，建设部和国家工商行政管理总局于2003年发布了《建设工程施工专业分包合同（示范文本）》GF-2003-0213和《建设工程施工劳务分包合同（示范文本）》GF-2003-0214。

专业工程分包合同示范文本的结构、主要条款和内容与施工承包合同相似，包括词语定义与解释，双方的一般权利和义务，分包工程的施工进度控制、质量控制、费用控制，分包合同的监督与管理，信息管理，组织与协调，施工安全管理与风险管理等。分包合同内容的特点是，既要保持与主合同条件中相关分包工程部分的规定的一致性，又要区分负责实施分包工程的当事人变更后的两个合同之间的差异。分包合同所采用的语言文字和适用的法律、行政法规及工程建设标准一般应与主合同相同。

4. 施工劳务分包合同

劳务作业分包是指施工承包单位或者专业分包单位（均可作为劳务作业的发包人）将其承包工程中的劳务作业发包给劳务分包单位（即劳务作业承包人）完成的活动。

5. 工程总承包合同

建设项目工程总承包与施工承包的最大不同之处在于承包商要负责全部或部分的设计，并负责物资设备的采购。因此，在建设工程工程总承包合同条款中，要重点关注以下几个方面的内容。

（1）工程总承包的任务

工程总承包的任务应该明确规定。从时间范围上，一般可包括从工程立项到交付使用的工程建设全过程，具体可包括：勘察设计、设备采购、施工、试车（或交付使用）等内容。从具体的工程承包范围看，可包括所有的主体和附属工程、工艺、设备等。

（2）开展工程总承包的依据

合同中应该将业主对工程项目的各种要求描述清楚，承包商可以据此开展设计、采购和施工，开展工程总承包的依据可能包括以下几个方面：① 业主的功能要求。② 业主提供的部分设计图纸。③ 业主自行采购设备清单及采购界面。④ 业主采用的工程技术标准和各种工程技术要求。⑤ 工程所在地有关工程建设的国家标准、地方标准或者行业标准。

（3）合同其他内容

合同内容还应包括工程总承包单位的义务和权利、发包人的义务和权利、进度计划、技术与设计、工程物资、施工等全方面信息。

6. 工程监理合同

工程监理合同文件由协议书、中标通知书（适用于招标工程）或委托书（适用于非招标工程）、投标文件（适用于招标工程）或监理与相关服务建议书（适用于非招标工程）、专用条件、通用条件、附录（附录 A：相关服务的范围和内容；附录 B：委托人派遣的人员和提供的房屋、资料、设备）组成。合同签订后实施过程中双方依法签订的补充协议也是合同文件的组成部分。

7. 工程咨询合同

咨询是为客户或委托人提供适当建议或解决办法。根据客户或委托人的需求，咨询的内容可能涉及社会生活的各个方面，大到政治、经济、军事、外交、科学技术等重大问题的研究与解决，小到个人的医疗保健、就业、纳税、购置产业、电气设备等。20 世纪 50 年代以来，咨询行业在建筑业得到迅速发展，目前已经达到相当发达的程度。工程咨询业作为一个独立的行业，其服务范围通常包括投资机会咨询、规划、选址、可行性研究咨询、环境影响评价、安全评价、节能评价、融资咨询、招标投标咨询、工程勘察、工程设计、造价咨询、项目管理咨询、材料设备采购咨询、施工监理咨询、生产准备咨询、后评价咨询等，涵盖工程建设的全过程。许多国家都成立了咨询工程师联合会或协会。国际咨询工程师联合会（FIDIC）成立于 1913 年，目前是最有影响的咨询联合组织之一。这些组织编辑发表了许多合同或协议书条件以及其他出版物，并不断修改和完善，对推动工程咨询业的发展起到了重要作用。

5.6.3 合同计价方式

建设工程施工承包合同的计价方式主要有三种：总价合同、单价合同和成本补偿合同。

1. 单价合同

当施工发包的工程内容和工程量一时尚不能十分明确、具体地予以规定时，则可以采用单价合同形式，即根据计划工程内容和估算工程量，在合同中确定每项工程内容的单位价格，实际支付时则根据每一个子项的实际完成工程量乘以该子项的合同单价计算该项工作的应付工程款。

单价合同的特点是单价优先，例如 FIDIC 合同中，业主给出的工程量清单表中的数字是参考数字，而实际工程款则按实际完成的工程量和合同中确定的单价计算。虽然在投标报价、评标以及签订的合同中，人们常常注重总价格，但在工程款结算中单价优先，对于投标书中明显的数字计算错误，业主有权先做修改再评标，当总价和单价计算结果不一致时，以单价为准调整总价。

由于单价合同允许随工程量变化而调整工程总价，业主和承包商都不存在工程量方面的风险，因此对合同双方都比较公平。另外，在招标前，发包单位无须对工程范围作出完整的、详尽的规定，从而可以缩短招标准备时间，投标人也只需对所列工程内容报出自己的单价，从而缩短投标时间。

采用单价合同对业主的不足之处是，业主需要安排专门力量来核实已经完成的工程量，需要在施工过程中花费不少精力，协调工作量大。

单价合同又分为固定单价合同和变动单价合同。

固定单价合同条件下，无论发生哪些影响价格的因素都不对单价进行调整，因而对承包商而言就存在一定的风险。当采用变动单价合同时，合同双方可以约定一个估计的工程量，当实际工程量发生较大变化时可以对单价进行调整，同时还应该约定如何对单价进行调整；当然也可以约定，当通货膨胀达到一定水平或者国家政策发生变化时，可以对哪些工程内容的单价进行调整以及如何调整等。因此，承包商的风险就相对较小。

固定单价合同适用于工期较短、工程量变化幅度不会太大的项目。在工程实践中，采用单价合同有时也会根据估算的工程量计算一个初步的合同总价，作为投标报价和签订合同之用。但是，当上述初步的合同总价与各项单价乘以实际完成的工程量之和发生矛盾时，则肯定以后者为准，即单价优先。实际工程款的支付也将以实际完成工程量乘以合同单价进行计算。

2. 总价合同

所谓总价合同（Lump Sum Contract），是指根据合同规定的工程施工内容和有关条件，业主应付给承包商的款额是一个规定的金额，即确定的总价。总价合同也称作总价包干合同，即根据施工招标时的要求和条件，当施工内容和有关条件不发生变化时，业主付给承包商的价款总额就不发生变化。

总价合同又分为固定总价合同和变动总价合同两种。

（1）固定总价合同的价格计算是以图纸及规定、规范为基础，工程任务和内容明确，业主的要求和条件清楚，合同总价一次包死，固定不变，即不再因为环境的变化和工程量的增减而变化。在这类合同中，承包商承担了全部的工作量和价格的风险。因此，承包商在报价时应对一切费用的价格变动因素以及不可预见因素都做充分的估计，并将其包含在合同价格之中。当然，在固定总价合同中还可以约定，在发生重大工程变更、累计工程变更超过一定幅度或者其他特殊条件下可以对合同价格进行调整。承包商的风险主要有两方面：一是价格风险，二是工作量风险。价格风险有报价计算错误、漏报项目、物价和人工费用上涨等；工作量风险有工程量计算错误、工程范围不确定、工程变更或者由于设计深度不够所造成的工程量不准等。

固定总价合同适用于以下情况：工程量小，工期短，估计在施工过程中环境因素变化小，工程条件稳定并合理；工程设计详细，图纸完整、清楚，工程任务和范围明确；工程结构和技术简单，风险小；投标期相对宽裕，承包商可以有充足的时间详细考察现场、复核工程量，分析招标文件，拟订施工计划。

（2）变动总价合同又称为可调总价合同，合同价格是以图纸及规定、规范为基础，按照时价（Current Price）进行计算，得到包括全部工程任务和内容的暂定合同价格。它是一种相对固定的价格，在合同执行过程中，由于通货膨胀等原因而使所使用的工料成本增加时，可以按照合同约定对合同总价进行相应的调整。当然，一般由于设计变更、工程量变化和其他工程条件变化所引起的费用变化也可以进行调整。因此，通货膨胀等不可预见因素的风险由业主承担，对承包商而言，其风险相对较小，但对业主而言，不利于其进行投资控制，突破投资的风险就增大了。

变动总价合同，在以下条件下可对合同价款进行调整：法律、行政法规和国家有关政策变化影响合同价款；工程造价管理部门公布的价格调整；一周内非承包人原因停水、停电、停气造成的停工累计超过 8 小时；双方约定的其他因素。

总价合同的特点：发包单位可以在报价竞争状态下确定项目的总造价，可以较早确定或者预测工程成本；业主的风险较小，承包人将承担较多的风险；评标时易于迅速确定最低报价的投标人；在施工进度上能极大地调动承包人的积极性；发包单位能更容易、更有把握地对项目进行控制；必须完整而明确地规定承包人的工作；必须将设计和施工方面的变化控制在最小限度内。

3. 成本加酬金合同

成本加酬金合同也称为成本补偿合同，这是与固定总价合同正好相反的合同，工程施工的最终合同价格将按照工程的实际成本再加上一定的酬金进行计算。在合同签订时，工程实际成本往往不能确定，只能确定酬金的取值比例或者计算原则。

采用这种合同，承包商不承担任何价格变化或工程量变化的风险，这些风险主要由业主承担，对业主的投资控制很不利。而承包商则往往缺乏控制成本的积极性，常常不仅不愿意控制成本，甚至还会期望提高成本以提高自己的经济效益，因此这种合同容易被那些不道德或不称职的承包商滥用，从而损害工程的整体效益。所以，应该尽量避免采用这种合同。

成本加酬金合同的特点和适用条件：成本加酬金合同通常用于如下情况：① 工程特别复杂，工程技术、结构方案不能预先确定，或者尽管可以确定工程技术和结构方案，但是不可能进行竞争性的招标活动并以总价合同或单价合同的形式确定承包商，如研究开发性质的工程项目；② 时间特别紧迫，如抢险、救灾工程，来不及进行详细计划和商谈。

成本加酬金合同的形式，主要如下：① 成本加固定费用合同；② 成本加固定比例费用合同；③ 成本加奖金合同；④ 最大成本加费用合同。

成本加酬金合同的应用：当实行施工总包管理模式或 CM 模式时，业主与施工总承包管理单位或 CM 单位的合同一般采用成本加酬金合同。

在施工承包合同中采用成本加酬金计价方式时，业主与承包商应该注意以下问题：

（1）必须有一个明确如何向承包商支付酬金的条款，包括支付时间和金额百分比。如果发生变更和其他变化，酬金支付如何调整。

（2）应该列出工程费用清单，要规定一套详细的工程现场有关的数据记录、信息存储甚至记账的格式和方法，以便对工地实际发生的人工、机械和材料消耗等数据认真而及时地记录。应该保留有关工程实际成本的发票或付款的账单、表明款额已经支付的记录或证明等，以便业主进行审核和结算。

5.6.4 建设工程施工合同风险管理、工程保险和工程担保

1. 施工合同风险管理

建设工程的特点决定了工程实施过程中技术、经济、环境、合同订立和履行等方面诸多风险因素的存在。由于我国目前建筑市场尚不成熟，主体行为不规范的现象在一定范围内仍存在，在工程实施过程中还存在着许多不确定的因素，建筑产品的生产比一般产品的生产具有更大的风险。

合同风险是指合同中的以及由合同引起的不确定性。

工程合同风险可以按不同的方法进行分类。

按合同风险产生的原因分，可以分为合同工程风险和合同信用风险。合同工程风险是指客观原因和非主观故意导致的。如工程进展过程中发生不利的地质条件变化、工程变更、物价上涨、不可抗力等。合同信用风险是指主观故意原因导致的。表现为合同双方的机会主义行为，如业主拖欠工程款，承包商层层转包、非法分包、偷工减料、以次充好、知假买假等。

按合同的不同阶段进行划分。可以将合同风险分为合同订立风险和合同履约风险。

2. 工程保险

工程保险是对以工程建设过程中所涉及的财产、人身和建设各方当事人之间权利义务关系为对象的保险的总称；是对建筑工程项目、安装工程项目及工程中的施工机具、设备所面临的各种风险提供的经济保障；是业主和承包商为了工程项目的顺利实施，以建设工程项目，包括建设工程本身、工程设备和施工机具以及与之有关联的人作为保险对象，向保险人支付保险费，由保险人根据合同约定对建设过程中遭受自然灾害或意外事故所造成的财产和人身伤害承担赔偿保险金责任的一种保险形式。投保人将威胁自己的工程风险通过按约缴纳保险费的办法转移给保险人（保险公司）。如果事故发生，投保人可以通过保险公司取得损失补偿，以保证自身免受或少受损失。其好处是付出一定的小量保险费，换得遭受大量损失时得到补

偿的保障，从而增强抵御风险的能力。工程保险并不能解决所有的风险问题，只是转移了部分重大风险可能带来的损害，业主和承包商仍然要采取各种有力措施防止事故和灾害发生，并阻止事故的扩大。

工程保险的种类主要包括工程一切险、第三者责任险、人身意外伤害险、承包人设备保险、职业责任险、CIP 保险等。

3. 工程担保

担保是为了保证债务的履行，确保债权的实现，在债务人的信用或特定的财产之上设定的特殊的民事法律关系。其法律关系的特殊性表现在，一般的民事法律关系的内容（即权利和义务）基本处于一种确定的状态，而担保的内容处于一种不确定的状态，即当债务人不按主合同之约定履行债务导致债权无法实现时，担保的权利和义务才能确定并成为现实。

工程担保中大量采用的是第三方担保，即保证担保。工程保证担保在发达国家已有百余年的历史，已经成为一种国际惯例。工程担保制度以经济责任链条建立起保证人与建设市场主体之间的责任关系。工程承包人在工程建设中的任何不规范行为都可能危害担保人的利益，担保人为维护自身的经济利益，在提供工程担保时，必然对申请人的资信、实力、履约记录等进行全面的审核，根据被保证人的资信情况实行差别费率，并在建设过程中对被担保人的履约行为进行监督。通过这种制约机制和经济杠杆，可以迫使当事人提高素质，规范行为，保证工程质量、工期和施工安全。另外，承包商拖延工期、拖欠工人工资、拖欠分包商工程款和货款、保修期内不履行保修义务，设计人延迟交付图纸及业主拖欠工程款等问题的解决也必须进行工程担保。实践证明，工程保证担保制度对规范建筑市场、防范建筑风险特别是违约风险、降低建筑业的社会成本、保障工程建设的顺利进行等都有十分重要和不可替代的作用。

我国担保法规定的担保方式有五种：保证、抵押、质押、留置和定金。建设工程中经常采用的担保种类有：投标担保、履约担保、支付担保、预付款担保、工程保修担保等。投标担保，是指投标人向招标人提供的担保，保证投标人一旦中标即按中标通知书、投标文件和招标文件等有关规定与业主签订承包合同。履约担保，是指招标人在招标文件中规定的要求中标的投标人提交的保证履行合同义务和责任的担保。这是工程担保中最重要也是担保金额最大的工程担保。支付担保是中标人要求招标人提供的保证履行合同中约定的工程款支付义务的担保。预付款担保是指承包人与发包人签订合同后领取预付款之前，为保证正确、合理使用发包人支付的预付款而提供的担保。

5.6.5 建设工程施工合同实施

1. 施工合同分析

合同分析是从合同执行的角度去分析、补充和解释合同的具体内容和要求，将合同目标和合同规定落实到合同实施的具体问题和具体时间上，用以指导具体工作，使合同能符合日常工程管理的需要，使工程按合同要求实施，为合同执行和控制确定依据。合同分析不同于招标投标过程中对招标文件的分析，其目的和侧重点都不同于合同，分析往往由企业的合同管理部门或项目中的合同管理人员负责。

合同分析的目的和作用体现在以下几个方面：

（1）分析合同中的漏洞，解释有争议的内容

在合同起草和谈判过程中，双方都会力争完善，但仍然难免会有所疏漏，通过合同分析，找出漏洞，可以作为履行合同的依据。在合同执行过程中，合同双方有时也会发生争议，往往是由于对合同条款的理解不一致所造成的，通过分析，就合同条文达成一致理解，从而解决争议。在遇到索赔事件后，合同分析也可以为索赔提供理由和根据。

（2）分析合同风险，制定风险对策

不同的工程合同，其风险的来源和风险量的大小都不同，要根据合同进行分析，并采取相应的对策。

（3）合同任务分解、落实

在实际工程中，合同任务需要分解落实到具体的工程小组或部门、人员，要将合同中的任务进行分解，将合同中与各部分任务相对应的具体要求明确，然后落实到具体的工程小组或部门、人员身上，以便于实施与检查。

2. 施工合同交底

合同和合同分析的资料是工程实施管理的依据。合同分析后，应向各层次管理者作“合同交底”，即由合同管理人员在对合同的主要内容进行分析、解释和说明的基础上，通过组织项目管理人员和各个工程小组学习合同条文和合同总体分析结

果，使大家熟悉合同中的主要内容、规定、管理程序，了解合同双方的合同责任和工作范围，各种行为的法律后果等，使大家都树立全局观念，使各项工作协调一致，避免执行中的违约行为。在传统的施工项目管理系统中，人们十分重视图纸交底工作，却不重视合同分析和合同交底工作，导致各个项目组和各个工程小组对项目的合同体系、合同基本内容不甚了解，影响了合同的履行。

项目经理或合同管理人员应将各种任务或事件的责任分解，落实到具体的工作小组人员或分包单位。合同交底的目的和任务如下：

（1）对合同的主要内容达成一致理解。

（2）将各种合同事件的责任分解落实到各工程小组或分包人。

（3）将工程项目和任务分解，明确其质量和技术要求以及实施的注意要点等。

（4）明确各项工作或各个工程的工期要求。

（5）明确成本目标和消耗标准。

（6）明确相关事件之间的逻辑关系。

（7）明确各个工程小组（分包人）之间的责任界限。

（8）明确完不成任务的影响和法律后果。

（9）明确合同有关各方（如业主、监理工程师）的责任和义务。

3. 施工分包管理方法

应该建立对分包人进行管理的组织体系和责任制度，对每一个分包人都有负责管理的部门或人员，实行对口管理。

分包单位的选择应该经过严格考察，并经业主和工程监理机构的认可，其资质类别和等级应该符合有关规定。

要对分包单位的劳动力组织及计划安排进行审批和控制，要根据其施工内容、进度计划等进行人员数量、资格和能力的审批和检查。

要责成分包单位建立责任制，将项目的质量、安全等保证体系贯彻落实到各个分包单位、各个施工环节，督促分包单位对各项工作的落实。

对加工构件的分包人，可委派驻厂代表负责对加工厂的进度和质量进行监督、检查和管理。

应该建立工程例会制度，及时反映和处理分包单位施工过程中出现的各种问题。

建立合格材料、制品、配件等的分供方档案库，并对其进行考核、评价，确定信誉好的短名单分供方。材料、成品和半成品进场要按规范、图纸和施工要求严格检验。进场后的材料堆放要按照材料性能、厂家要求等进行，对易燃易爆材料要单独存放。

对于有多个分包单位同时进场施工的项目，可以采取工程质量、安全或进度竞赛活动，通过定期的检查和评比，建立奖惩机制，促进分包单位的进步和提高。

5.6.6 建设工程索赔

建设工程索赔通常是指在工程合同履行过程中，合同当事人一方因对方不履行或未能正确履行合同或者由于其他非自身因素而受到经济损失或权利损害，通过合同规定的程序向对方提出经济或时间补偿要求的行为。索赔是一种正当的权利要求，它是合同当事人之间一项正常的而且普遍存在的合同管理业务，是一种以法律和合同为依据的合情合理的行为。

索赔按索赔有关当事人分类可分为：① 承包人与发包人之间的索赔。② 承包人与分包人之间的索赔。③ 承包人或发包人与供货人之间的索赔。④ 承包人或发包人与保险人之间的索赔。按照索赔目的和要求分类可分为：① 工期索赔，一般指承包人向业主或者分包人向承包人要求延长工期。② 费用索赔，即要求补偿经济损失，调整合同价格。按照索赔事件的性质分类可分为：工程延期索赔、工程加速索赔、工程变更索赔、工程终止索赔、不可预见的外部障碍或条件索赔、不可抗力事件引起的索赔和其他索赔。

索赔方法：如前所述，工程施工中承包人向发包人索赔、发包人向承包人索赔以及分包人向承包人索赔的情况都有可能发生，以下说明承包人向发包人索赔的一般程序：索赔意向通知；索赔资料的准备；索赔文件的提交；索赔文件的审核；发包人审查；协商。

5.6.7 国际建设工程施工承包合同

国际工程通常是指一项由多个国家的公司参与工程建设，并且按照国际通用的项目管理理念和方法进行管理的建设工程项目。

在许多发展中国家，根据项目建设资金的来源（例如外国政府贷款、国际金融机构贷款等）和技术复杂程度，以及本国公司的能力具有局限性等情况，允许外国公司承担某些工程任务。

国际工程承包包括对工程项目进行施工、设备采购及安装调试等，既包括工程总承包或施工总承包，又包括专业工程分包、劳务分包等。按照业主的要求，有时也做施工详图设计和部分永久工程的设计。

国际工程承包合同即指参与国际工程的不同国家的有关法人之间为了实现某个工程项目中的施工、设备供货、安装调试以及提供劳务等特定目的而签订的确定彼此权利义务关系的协议。

在国际工程中，许多业主方都聘请专业化的项目管理公司负责或者协助其进行项目管理，项目管理公司代表业主的利益进行管理，实现项目管理的专业化。国际工程承包合同通常使用国际通用的合同示范文本，著名的标准合同文本有 FIDIC 合同（国际咨询工程师联合会）、ICE 合同（英国土木工程师学会）、JCT 合同（英国合同审定联合会）、AA 合同（美国建筑师学会）、ACC 合同（美国总承包商协会）等。合同管理是整个项目管理的核心，合同双方对合同的内容和条款非常重视。国际工程承包合同通常采用总价合同或单价合同，有时也采用成本加酬金合同。

5.7　工程项目环境管理

1. 建筑企业环境管理体系建立的目的

建筑企业建立、实施和保持一体化管理体系的目的是有效贯彻国家、行业、地方法律、法规的要求，提高公司管理绩效，向顾客提供满意的产品和服务，确保满足全体员工及顾客和相关方的要求。

2. 建筑企业环境管理体系建立的重要性

我国国家标准化组织从改善生态环境质量，减少人类各项活动造成的环境污染、节约能源、促进社会经济活动的可持续发展的需要出发，协调国际管理性“指令”和控制文件的需要，按等同原则推出了与国际标准化组织 ISO/TC 2070 和 ISO 14001：1996 环境管理体系对等的适宜我国本土化的标准——《环境管理体系 要求及使用指南》GB/T 24001—2016。

通过建立公开、透明的管理系统，保持系统有效的运作，持续改进公司质量环境、职业健康安全一体化管理体系的有效性和适宜性，提高公司管理水平。

3. 在体系的贯彻执行中存在的问题

近十年来，许多有此“愿望和要求”的建筑企业相继建立了自己的环境管理体系，制定了方针、目标、指标、管理方案和文件，进行企业环境体系的实施和管理，总体看各方面的效果是不错的。但是，少数的建筑施工企业在 GB/T 24001—2016 环境管理体系的实施中也存在“食而不化，消化不良”的现象，多多少少存在一些这样和那样的问题。在年度审核评审中产生的不合格项较多，有的是严重不合格，对施工企业环境管理体系的持续改进增大了难度。

4. 环境管理与控制的方法

工程建设项目施工阶段是建设程序中唯一将蓝图转化为项目实体，以实现投资决策意图的生产活动。这一阶段具有广泛的社会性、技术性、经济性，与国民经济的发展密切相关。施工项目管理是对项目实体这一特殊商品，在特殊市场环境进行特殊交易和生产活动的管理，环境污染防护的复杂性和艰难性都是其他生产管理无法比拟的。

施工项目管理的内容是一个长时间进行的并按阶段变化的有序过程，因此环境污染防护必须实行有针对性的动态管理。强化组织协调，建立动态控制体系，通过业务系统管理，实行从决策到贯彻实施，从检测控制到信息反馈的全过程监控、检查、考核、评比和严格管理。

环境污染防护是着眼项目实体，面向未来的主动式目标管理。项目管理集体中的成员亲自参加工作目标的制定，在实践中运用现代化管理技术和行为科学，借助人们的事业感、能力、自信、自尊等，实行自我控制，努力实现环境防护控制目标。目标制定后，应自上而下分解与展开：纵向展开，把目标落实到各基层；横向展开，把目标落实到各基层内的各部门，明确主次关联责任；时序展开，把年度目标分解为季度、月度目标。将目标分解到最小的可控单位或个人，以利于目标的执行、控制与实现。目标分解后须落实，定出责任人，定出检查标准，定出实现目标的具体措施、手段和各种生产要素供应及必需权力的保证条件。

环境污染防护措施一直以来只是招（投）标后的施工组织设计内容中的施工技术组织措施的组成部分，而未从守法的高度加以充分重视。在标前施工组织设计中，应加强环境污染防护措施的设计和审查，对环境污染源分析论证，有针对性地采取可操作的预防措施，并在招（投）标中作为评标的主要依据之一。

环境污染防护目标控制应实行控制主体多元化。建设行政主管部门加大执法检查力度；建设单位决策、监控；施工单位贯彻实施。以期对确定的系统目标实现最优化控制。

检查、分析、监督、引导和纠正是环境污染防护目标控制的主要方法。按事前拟订的计划和标准、检查实际发生的情况与标准是否偏离，偏差是否在允许范围内，是否应采取控制措施及采取何种措施纠偏。

针对环境污染防护控制系统，既进行事前、事中、事后全过程控制，又对其人力、物力、财力、信息、技术、组织、时间等所有要素进行全面动态控制。由组织、程序、手段、措施、目标构成环境污染防护的整体控制系统，并使信息化贯穿于环境污染防护的全过程。

5. 环境管理与控制的手段

建设项目在施工过程中的环境管理和控制是个复杂的过程，它与项目的其他要素的管理，如成本管理、进度管理、质量管理和安全管理等之间具有有机的联系，所以有效的管理工具就是建立项目施工环境管理体系，把环境管理体系作为项目管理体系的一个组成部分，包括为制定、实施、实现、评审和保护环境方针所需的组织的结构、计划活动、职责、惯例、程序、过程和资源。

6. 制定企业环境方针、目标、指标应实事求是，界定明确，量值有据

企业环境方针、目标、指标的制定应体现本企业的规模、资质、级别和行业特点，还应体现企业的个性，在实施中的可操作性、实际工作中通过努力奋斗的可实现性。

7. 监测检测仪器、设备配置不足之处，纠正预防无力

要保证建筑企业环境管理体系运行的有效性，关键在纠正与预防要素的落实上，企业的环境管理体系本身并不必然地导致立即降低有害环境影响的结果，其目的是改进企业环境表现（行为）。所以，对于不合格项和有害环境事故的出现，关键在纠正和预防措施的落实是否到位、适宜、有效。有的施工企业经过环境管理体系审核和评价后，不及时对差距的个别要素进行修正，实现持续改正承诺。虽然对某些一、二级要素落实得好，仍然适用。顾客和相关方感觉该企业的环境管理体系的目标实现程度依然难以满足需要。要保证环境目标的实现，在于对环境控制指标

的完成。有的建筑企业实施环境指标检测控制所需仪器、设备配置不足，配置缺位，也是影响纠正、预防不力的重要原因。如：噪声测试仪、有害气体检测仪、污水浊度仪、pH 值表等，有的施工企业没有很好地利用外部环保检测机构的力量为企业环境管理服务。另外，有的施工企业管理者对资源确定的理解偏差，也影响到施工企业环境管理目标、指标的实现。

ISO 14004：1996 中指出："一个将环境管理体系纳入其管理体系的组织，可有效协调环境利益和经济效益，并使之融为一体。实施环境管理体系的组织可以获得显著的竞争优势"。为了实现建立和不断持续改进提高环境体系给企业带来的间接优势效益，企业就得通过对自身的活动和内部的自我检查发现问题，对不合格项及时采取纠正措施，促进环境体系不断完善和持续运行，以达到预期的环境绩效。

所以，在项目工程完成后，除项目部要及时总结评价外，企业要根据企业环境管理体系所制定的环境方针、目标和指标，对工程项目在环境管理上所制定的对策措施、资源的投入、采取的管理办法、取得的环境绩效进行综合评价，确定改进的机遇，从而实现持续改进，使企业的环境绩效目标朝着最佳方向努力。

5.8 工程项目信息化管理

1. 工程项目信息化管理的概念

工程项目信息化管理是充分利用计算机网络技术，对企业内部项目进行创新和完善，不断规范企业管理手段、制造过程、项目流程、经营管理、生产规模的过程。使用信息化管理体系能够提高不同部门间的信息。

传递速度快，及时解决生产中出现的问题，实现企业内部工作效率的不断提升，使企业有顺应时代发展的竞争力，占据更高的市场份额。

传统的项目管理手段通常由施工方、项目设计方和工程建设方共同监督和管理项目内部材料存储、项目质量、投资成本等工作。随着我国经济的不断发展，我国行业内部市场竞争愈发激烈。建筑企业为进一步提高其行业内部竞争能力，开始涉及更多领域，这意味着工程项目的难度和复杂程度将进一步增加，也意味着传统的项目管理手段已经不再满足企业发展的需要。为解决上述问题，越来越多的建筑企业在原有管理模式的基础上引入计算机技术，利用信息化手段处理复杂的项目。信息化管理体系能够将工作中产生的数据进行实时分析，极大地促进了信息传递的速度，在减少项目投资成本的基础上增加了项目质量。随着信息化管理体系的不断推广，越来越多的企业创建了网络管理平台，利用计算机技术对项目的工程质量、投资成本、项目进展等方面进行网络化管理。信息化管理平台在进行操作时，需要材料管理、合同管理、招标报价、进度计划管理、专业设计等软件的配合。虽然信息化项目管理体系在极大程度上提高了建筑企业的行业内部竞争力，但上述管理体系在外部环境发展、专业人才培训、数据收集质量等方面仍存在不足。建筑企业应重视上述问题，并采取有效的解决方式，进一步完善项目管理信息化系统。

2. 工程项目信息化管理的技术

① 信息标准化

关于标准化信息分类体系的概念，可以这样理解，就是在做一种标准化分类组织，其针对的对象是集成管理的作业和任务，当然除了做分类以外，还需要对这些作业和任务进行编码，这样的编码必须具有规范性，经过这一系列的操作形成的体系就是标准化信息分类体系。工程项目管理信息化其实就是对于信息技术的一种利用，只是这种信息技术的发挥和人有着密切的关系，因为它依托于人对于信息的理解和组织。计算机虽然为人类社会带来了很大的裨益，但是毕竟计算机不能像人脑一样具有灵活性，对于一些杂乱的、具有离散性的数据信息，计算机不能直接处理，这就需要对信息分类系统提出要求，即建立的体系必须是合适的，具有针对性的。一般信息分类体系的原则为：

第一，母集是外延的，其划分出来的各项子集又能组合成或等于母集；

第二，各项子集还可以接着延伸，但是它们的下一级又是互相排斥的；

第三，整个集合的划分都有一个标准，这样的标准又是统一的；

第四，每个子集又在分类体系中是独一无二的，仅存在一个位置。

列举信息化管理体系如图 5-10 所示。

② 集成技术

集成技术包括组织集成、过程集成、目标要素集成、信息集成。在项目管理信息化的实践过程中，如何正确使用集成的思想和原理，如何将集成方法运用到项目管理中都是极具挑战的。对于一个建设项目而言，它本身就存在某种集成机制，如何选择集成单元要素，如何采取集成方式，如何建立集成系统，这些都是集成管理的核心内容。集成管理要做的就是实现资源优化，提高效益。集成管理本身就是为了效率和效果存在的，集成需要将与集成对象相关的各种要素组成集成系统的单元。通过动态的控制集成过程，最大化实现管理集成的高效率。它体现在集成过程的管理中对知识的提炼、运用和循环。

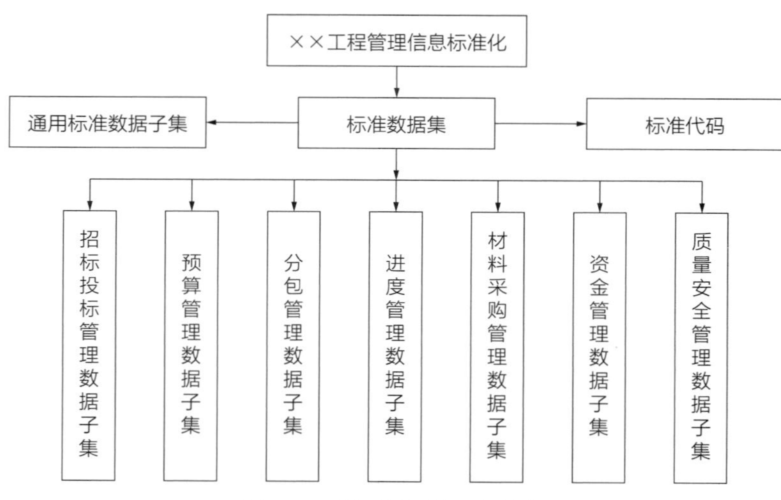

图 5-10　信息化管理体系示意图

通过数据信息的集成，能有效地提高企业经济效益，实现产品生产、市场销售及管理的高效运转。为了能最大限度地提高系统的有机构成、效率、完整性、灵活性等，可以恰当地使用信息系统集成技术，同时信息系统集成技术能简化系统的复杂性。实现综合统筹设计的最优化是信息系统集成的本质，信息系统集成的目标是为了实现最优整体性能，即将所有部件和成分整合在一起后，不但能使系统正常工作，而且能实现全系统低成本性、高效率性、性能匀称性、可维护性和可扩展性。

③ 数字化技术

数据库技术是不同来源的数据集的总称。数据库技术是研究基于操作系统和文件系统开发的数据库的使用、管理、设计、结构和存储的操作软件。而利用数据库技术对数据进行分析的软件称为数据库系统。在充分利用计算机技术和网络技术的基础上，数据库系统可以实现大量关联数据的系统化、动态化存储，方便了多用户对计算机软件、硬件和数据资源的访问。数据库管理系统是用户与操作系统之间的数据管理软件。数据库管理系统的主要功能包括数据库的建立、查询、更新和各种数据控制。

综合信息技术的实现与数据库的本质关系密切，即通过对收集到的相关数据进行统一管理，在此基础上建立与建设项目管理相匹配的信息数据库系统，实现对于建设项目的综合管理。该数据库主要用于系统地、有组织性地、动态地存储工程项目相关数据。除此之外，该数据库还需要对新数据信息进行接收、自动重组和处理等，满足用户对于数据信息的实时需求。当然，用户不同，所需信息也有所不同，不同的信息所需分类和管理也是有所区别的，这时数据库系统的作用就能很好地体现出来了。同时，数据库系统还需设置权限，根据不同的标准，将数据信息分配给不同的管理级别进行处理及维护。

以标准化信息系统为基础，有效地实现了建设项目集成的数据库管理系统。其设想主要是：以结构化知识库为基础框架，利用过程驱动引擎实现资源数据的实时传递查询与显示，在此过程中，还需不断关注决策算法库情况，不断更新优化算法库。以建筑工程为例，将施工过程和施工方法分解为工序。不同的工艺段可以通过不同的工艺进行组装。通过配置相应的资源成本和其他参数，对整个计划进行计算分析。其中，通过不断优化决策算法库，可以对工程项目的成本预算、时间控制、资源协调提供很大的帮助。同时，要求该系统能实现在同一系统中多用户共同工作，为项目工程数据信息和效率一致性提供有力保障。当然，对于如何做出施工过程决策以及管理施工方案选择，都是以数据库技术的集成管理为基础的。

3. 项目实施阶段的信息管理

合理的项目管理能够在极大程度上提高企业内部的工作效率，进而提高企业在行业内部的核心竞争力。但在实际生活中，实施项目管理的难度通常较大，负责项目管理的工作人员应具有相关管理经验，能够在项目开始前进行合理规划，有效地解决项目中出现的问题，管理项目投资成本，严格把控项目质量，监督项目工作进度。项目管理体系的具体流程详见表 5–6。

工程项目管理各个阶段的任务和内容　　表 5-6

阶段	名称	内容
1	立项决策	项目建议书编写、申报及管理
2	设计管理	选择勘察设计单位以及相关证明材料、监督和申报设计文件
3	前期准备	申报相关证件、审查施工图，签订相关协议与合同
4	采购管理	项目的合同体系策划，制定采购计划，管理采购合同

续表

阶段	名称	内容
5	实施阶段	施工阶段的跟进，各部门的联系协调，文件的管理分析等
6	文档管理	对各种文件资料进行有序整理

4. 信息化管理的硬件与软件系统

项目工程信息化建设不但需要具备电脑设备和网络建设，还需要配置与生产力相适应的建筑工程管理软件。建筑工程管理软件运用的实质就是通过管理生产要素来实时跟踪并控制工程项目建设过程中的各个环节。其中，生产要素主要指的是人、机、材、资金等，工程项目建设过程中的各个环节包括成本、合同、分包、进度、资金、材料等。要使工程项目能进行切实有效的信息化管理，这与建筑工程管理软件的合理应用密不可分。只有恰当运用管理软件，才能有效促进工程资料数据信息化，实现规范化的施工流程与科学化的领导决策。工程项目管理过程中，可根据项目实际情况，使用具有合理的管理模块和控制模块的软件，当然，该软件最好具备施工日志功能。利用好建筑管理软件的各项功能，可以确保工程核算的实时性和准确性，分析计划和实际的盈亏状况，确定各单位在项目施工过程中的权责，了解资金动向。

总之，项目管理信息化建设是一个漫长的过程，它将会不断进步且无法改变，想要工程项目信息化管理变革，很重要的一点就是要不断促进信息化的发展。信息化技术在工程项目管理的各个方面，不管是技术、安全、资金等方面的管理，还是业务与合同方面的管理，都会对整个公司的管理机制产生重大的影响。当今社会，信息化技术不断进步和发展，想要降低公司在管理方面的资金投入，必须要借助信息化的力量，提高其效率，从而促进公司竞争力的提升。

通过对项目管理信息化建设的过程进行探究，可以知道：

（1）关于工程项目信息化系统的组建，需要有一个符合工程项目实际并且具有统一性的数据库建设。数据是信息化建设的基础，通过多方基础数据的积累，总结所获得的数据，形成统一数据库，为项目管理信息化提供坚实的基础，方便对于项目的管理。

（2）在项目工程管理信息化建设的过程中，财务系统功能是不可取代的，因此需要处理好财务系统功能与项目管理信息系统的兼容性。通过建立集中统一的财务核算体系，能有效避免这些问题，提高工作效率。

（3）项目工程信息化建设和具有专业信息化管理人才密不可分。随着工程项目信息化管理的不断发展，对于信息化管理专业人才的需求不断增大，不但要不断地吸纳信息化管理人才，同时也需要加大建筑项目信息化的宣传教育，提升管理人员信息化管理的观念，不断加强信息化管理水平，开展信息化管理研究，进一步完善项目管理信息化。

（4）在项目工程管理信息化建设的过程中，首先构建符合项目实际的综合型信息管理系统，其次要不断优化综合型信息管理系统，这样才能够有效地实现项目管理信息化。最终建立科学合理的管理体系，实现了不同成员核心业务数据的实时掌控，实现业务与财务的统一。同时，能有效实现施工项目全过程的有效监管和远程操作办公。

5.9 工程项目沟通与组织协调

沟通作为管理科学的一个专门术语，它的含义有多种解释，如：沟通是人与人之间以及人与群体之间思想与感情的传递和反馈的过程，以求思想达成一致和感情的通畅；又如：沟通是指在工作和生活中，人与人之间通过语言、文字、形态、眼神和手势等手段来进行的信息交流。沟通既是一种文化，也是一门艺术。充分理解沟通的意义，准确把握沟通的原则，适时运用沟通的技巧对建设工程的管理十分重要。

建筑产品的生产过程由众多个组织参与，组织和组织之间、一个组织内部都有大量需要通过沟通解决的问题。同样，沟通也是实现建设工程管理的主要方式、方法、手段和途径。就一个建设项目而言，在业主方内部、诸设计方内部、诸工程咨询方内部、诸施工方内部、诸供货方内部，在业主方和其他项目参与方之间，在项目各参与方之间都有许多沟通的需求。沟通是否有效直接关系到项目实施的进展，关系到项目是否成功。工程技术人员需要具备沟通的能力，沟通能力对工程管理人员将更重要。

建设工程项目组织沟通协调贯穿于整个建设项目中，也存在于项目的管理工作中。项目中的协调管理工作主要包括工程项目的各个子系统内部、子系统和子系统之间以及子系统与环境之间的协调管理工作，项目目标因素之间的协调管理工作，项目实施进程的协调管理工作，各专业技术层面的协调管理工作等。好的沟通可以改善和建立一个好的人际关系。有效的沟通可以给予决策一个坚实的基础，有利于项目活动顺利地实施。项目的沟通管理具有明显的特征，主要是具有复杂性和系统性。复杂性表现在每一个建设项目的立项到竣工都会关系到很多的单位和机构，外部关系非常复杂；系统性表现在建设工程是一个开放的复杂系统，涉及文化、经济、生态、政治等多个领域。

5.9.1 项目沟通协调管理的定义

工程项目参与方众多，各方既有共同目标，又有各自目标，既有整体利益，又有各自利益。项目各参与方之间存在着依存的利益关系，因此，需要参与方相互沟通和协调，最大限度减少冲突。工程项目沟通协调是指在整个项目生命周期内，项目各参与方之间项目知识、信息等在组织内部和组织之间进行共享、交换和传递的过程。它是项目计划、实施、控制、决策等的基础和重要手段。项目沟通协调管理是指广泛采用各种协调理论分析工具和技术实现手段，通过协商、协议、沟通、交互等协调方式，对项目相关的部门和活动进行调节和协商，调动一切相关组织的力量，使之紧密配合与协作，提高其组织效率，最终实现组织的特定目标和项目、环境、社会、经济相互间可持续发展的一种管理思想和方法。这主要是从过程管理的本质来定义的，实际上，项目沟通协调管理的内容非常多。

5.9.2 项目沟通协调管理的内容

1. 目标方面的沟通协调

项目实施目标确定后，要分解和确定各下属任务组的分项目标，同时在项目任务组与职能部门之间建立有效的沟通渠道。项目实施过程中，项目的目标及其实施活动必须要交流和沟通协调。项目三大目标的各个层次、相关细节都应当清楚、明确，并确保所有人对此都达成一致意见。目标方面的协调主要应把握三点：一是强制性目标与期望目标发生冲突时，必须要满足强制性目标的要求。二是如果强制性目标之间存在冲突，说明施工方案或措施本身存在矛盾，需重新制定方案，或者取消某个强制性目标。三是期望目标的冲突，又分两种情况，对定量的目标因素之间存在的冲突，可采用优化的办法，追求技术经济指标最有利的解决方案；对定性的目标因素的冲突，可通过确定优先级或权重，寻求它们之间的平衡。

2. 计划方面的沟通协调

计划工作本身既是项目协调的重要手段，又是被协调的对象。计划是项目相关方通报工程情况和协商各项工作的渠道。项目的进度计划、成本计划、质量计划、财务计划、采购计划等，常常都由不同的项目任务组编制和实施，其协调工作自然很繁重。计划逐渐细化、深入，并由上层向下层发展，就要形成一个上下协调的过程，既要保证上层计划对下层计划的控制，又要保证下层计划对上层计划的落实。大型工程项目还存在长期计划和短期计划的协调，同样应在长期计划的控制与协调之下编制短期计划。

3. 组织方面的沟通协调

项目组织与其上层组织之间存在着复杂的协调关系。项目组织既要保证对项目进行全面管理，使项目实施符合上层组织的战略和总计划，又要保证项目组的自主权，使项目组织有活力和积极性。同时，组织资源有限，多项目之间会存在复杂的资源配置问题。项目参与者通常都有项目和原部门的双重工作任务，甚至同时承担多项目任务，这不仅存在项目和原工作之间资源分配的优先次序问题，有时还需要改变思维方式。

4. 决策与指挥方面的沟通协调

决策的质量和实行的可能性往往关系到项目组织的协调成果。决策与指挥的任务主要是处理好任务完成过程中的不同矛盾和存在的意见分歧，决策失误或者是长时间议而不决，将会使管理的职能作用难以发挥，给项目协调带来障碍。项目指挥中的协调工作包括为项目实施制定出文件，并传达给项目团队和所有参与者，处理项目实施过程中的变化，同项目干系人建立利益网络，为项目工作制定领导体系，保证良好的项目环境，识别可能影响项目的因素，通过协调消除这些影响等。

5. 合同关系的沟通协调

合同关系的沟通协调管理内容具体、面宽、工作量大。由于项目的复杂性，在进行项目三大目标控制与协调时，合同关系既是非常重要的依据，又伴随着许许多多的冲突，必须通过合同确定各方的权利、责任和义务。业主的主要合同关系如

图 5–11 所示。

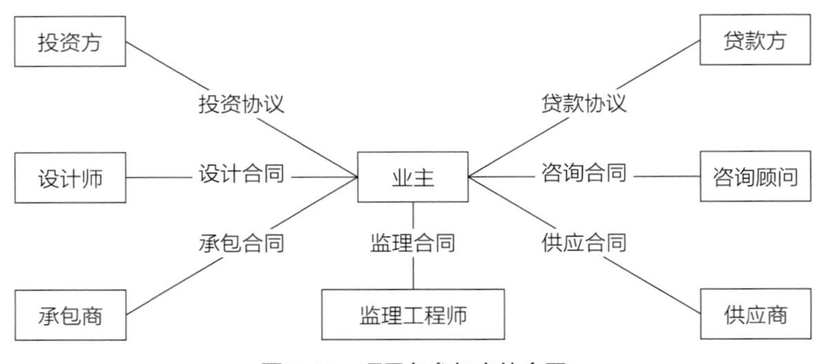

图 5-11　项目各参与方的合同

一般地，项目的技术难度越高、规模越大，合同的完备性就越差。项目中的分歧和争议通常由合同文件不完备、类型不恰当、技术规范要求不明确等引起，99%的此类争议可以通过谈判解决。项目实施中，始终从项目整体目标出发，使控制和协调的范围包含所有的参与单位和个体，并使各参与方形成良好的双向信息交流，形成完整的控制体系和协调体系。合同当事人之间发生纠纷应及时协商，取得一致意见。若协商不成功，任何一方均可向合同管理机关申请调解或仲裁，也可进行法律诉讼。

5.9.3　项目沟通协调管理中存在的问题

由于项目组织和组织行为的特殊性，使得现代工程项目中的沟通协调十分困难。尽管有各种现代化的通信、信息收集、存储和处理工具，减少了沟通协调技术和时间上的障碍，使得信息沟通更加方便和快捷，但项目沟通协调管理的效率还不高，主要存在以下几方面深层次问题。

（1）项目参与方之间缺乏促进沟通协调的激励机制问题。一是项目组织缺乏积极有效的激励机制。项目参与方之间存在利益冲突，其权利义务通过合同来明确。这就导致合同各方只是追求己方的利益最大化，缺乏沟通协调的积极性。无论是承包商还是业主，均不愿实现网络互联。即使有电子版文件，也要用纸质文件进行信息传递。因此，沟通协调技术不是解决沟通协调问题的根本。二是责任不明确。所谓“明确”是任务的输出结果要规定清楚，即向下游任务提供信息的数量和质量。实质上，项目参与方之间可以通过采用先进的沟通协调技术提高效率来创造出更多的价值。

（2）项目沟通协调主体间落后的组织模式问题。传统的组织理论强调分工和集权，导致了层层繁复、等级森严的金字塔结构。项目建设中表现为科层式的线性结构。其纵向沟通协调方式决定了信息只能通过层层传达给相应的接收方，结果必然导致信息的延误、失真等。传统工程建设组织中，从最上层的业主到最基层的一线生产人员，中间存在若干管理层次，信息传递要经过漫长而曲折的转换过程。研究表明，在信息传递过程中，多一个管理层次就等于多一次出错机会。

（3）项目沟通协调客体的无序信息的有序化问题。项目信息存储的整体状态是非秩序化的也称为非结构化。非结构化主要是指信息缺乏组织，存储分散。随着项目和组织规模的不断增长、技术的复杂性不断增加，项目建设领域的分工也越来越细，大型建设项目可能会牵涉到成百上千个专业工种。这些不同的专业工种之间呈分离状态，对工程建设有着不同的理解和经验，对相同的信息内容有着不同的表达形式。

（4）项目缺乏先进的沟通协调技术支持，存在技术问题。传统的信息沟通协调方式比较单一，缺乏多样性。目前，还是以纸质文件作为主要的信息载体，其主要弊病就是成本高。随着新的数字化信息技术的出现，虽然减少了信息沟通协调时间，提高了信息质量，但是这些沟通协调方式却不能整合起来，即信息沟通协调方式缺乏“弹性”。

5.9.4　项目沟通管理的过程

项目沟通管理由沟通计划编制、信息发布、执行报告、管理收尾四部分组成。项目沟通管理包含了确保项目信息及时适当地产生、收集、传播、保存和最终配置所必需的过程。项目沟通协调管理过程贯穿于项目的整个生命周期。每个阶段基于项目实施的需要，可能包括一个或多个的个人或者成员组的个人的工作量。

1. 沟通计划

每个项目都应有一个与之相应的沟通计划，主要包括五方面内容：① 描述信息收集和文件归档的结构，详细规定收集和贮存各类信息的方法，采用的过程应涵盖对已公布材料的更新、纠正、收集和发送，统一的信息、文档格式和固定的存放位置，可确保建档和归档工作顺利进行。② 描述各种信息的接收对象、发送时间和发送方式。③ 确定传递重要项目信息的格式。④ 创建信息日程表，该表记录重要沟通信息的发送时间及重要沟通的发生时间，确保不会延误重要的沟通协调过程。⑤ 获得信息的访问方法，即不同身份的工作人员对不同种类沟通信息的访问权限。沟通计划编制常常与组织计划联系在一起，决定工作人员在沟通协调中扮演的角色和承担的责任。

（1）沟通计划输入

1）沟通需求。

沟通需求是项目干系人信息需求的总和，需要结合所需信息的类型和格式以及信息的数值分析来定义。项目资源只有通过信息沟通才能获得扩展，缺乏沟通会影响效率，甚至导致失败。决定项目沟通协调顺利进行所需要的信息有：

① 项目组织和项目干系人责任关系。

② 与该项目相关的法律、行政部门和专业。

③ 项目所需人员的配置情况，一般这些信息记录在项目组织计划中。

④ 外部信息需求，即与客户沟通协调过程中发生的信息需求。

2）沟通技巧。

沟通技巧是在项目干系人之间传递信息所使用的技术和方法，不同方法可能差异很大。从简短的谈话到长期的会议，从简单的书面文件到在线进度表和数据库，从普通的电话到先进的视频电话。影响项目沟通技巧的因素包括：

① 信息需求的即时性。项目的成功是取决于即时通知、频繁更新的信息，还是通过定期的报告就已足够。

② 技术的有效性。现有的沟通协调管理系统是否运行良好，还是需要做一些调整。

③ 预期的项目人员配置。计划的沟通协调系统是否与项目参与方的经验和知识相兼容，是否还需要进一步的培训和学习。

④ 项目工期的长短。现有的技术在项目结束前是否已经变化，是否必须要采用更新的技术。

3）制约因素。制约因素是限制项目管理小组做出选择的因素。例如，如果需要大量采购项目资源，那么处理合同信息就需要更多考虑。当项目按照合同顺利执行时，特定的合同条款会影响沟通计划。

4）假设因素。假设因素是为制定项目计划而被假定为正确、真实和确定的因素。假设常包含一定程度的风险。它们可在这里被识别，也可作为风险识别过程的输出。

（2）沟通计划的工具和方法

项目干系人分析。主要分析项目干系人在项目组织中的位置、作用，确定他们真正的信息需求。通过对具有不同需求的项目干系人的分析，了解不同项目干系人的信息需求，确定适当的信息技术和沟通途径，有条理、有逻辑地满足他们各自的需求。分析时应考虑那些适合于项目且能提供所需要信息的方法和技术，避免在不需要的信息和不适当的技术上浪费资源。

（3）沟通计划的输出

根据项目的需要，沟通管理计划可以是正式的或非正式的，可以是详细的或提纲式的。沟通管理计划是整个项目计划的一个附属部分。它主要提供收集和归档的结构，详细规定用来收集和贮存各类信息的方法。采用的过程包括收集和发送对以前已公布材料的更新和纠正。发送结构，详细规定信息状况报告、数据、进度报告、技术资料等的流向，采用什么方法书面报告、会议等来发送各类信息。该结构必须与项目组织结构图中定义的职责和报告关系一致。待发送信息的说明，包括格式、内容、详细级别、使用的协议定义。生产进度计划，显示每种类型的沟通在何时进行。在计划的沟通中获取信息的方法。随着项目的进展，更新和细化沟通协调管理计划的方法。

2. 信息发送

信息发送是将需要的信息及时地传送给项目干系人的过程，它包括实施沟通管理计划以及对未预期的信息需求做出反应。项目信息可使用多种方法发送，包括项目会议，复印文件发送，共享的网络电子数据库，传真，电子邮件，电视会议等。

（1）信息发送的输入

1）工作结果，它是开发各个阶段产生的相应文档和信息，或与开发过程紧密相关的有用信息，是信息发送的物质基础。

2）沟通管理计划，它记录信息、接收人、信息正确的发送时间和发送格式，是信息发送的依据。

3）项目计划，是在项目投标过程中，经过详细分析、论证，为整个项目开发编制的计划方案，它在信息发送中起参考作用。

3. 执行报告

执行报告一般应提供范围、进度计划、成本、质量等信息，许多项目还要求提供风险和采购的信息。执行报告包括收集和发布执行信息，向项目干系人提供为达到项目目标如何使用资源的信息。这些信息有助于项目干系人了解目前项目资源的使用情况及项目的进展情况，以便安排下一步的沟通协调管理工作。执行报告可以是综合性的，也可以针对某一特例。这些过程主要包括：

① 状况报告。描述项目当前的状况。例如，与进度计划和预算指标有关的状态。

② 进展报告。描述项目小组已完成的工作。

③ 预测。对未来项目的状况和进展做出预计。

4. 管理收尾

管理收尾是为项目或阶段正规化完成而产生、收集与发布信息的过程。每个项目都需要收尾，每个项目阶段的完成也要求管理收尾过程。管理收尾过程并非项目完成时候才执行，而应在每个阶段结束的时候进行。管理收尾过程将检验项目的产出并进行相关的文档备份工作。不是所有的项目都按合同进行，但所有项目都应有管理收尾过程。管理收尾包括对项目结果的鉴定和记录，以便由发起人、委托人或客户正式接受项目产品。管理收尾还包括项目记录的收集、对符合最终技术规范的保证、对项目的成功、效果和取得的教训进行分析以及这些信息的存档，这些存档文件将供以后项目参考。管理收尾过程收集所有的项目记录并进行检验以保证它们都及时更新和准确性。项目记录必须准确识别出项目要产出的产品或服务的最终技术指标。管理收尾要保证这些信息准确地反映出项目的真正结果。

5.9.5 工程项目沟通协调管理框架体系

尽管沟通协调在项目管理中的重要作用已经被广泛地认识，但由于项目沟通协调的不确定性，难以用量化的方法规范沟通协调模式，但仍然可以利用共同的维度来描述整体的沟通协调状况。项目沟通协调三维图以项目经理为坐标原点，三条坐标轴分别为项目团队、项目干系人、项目生命周期，如图 5-12 所示。项目沟通协调三维图将项目沟通协调在项目团队、涉及干系人及所处项目阶段上进行具体定位，为项目沟通协调管理的执行提供依据。具体要素说明如下：

原点：项目经理。项目经理是项目沟通协调的核心，也是所有信息的中心枢纽，在项目沟通协调管理中起着举足轻重的作用。项目经理在项目沟通协调中的中心作用正是项目沟通区别于其他管理沟通的重要特征之一，项目经理的沟通协调能力与项目的成功率有着重要的相关性。

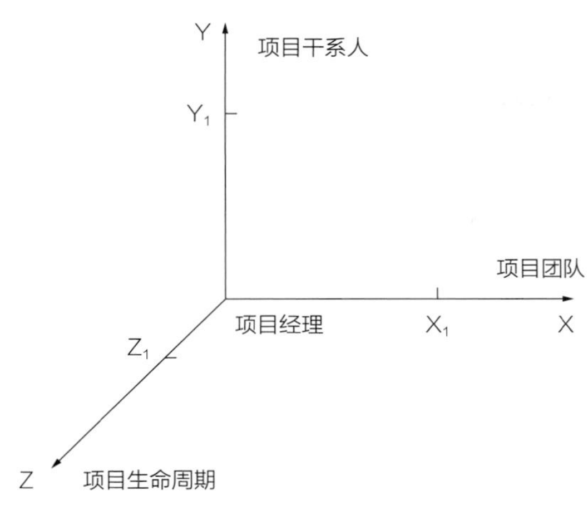

图 5-12　项目沟通协调三维图

X 轴：项目团队。轴的各坐标点即项目团队的成员，X 轴代表项目团队的内部沟通协调。其主要功能是协调人际关系，统一项目组织成员对项目目标的认识，营造良好的项目沟通协调环境，增加成员之间的相互联系和理解，激励项目成员工作的积极性和创新性，提高项目成员的工作效率。

Y 轴：项目干系人。轴的各坐标点由各类项目干系人构成，Y 轴代表项目的外部沟通协调。其主要功能是协调项目各干系人的关系，建立彼此的信任感，降低项目风险，树立项目组织自身的信誉度，从而促进项目目标的顺利实现。

Z 轴：项目生命周期。其坐标主要包括项目启动、计划、实施、收尾四个阶段。Z 轴代表项目沟通协调的全过程管理。每一阶段的沟通协调管理面临不同的项目任务，其落脚点和侧重点是不相同的。将项目生命周期引入沟通协调坐标轴，强调一种动态变化，强调项目沟通协调的纵向适应性。

5.9.6　沟通过程中可能存在的障碍

在人们沟通信息（信息在传递和交换）的过程中，常常会受到各种因素的影响和信息意图受到干扰（或误解），导致沟通失真的现象，即造成沟通障碍。

沟通障碍主要来自三个方面：发送者的障碍、接受者的障碍和沟通通道的障碍。

1. 发送者的障碍

在沟通过程中，信息发送者的情绪、倾向、个人感受、表达能力和判断力等都会影响信息的完整传递。障碍主要表现在：表达能力不佳；信息传送不全；信息传递不及时或不适时；知识经验的局限；对信息的过滤等。

2. 接受者的障碍

从信息接受者的角度看，影响信息沟通的因素主要有以下几个方面：信息译码不准确；对信息的筛选；对信息的承受力；心理上的障碍；过早的评价情绪。

3. 沟通通道的障碍

沟通通道的问题也会影响到沟通的效果。沟通通道障碍主要有以下几个方面：

（1）选择沟通媒介不当。比如对于重要事情，口头传达效果较差，因为接受者会认为“口说无凭”“随便说说”而不加重视。

（2）几种媒介相互冲突。当信息用几种形式传送时，如果相互之间不协调，会使接受者难以理解传递的信息内容。

（3）沟通渠道过长。组织机构庞大，内部层次多，从最高层传递信息到最低层，从低层汇总情况到最高层，中间环节太多，容易使信息损失较大。

（4）外部干扰。信息沟通过程中经常会受到自然界各种物理噪声、机器故障的影响或被另外事物干扰所打扰，也会因双方距离太远而沟通不便，影响沟通效果。

5.9.7 沟通障碍的形式

沟通障碍主要有两种形式：组织的沟通障碍、个人的沟通障碍。

1. 组织的沟通障碍

在管理中，合理的组织机构有利于信息沟通。但是，如果组织机构过于庞大，中间层次太多，信息从最高决策层传递到下层不仅容易产生信息的失真，而且还会浪费大量时间影响信息的及时性。同时，自下而上的信息沟通，如果中间层次过多，同样也浪费时间，影响效率。

统计资料表明，如果一个信息在发送者那里的正确性是 100%，到了信息的接收者手里可能只剩下 20% 的正确性。这是因为在进行信息沟通时，各级主管部门都会花时间把接收到的信息自己甄别，一层一层地过滤，然后有可能将断章取义的信息上报。此外，在甄选过程中，还掺杂了大量的主观因素，尤其是当发送的信息涉及传递者本身时，往往会由于心理方面的原因，造成信息失真。这种情况也会使信息的提供者望而却步，不愿提供关键的信息。因此，如果组织机构臃肿，机构设置不合理，各部门之间职责不清、分工不明形成多头领导，或因人设事、人浮于事，就会给沟通双方造成一定的心理压力，影响沟通的进行。

2. 个人的沟通障碍

个人的沟通障碍由以下多种原因造成：

（1）个性因素所引起的障碍。信息沟通在很大程度上受个人心理因素的制约。个体的性质、气质、态度、情绪、见解等的差别，都会成为信息沟通的障碍。

（2）知识、经验水平的差距所导致的障碍。在信息沟通中，如果双方经验水平和知识水平差距过大，就会产生沟通障碍。此外，个体经验差异对信息沟通也有影响。

（3）个体记忆不佳所造成的障碍。在管理中，信息沟通往往是依据组织系统分层次逐次传递的，然而，在按层次传递同一条信息时往往会受到个体素质的影响，从而降低信息沟通的效率。

（4）对信息的态度不同所造成的障碍。一是认识差异。在管理活动中，不少员工和管理者忽视信息作用的现象还很普遍，这就为正常的信息沟通造成了很大的障碍。二是利益观念。在团体中，不同的成员对信息有不同的看法，所选择的侧重点也不相同。有些员工只关心与他们的物质利益有关的信息，而不关心组织目标、管理决策等方面的信息，这也成了信息沟通的障碍。

（5）相互不信任所产生的障碍。有效的信息沟通要以相互信任为前提，这样，才能使向上反映的情况得到重视，向下传达的决策迅速实施。管理者在进行信息沟通时，应该不带成见、虚心听取意见，鼓励下级充分阐明自己的见解，这样才能做到思想和感情上的真正沟通，才能接收到全面可靠的信息，才能作出明智的判断与决策。

（6）沟通者的畏惧感以及个人心理品质也会造成沟通障碍。在管理实践中，信息沟通的成败主要取决于上级与下级、领导与员工之间的全面有效的合作。但在很多情况下，这些合作往往会因下属的恐惧心理以及沟通双方的个人心理品质而形成障碍。

为克服沟通障碍，应建立规范、公开的沟通渠道，克服不良的沟通习惯，作为领导者应善于聆听下属人员的意见。

第6章

建设工程项目创新管理

6.1 “项目生产力论”研究与实践应用创新

党的十九大报告对我国经济社会发展从理论和实践高度做出了精辟的诠释、科学的阐述。总任务和主要目标是在中国共产党成立一百周年时全面建成小康社会，在新中国成立一百周年时建成富强民主文明和谐的社会主义现代化国家，实现中华民族的伟大复兴。强调了在新的历史条件下夺取中国特色社会主义新胜利，必须建设现代化经济体系。以供给侧结构性改革为主线，调整经济结构，使要素实现最优配置，提升经济增长的质量和数量。坚持质量第一、效益优先的方针，构建市场机制有效、宏观调控有度、微观主体有活力的经济体制，推动经济质量变革，效率变革，动力变革，不断解放和发展社会生产力，把经济发展方式由高速增长向高质量发展作为新时期实现各项目标的战略选择。结合建筑业实际，当前最为关键的是要认真学习贯彻落实党的十九大和十九届二中、三中、四中、五中、六中全会精神，把改革发展的重点和落脚点放在加快转变行业发展方式，深化建设工程项目管理体制改革，着力推进项目治理体系创新与治理能力现代化，进一步发展和提升项目生产力水平，全面促进新阶段建筑业高质量发展。

6.1.1 “项目生产力论”提出的时代背景与理论依据

20世纪80年代，在中国共产党十一届三中全会闭幕不久的1980年4月2日，邓小平同志就建筑业改革发表了重要讲话。邓小平同志关于建筑业如何发展、如何改革的系列讲话，是马克思主义充分运用于我国建筑业发展实践并与时代精神相结合的产物。当时由于受到大环境的制约，谈话虽然在内部传达，但在行业领导层已经反响强烈。1984 年 5 月，邓小平同志这个言简意赅、高屋建瓴的讲话在人民日报显著位置刊发，“从多数资本主义国家看，建筑业是国民经济的三大支柱产业之一，……建筑业是可以赚钱的，是可以为国家增加收入，增加积累的一个重要的产业部门。建筑业发展起来，可以解决大量人口的就业问题，可以多盖房，更好地满足城乡人民的需要”。这是新中国成立以来，特别是改革开放初期，中央领导就建筑业在国民经济中的地位、性质和作用首次做出科学、客观的判断，为推进我国建筑业的改革与发展指明了前进方向。从此一个深化建筑业改革，富民强国的重大战略列入了党和国家的重要日程。

1.“项目生产力论”提出的历史背景

1984 年 5 月六届二次人大会议的《政府工作报告》中强调指出，建筑业的改革，要围绕缩短工期，降低造价，提高工程质量和投资效益来进行。关键是要推行投资包干制和招标承包制。随后国务院确定把建筑业作为城市经济体制改革的突破口，率先推向市场。这个阶段国家进一步扩大企业的自主权，进行联产承包经营和百元产值总量包干，实行建设工程招标投标制，鼓励建筑业企业开始进行施工管理体制改革。1986 年 11 月，国务院领导在视察我国第一个利用世界银行贷款的国际招标投标项目——云南鲁布革水电站工程，又提出要把建筑业企业施工管理体制改革和学习推广鲁布革工程管理经验结合起来的要求。1987 年，国家五部委先后选择了 18 家和 50 家不同类型的大中型国营企业进行综合配套改革试点，提出了“按照项目法组织施工”，并于 1990 年 3 月和 1992 年 8 月分别在桂林和北京召开“试点工作经验交流会”和“项目法施工研讨会”。会议要求建筑业企业要以“项目法施工”为突破口，按照项目的内在规律组织施工，进行施工企业管理体制全面改革。

正是在这个大背景下，以原国家建委施工局张青林、谭克文、吴涛同志为主要代表的我国建筑界一批改革发展的领导者、推动者、实践者和理论工作者，认真学习马克思、列宁、毛泽东有关论著，潜心研究邓小平讲话精神，集思广益、凝聚智慧，深入挖掘鲁布革工程管理经验的精髓本质，系统总结建筑业企业实施工程项目管理的实践成果，在推行“项目法”施工的基础上又创新性地提出了“项目生产力”的概念，不但为我们形成既具有中国特色，又与国际惯例接轨、适应市场经济、操作性强的工程项目管理科学理论和方法奠定了基础，而且对当前我国进一步推进和深化工程项目管理创新，促进建筑业高质量发展与企业转型升级产生着重大而深远的影响。

2.“项目生产力论”提出的理论依据是马克思主义关于生产力论的启迪与指导

毛泽东指出：“指导一个伟大的革命运动的政党，如果没有革命理论，没有历史知识，没有对实际运动的深刻了解，要取得胜利是不可能的。”关于如何解放发展生产力，马克思、列宁、毛泽东和习近平同志都有许多论著，并认为首先是必须变革旧的生产关系和上层建筑，其次是不断运用科学技术进行技术创新和着力发展保护生产力。早在《共产党宣言》中马克思和恩格斯就指出，无产阶级取得政权并把全部资本集中到自己的手里后，就要“尽可能快地增加生产力的总量”。列宁晚年也曾对国家建设社会主义进行了艰辛的探索，他认为建设社会主义必须要摆脱固有观念的束缚和进行改革，必须把发展生产力放在工作的首位。

毛泽东在党的七届二中全会上就已提出，生产上的成败是革命成败的关键所在。1956 年在最高国务会议讲话中又强调，社会主义革命的目的是解放和发展生产力。邓小平同志指出改革开放“从历史的发展来讲是最根本的革命”，特别是 1980 年 4 月 2 日讲话正是从经济理论的角度对建筑业的深度思考。习近平总书记在党的十八大、十九大报告中都特别强调解放发展社会生产力是社会主义的本质要求。马克思主义认为，人类社会发展是有规律的，即生产力决定生产关系，经济基础决定上层建筑。在物质资料生产过程中形成的人与人之间的社会关系构成生产关系，生产关系是实现解放和发展生产力的驱动力。其中，劳动者是最活跃的要素；生产资料是生产力的标志。判断生产力水平高低主要看构成生产力的要素，即劳动者和生产资料及劳动对象的结合与适应程度，结合得越紧越好，生产力水平就越高。但生产要素要通过一定的生产组织方式的紧密结合与配置，才能形成现实的生产力。生产关系一定要适应生产力的发展；同时生产关系对生产力，上层建筑对经济基础又具有反作用。适应时会促进生产力的发展，不适应时会阻碍生产力的发展，人类社会就是在这样的基本矛盾作用下不断前进的。马克思对生产力进行了三个层次的划分，即“社会生产力、部门生产力、企业生产力”，这就告诉我们社会生产力的发展提升靠的是部门（行业）生产力，而部门（行业）生产力的发展提升又依赖于企业生产力。针对建设行业的实际，建筑业企业的生产力源于工程项目。也就是说，建筑业生产力存在第四个层次，即项目层次。工程项目才是生产要素转化为现实生产力的有效载体，是解放和发展建筑生产力的最终落脚点。研究和发展建筑业生产力就不能离开项目层次。所以解放和发展建筑生产力，工程项目管理水平的高低至关重要。这是因为建筑业的物质资料生产形式不同于其他产业部门，建筑业生产要素的结合方式有其特殊性：第一是劳动者与生产资料在空间上表现为在施工现场直接结合及远离现场间接结合的并存；第二是劳动者与生产资料在时间上表现为时断时续的非连续结合来实现生产力；第三是劳动者与生产资料的结合呈现出机械化、半机械化、手工作业等多种形态。因此，按照生产关系一定要适应生产力的观点，对于建筑业而言，也就是说建筑业所追求的是企业生产关系一定要适应项目生产力的特点，这是因为劳动者与生产资料只有在工程项目上的紧密结合才能把生产要素变为现实生产力。这就是马克思主义生产力理论对我们认识建筑业生产力本质特性的启迪与指导。

3.“项目生产力论”是推广鲁布革工程管理实践经验与理论研究创新的产物

位于云南省罗平县境内南盘江支流黄泥河上的鲁布革水电站工程，是我国改革开放初期第一个利用世界银行贷款的基本建设项目。按世界银行规定进行国际招标，日本大成公司以低于标底 44% 的价格中标，提前 4 个月竣工，工程质量优良，合同结算控制在合理的范围。鲁布革工程管理中所展现出的先进管理机制，精干的项目班子，科学的施工方法，有序的作业现场，高效、低耗、优质的实施管理理念，给当时我国工程建设领域和施工管理体制以巨大的冲击。通过对比、总结和反思，看到了我们的差距，找到了问题的症结。大家深刻地认识到，计划经济体制所造成的“投资无底洞，工期马拉松”的工程建设局面其主要原因在于施工生产方式的制约。具体表现为“三个落后”，即生产要素的占有方式落后，生产要素和生产资料的支配方式落后和企业生产要素固化与流动方式落后。建筑业以企业行政多层次为单元的生产组织方式和旧有的生产关系已不能适应市场竞争的挑战，更无法同国际承包商竞争，严重束缚着建筑业生产力的发展。从生产力角度看就是生产力与生产关系，经济基础与上层建筑的矛盾没有得到合理解决，落后的管理体制极大地制约了生产力的发展。而鲁布革工程管理的成功经验就在于它实施了以工程项目为对象，运用项目内在规律组织生产，也就是当时建设主管部门提出的“项目法施工”。其内涵有三个基本点：一是首先要进行建筑业企业内部管理体制改革，打破三级管理和经济核算的行政管理机制，使之适应项目管理新方式的需要；二是以工程项目为对象，组建项目经理部，按照项目的内在规律组织生产；三是最大限度集中全行业智慧、突破利益固化藩篱，促使企业整体机制转换、制度创新、配套改革，尽快适应社会主义市场经济体系的新阶段，促进项目生产力的发展和提升。

30多年来，广大建筑业企业以马列主义、毛泽东思想、邓小平理论、习近平新时代中国特色社会主义思想为指导，认真学习贯彻党和国家一系列改革发展的方针政策，借鉴推广鲁布革工程管理经验，深入钻研，科学谋划，通过实践探索和上百次会议研讨，在提出创新发展项目生产力方面基本形成了较为系统，并有一定理论高度的建筑业改革发展，深化工程项目管理的基本理论观点和方法。核心的理论观点包括：关于推行“项目法施工”必须进行企业内部配套改革的观点；工程项目管理是加快企业经营机制转换有效途径的观点；深化项目管理必须实行两层分离，重在劳务层建设的观点；项目管理必须强化以项目经理责任制为中心的观点；项目管理承包制必须坚持企业是利润主体，项目是成本中心的观点；项目管理的基本特征是动态管理和生产要素优化配置的观点；项目管理必须实行企业各项业务工作系统化、标准化管理的观点；项目管理必须创建和营造适用企业内外部市场环境的观点；项目管理必须坚持党政工团协同作战与党支部建在项目上的观点；解放和发展建筑生产力，必须坚持科技进步与管理创新两轮驱动并把落脚点放在项目层次的观点。这些基本理论观点来自实践探索，既是改革开放40多年来建筑业推广鲁布革工程管理经验推进建设工程项目管理改革发展取得举世瞩目成就所积累的宝贵经验，又是在马克思主义关于解放和发展生产力理论的强有力指导下，对项目生产力论研究和实践应用不断深化提升的产物。

通过学习党的十八大、十九大精神，我们更加清醒地认识到，改革开放的历史征程中，首要的任务是解放和发展生产力，因为生产力发展才是推动经济社会发展的终极力量。要实现中华民族的伟大复兴，没有生产力的高度发展是不可能实现的。建筑业作为国民经济三大支柱产业之一，在中国经济发展中占有重要位置，建筑生产力能否提高是检验建筑业改革举措成功与否的根本标准。30多年来，建筑业从计划经济到企业扩大自主权，以小分队联产承包进入机制转换，再到制度创新。进一步推行“项目法”施工，实行企业内部两层分开、建立工程项目管理新型运行机制，实现了施工技术进步与管理创新的跨越式发展，最终创新性地提出了“项目生产力论”。推进建筑业新时代高质量持续发展，充分体现了改革、发展、创新三者之间的有机结合，构成了缜密的逻辑关系。总体上讲“项目生产力论”的提出、形成和发展创新是以马列主义、毛泽东思想、邓小平理论、习近平新时代中国特色社会主义思想为指导，以中国建筑业改革发展创新实践为基础，对我国建筑业企业推广鲁布革工程管理经验进行生产方式深层次变革的系统总结和理论升华。

6.1.2 “项目生产力论”体系的框架构成

项目生产力作为马克思主义生产力理论与中国建筑业改革发展实践相结合的产物，30 多年来经历了在建设工程项目管理中不断地实践、认识、再实践、再认识的反复循环，逐步形成了比较完整的基本框架体系。

1. 项目生产力的概念

通常，狭义的生产力是指再生生产力，即人类创造财富的能力。从横向看，生产力分为个人生产力、企业生产力、社会生产力。从纵向看，生产力分为短期生产力、长期生产力。从层次看，生产力分为物质生产力、精神生产力。生产力是生产力系统的功能组织，生产力系统的要素包括两大要素，即实体性要素，如劳动者、劳动资料、劳动对象，非实体性要素，如科学技术、教育管理及社会文化制度体制环境。生产力系统的结构就是组成生产力系统和要素之间的关系。生产力系统的结构如果对称，生产力发展建设就快，否则生产力发展就慢。所以生产力发展是主客体相互作用、资源再生的结果。广义的是社会系统的整体功能，狭义的是行业、企业、项目整体管理素质和水平的体现。

生产力发展水平的高低是生产力要素构成的系统与其所处的政治、经济、社会、文化、生态等环境构成体系聚合匹配的结果。从建筑生产力层次看，项目部是物质生产力和精神生产力的结合，“项目生产力论”是按照生产力的狭义，特别是马克思主义关于生产力理论的层次性原理以及建筑施工企业生产要素结合场所的特殊性而提出来的。所以我们借用“生产力是人们征服、改造自然的能力”和“是人与自然之间的关系”的定义，把项目生产力的概念表述为“项目生产力是项目经理部全体人员实现工程项目建设目标的能力”。建筑业施工生产的实践充分证明，劳动者、劳动资料和劳动对象这三大要素只有在工程项目层面上实现优化配置、动态组合和科学管理，才能形成较好的现实项目生产力。

2. 项目生产力的内涵

工程项目具有很强的单件性和一次性。在整个建造完成过程中，既要强调项目管理各利益相关方的不同需求。更要突出创新提高项目管理水平，注重完善生产关系，发挥项目在资源配置中的决定性作用。同时又要更好地发挥企业及其各利益相关方协管推进作用，从而实现解放和发展建筑项目生产力的目的。所以说，按照生产力的层次性，项目生产力揭示了建筑企业生产力与项目生产力的关系，即发展企业生产力是提升项目生产力的前提和条件，项目生产力又是解放发展建筑企业生产力的最终落脚点。项目生产力具有技术属性、价值属性、文化属性和很强的管理属性。项目生产力水平的高低关键在于项目管理部在实施过程中充分利用改造自然和项目管理提升所积累的宝贵经验与成果。以此可以得出项目生产力的深刻内涵是，以生产组织和管理方式为核心，以创新发展与绿色施工为理念，以生产管理组织与建造方式为引擎、以技术进步与管理创新为支撑，以生产要素与资源优化配置为基础，围绕实现工程项目建设目标，反映“以人为本”具有劳动文化的社会化大生产。从外延来看，项目生产力是物质生产力、技术生产力、文化生产力、精神生产力和人才成长能力的统一体。

3. 项目生产力的特征

按照生产力的定义和项目系统论的观点，结合建设工程项目实践可以看出，项目生产力本身又是一个多元化的系统，在这个系统中包含了基础性要素、发展性要素和组合性要素。基础性要素包括以生产工具为主的劳动资料、劳动对象以及从事物质资料生产的劳动者；发展性要素主要是先进的科学技术和管理方法及其施工工艺革新；组合性要素主要指扁平化式的管理组织机构和信息集成化管理，其系统是由质、量、时空结构等交互构成的有机整体。

从一般意义而言，项目生产力应具有四大特征：第一是效益性特征，项目生产力运行的首要目标是要获取最佳效益，效益是项目组织和企业赖以生存的经济基础，效益性体现了项目生产力的经济能力；第二是创新性特征，工程项目的建造过程具有“单件定制”的特点，每一个工程项目都要根据其构造与功能要求及区域特性采取不同的施工组织设计和工艺技术，创新是项目生产力持续进步的灵魂，体现了项目生产力水平提升的原动力；第三是集约性特征，集约的原义是指在社会经济活动中，在同一经济管理范围内，通过经营要素质量的提高、结构的改善、投入的集中以及组合方式的调整来增进效益的经营方式，实现以合理的成本投入获得最大的产出回报，集约性体现了项目生产力的市场竞争力；第四是多元性特征，从项目生产力要素的资本构成和技术构成看，建设工程项目呈现多种形态。从项目生产力的整体功能角度看，项目生产力又呈现多层次功能，例如，工程建设有专业承包、施工承包、工程总承包、项目群综合承包等，其对应的管理组织方式和所形成的生产关系也有很大差异。

6.1.3　“项目生产力论”为建筑业变革施工生产方式，深化工程项目管理体系建设奠定了坚实的基础

在改革开放的大环境下，建筑业由于有“项目生产力论”的有力支撑，成功实现了施工生产方式的深层次变革。30 多年来，建筑业在学习马克思主义关于生产力理论，借鉴国际项目管理四个阶段（策划、设计、施工、项目试运行）和五个过程（启动、计划、执行、控制、结束）的同时，运用“项目生产力论”的理论观点，对我国建筑业的生产关系进行了深入广泛的研究，并通过改革企业内部管理体制，转换经营机制，推进制度创新，不断调整生产关系，有力地促进了劳动者、生产资料和劳动对象三大要素在工程项目上的优化配置、动态组合和科学管理，极大地解放和发展了建筑生产力。

1. 创建和形成了较为科学的项目管理组织机构与基本框架体系

30 多年来我国工程建设领域的众多专家、学者、建设者在学习推广鲁布革工程管理经验的实践中，坚持以研究解放发展和提升项目生产力为先机，指导项目管理实践，严密组织施工，创造和积累了不少新的成功经验，逐步形成和完善了以“动态管理、优化配置、目标控制、节点考核”为显著特征；以“项目经理责任制”和“项目成本核算制”为基本制度；以“四控制（质量、安全、进度、成本）、三管理（生产要素、环境保护、施工现场）、一协调（组织协调）”为主要内容；以“两层建设（管理层与劳务层）、三个升级（全员智力结构、工程总承包以及资本运营能力）”为管理主线；以“总部宏观控制、项目授权管理、专业施工保障、社会力量协调”为运行机制；以“一套科学的理论和方法，一支优秀项目经理队伍、一代高新施工创新技术、一批建设好的高大精尖工程”为总目标的建设工程项目管理基本框架体系，为新时期建筑业高质量发展项目管理理论和实践的进一步提升奠定了坚实的基础。

（1）创新建立了项目经理部，实施项目经理责任制。

项目生产力的组织形式是项目经理部，它是中国建筑业推广鲁布革工程管理经验和企业进行项目管理体制改革发展中出现的新生事物。自 1987 年始，项目经理部从无到有，快速成长，日臻完善，已经遍布全国，并在发展过程中逐步建立和完善了项目经理责任制、项目成本核算制。当前“两制”建设已成为广大企业普遍采用的基本生产管理责任制度，为企业优化配置社会生产要素，发展提升项目生产

力，扩大企业经营规模提供了新的运营模式。

项目经理责任制具有对象终一性、内容全面性、主题直接性和责任风险性四个特点。它是以工程项目为对象组织施工生产，项目经理对项目管理过程中质量、安全、成本、进度、现场文明施工、合同履约以及总分包的组织协调具有全面责任，项目部是企业法人代表授权委托管理工程项目的组织团队，项目经理作为第一责任人直接对企业法人负责，并对工程质量负有终身责任。项目经理责任制的建立和实施从根本上实现了两个否定和两个有效。否定了行政命令指挥生产，否定了按行政层次进行经济核算；有效地解决了项目管理缺乏明确责任人弊端，激发了项目的实施活力，是提高项目经济效益的基本制度。项目经理责任制经历了从项目经济承包制到项目经理负责制，再到项目经理责任制这样一个试点探索、不断完善和最终适应市场经济体制运行和建设项目管理特点的变革与提升过程。虽然承包制、负责制和责任制只是细微的文字之差，却清晰地刻画了企业运行机制和项目科学化管理不断改革完善创新的轨迹，逐步形成了关于项目管理的“三个一次性”的科学定位。即：工程项目是一次性的成本管理中心，项目经理部是一次性的施工生产组织管理机构，项目经理是企业法定代表人在项目上一次性的授权管理者。三个“一次性”的定位不但有效地摒除了过去项目个人承包制的弊端，对项目生产方式的变革起到了有力的推动作用，真正体现了项目管理“组织机构层次减少，人员配置精干高效，管理对象直接到位，资源优化动态组合、责任明确绩效考核”的基本原则。而且加快了中国建设工程项目管理国际化进程，有力地促进了项目经理部结合国际项目管理知识体系（PMBOK），运用 PMO 在项目组织内部将实践、过程、运作形式和标准化及组织部门形成运行系统，明确项目实施流程建立项目管理信息系统，组织项目管理人员对项目进行全过程全方位的监控、验收和考核，以确保工程项目的高效运作和最佳效益。

（2）理顺确定了适应工程项目管理新型运行机制的企业内部三层关系。

按照项目管理系统的内在联系、功能要求、运行原理、机制特征，通过推行项目资源优化配置，动态组合，科学管理，理顺了企业、项目和作业三个层次之间的关系。

首先强调确定了企业层次是经营利润中心，涵盖主体法人的责任范畴，它包括三个主体：市场竞争主体，合同履约主体，企业利润主体。其次确定了项目层次是管理实施执行中心，负责并确保工程项目的质量、安全、工期、成本等各项管理目标的实现。进一步确定了企业层次与项目层次之间关系为服务与服从，监督与执行的关系，也就是说企业层次管理机构的设置与生产要素的调控体系要适应并服务于项目层次的优化配置。项目层次生产要素的配置需求与动态管理要服从于企业层次的宏观调控。项目层次与劳务作业层次不存在上下级关系，是相互平等、合作共赢的劳务合同关系。劳务作业层次的发展方向是专业化、独立化和社会化；企业法定代表人与项目经理是委托授权与授权管理的关系，他们之间不存在集权和分权的问题，项目经理要按照法人代表授权范围和职责要求做好工程项目全面管理，从而形成了“总部服务调控、项目授权管理、专业实施保障、社会力量协作”的建设工程项目管理新型运行机制。

（3）创建形成了“三位一体”为主线的建设工程项目管理运行体系。

中国建设工程项目管理的实践比较集中鲜明的特点是创建和形成了以“过程精品、标价分离、项目文化”三位一体为主线的建设工程项目全寿命周期管理较为科学的新型运行体系。

第一是“细化管理、工序控制、节点考核、奖罚严明”的质量安全线。即运用信息技术加强制度建设，抓好精细化管理，通过推广运用 BIM 技术与智慧工地、人脸识别、数据决策等信息技术和建立施工项目管理质量安全制度，坚持“把好三关”（职工把好操作关，质检员把好检查关，项目总监把好验收评比关），狠抓“四个坚持”和“五个从严”。一是坚持施工前做好计划、质量、安全和技术交底；二是坚持工作岗位责任制，按专业实行班组分层包干，做到“三定三存”（确定工作部位、确定工作内容、确定工作标准；基本情况、检查数据、考核结果三存档）；三是坚持“三检一评”，样板引路，每道工序施工前都要有技师先行示范操作；四是坚持过程管理“五个从严”（施工图纸审查从严，执行规范标准从严，质量安全监控从严，事故责任追究从严，考核结果奖罚从严）。

第二是“逐层负责、精耕细作、集约增效、单独核算”的经济效益线；工程项目中标后项目部在企业规定包干的经济指标范围内按照“项目经理主抓全面、分管副职专业对口、各级管控逐层负责的原则”，分解压实经济责任，坚持项目形象进度工程量统计、完成产值计算和会计成本核算“三同步”，精准计划项目预算，择优组织集采物资，严格各项财务收支，强化工程成本核算。

第三是“以人为本、文明施工、CI 标识、形象展示”的党建项目文化线。工程项目建设工地是脑力和体力劳动的聚焦点，要充分体现以人为本。首先是要考虑为劳动者创造安全舒适健康的活动场所，二是要围绕激发和调动人的主动性、积极性、创造性，开展各项活动，建立和完善无情管理、有情考核的激励机制。三是充分发挥党支部建在项目上的政治引领作用。加强项目现场文明施工和环境美化，充分展示企业和项目履行社会责任，服务社会、保障民生的企业形象。

（4）完善形成了建设工程项目管理科学运作的保障机制与管理总目标。

工程项目管理的成功重在有科学合理的运作保障机制和目标策划做后盾。30多年来我国建筑业企业在推进工程项目管理改革发展中之所以能够取得较好的效果，就在于特别注重对项目管理实践探索的成功经验进行及时系统的总结提升和推广应用。

一是依据项目管理系统性的原理，结合建筑业推行工程项目管理的成功经验，界定明确了项目管理的主要特征是：动态管理，优化配置，目标控制，绩效考核；组织机构是："两层分开，三层关系"，即管理层与作业层分开，正确处理好项目与企业层次、项目经理与企业法定代表人、项目经理部与劳务作业层的关系；推行主体是："二制建设，三个升级"，即通过推进与加强项目经理责任制和项目成本核算制度建设，促进和实现企业建造技术进步、科学管理升级，工程总承包及资本运营能力升级和人力资源、智力结构升级；运行机制是：总部服务调控，项目授权管理，专业实施保障，社会力量协作。

二是参照国际项目管理九大知识体系，在建筑业推进工程项目管理实践探索和理论研究的基础上规范了我国建设工程项目管理的基本内容为："四控制，三管理，一协调"，即工程质量、安全生产、形象进度、项目成本四控制，现场要素、信息沟通、合同履约三管理和组织协调。

三是按照国家建设主管部门的有关政策法规和要求提出了建设工程项目管理"四个一"的总目标，即形成一套具有中国特色并与国际惯例接轨、适应市场经济、操作性强、较为系统的工程项目管理理论和方法；培养和造就一支具有一定专业知识、懂法律、会经营、善管理、敢担当、作风硬的工程项目管理人才队伍；开发应用一代能较快促进提高生产力水平和经济含量的新材料、新工艺、新设备和新技术；建设推广一批高质量、高效率、高速度，充分展示建筑业科技创新水平和当代管理实力，具有国际水准的代表工程。

2."项目生产力论"在建筑业改革发展的实践中经受了检验，并发挥了重要的作用

2021年是中国共产党建党100周年，也是建筑业推广"鲁布革"工程管理经验促进改革发展35年。不得不说，这35年是我国经济社会改革发展进程中极不

平凡的 35 年，也是中国建筑业践行“两个突破”深化工程项目管理体制改革和提升项目生产力水平进入了一个高速发展的历史时期。据相关统计，截至 2017 年的前 30 年，建筑业总产值是 1980 年的 675 倍，增加值是 1980 年的 252 倍。建筑业总产值平均增长为 20%，增加值约占 GDP 接近 7%。虽然建筑业也经历了 2015 年的低谷，但总体上仍呈现出平稳发展的良好态势。2019 年完成建筑业总产值 248445.77 亿元，同比增长 5.68%；完成竣工产值 123834.13 亿元，同比增长 2.52%；签订合同总额 545038.89 亿元，同比增长 10.24%，其中新签合同额 289234.99 亿元，同比增长 6.00%。截至 2019 年底，全国有施工活动的建筑业企业 103814 个，同比增长 8.82%；从业人数 5427.37 万人；按建筑业总产值计算的劳动生产率为 399656 元 / 人，同比增长 7.09%。

与此同时，建筑业还带动了 50 多个相关产业的发展，建筑业每增加 1 万元产值，直接拉动相关产业 7.5 万元，为国民经济和社会和谐发展作出了巨大的贡献。可以肯定地说，30 多年来，建筑业取得的一切成就与辉煌，推广鲁布革工程管理经验，深化建设工程管理体制改革功不可没。

（1）面对经济发展“新常态”，建筑业保持定力、励志前行、创新提升“项目生产力论”，不断开创行业改革发展新篇章。

党的十八大以来，面对经济发展“新常态”，建筑业与全国人民一道认真贯彻落实习近平总书记和党中央的战略布局，举旗定向，谋篇布局，攻坚克难，强基固本，强调思路之变、把握主动商机，探求创新之路、释放发展活力，不断攀登建筑高峰。在工程建设和推进建筑产业现代化进程中，深入研究提升“项目生产力论”，并以此凝心聚力，务实前行，不懈奋斗，铸就辉煌，彰显伟业，建造能力屡创新高，管理队伍持续扩大，综合实力不断增强，开创了新时代建筑业改革发展一个又一个的新纪录。这十年所取得的辉煌成就，已在新时代中国改革发展创新的历史上留下深刻的印记，成为党的十八大以来，我国社会经济发展波澜壮阔历史丰碑的缩影。

近十年来，建筑业实施国家创新驱动发展战略，以科技进步与管理创新引领传统产业转型升级和高质量发展。

一是产业集中度明显提高，国有、股份制和混合所有制企业呈现多元化发展。在建设现代经济体系的催化下，行业与企业资质结构持续优化，高端市场占有率不断提高，大型国有企业改革步伐加快，建筑业兼并重组取得重大突破，以资本与特级资质为纽带的混合所有制企业集团不断涌现。例如，中国海外发展有限公司斥资

310 亿元收购中信地产住宅业务，极大地延伸了产业链，中国中铁通过内部实施重大资产置换与非公开股份发行，提升了企业综合实力，开拓了发展空间。

二是建造实力明显增强，产业现代化建设进程加快。建筑业大力推进新型建造方式，以绿色建筑产品为目标，以智慧施工技术为支撑，以部件工厂化生产为基地，以项目精益化管理为手段，以全产业链集成为纽带，以高端专职人才为资源，以工程总承包为主流模式的工程项目全寿命周期管理彰显“中国建造”的综合实力。与此同时新型建造技术水平实现了新跨越，超高层建筑，高速、高寒、高原、重载铁路和特大桥建造技术迈入世界先进行列。BIM 技术推广力度、深度进一步加大，离岸深水港关键技术、巨型河口船道整治技术与大型机场工程建造技术都已达到世界领先水平。正如习近平总书记在北京大兴国际机场视察时赞扬的“中国制造、中国创造、中国建造”共同发力改变着中国的面貌。

三是建筑业传承鲁班文化，弘扬工匠精神，有力地促进了“建百年精品、树行业丰碑、强项目管理、创一流品牌、塑中国建造”活动风起云涌。我国在城市建筑、市政设施、高速公路、水利水电等一系列高、大、难、精、尖的工程建设中，涌现出一大批以上海中心、杭州 G20 会址、中国尊、国家博物馆、西北科技创新港、文昌航天发射塔、厦漳跨海大桥和港珠澳大桥、北京大兴国际机场为代表的大体量、超高层、高难度的大型优质工程。具有中国知识产权的高铁跨越高山峡谷走出国门，穿越江海天堑的桥梁隧道与高峡出平湖的电站大坝等工程项目纷纷建成，且工程项目规模越来越大，专业技术水平要求越来越高，先后有一大批工程项目荣获国家优质工程奖和鲁班奖。充分体现广大建设者别具匠心、奉献社会、视质量为生命的佐证，为“中国建造”赋予了新的内涵，彰显了现代工程项目管理水平与中国建造质量品牌及综合实力具有世界顶尖的国际水准。

四是建筑业践行和加强“一带一路”建设，瞄准国际前沿，抢抓市场机遇，大力实施“走出去”战略，海外市场持续发力。“一带一路”本质上是面对经济全球化，进一步加强中国与沿线国家的各领域经济长期合作，通过实现“五通”，加快我国基础设施开发模式与沿线国家基础设施强劲需求发展的深度融合，同时也为我国建筑业新时代转型升级与高质量持续发展提供了面向世界的外部市场环境。2019 年我国对外承包工程业务已遍布全球 190 个国家和地区。我国对外承包工程业务完成营业额 11927.5 亿元人民币，同比增长 6.6%（折合 1729 亿美元），新签合同额 17953.3 亿元人民币，同比增长 12.2%（折合 2602.5 亿美元）。同沿线的 62 个国家新签对外承包工程项目合同 6944 份，占同期我国对外承包工程新签合同额的

59.5%，同比增长 23.1%；根据“美国工程新闻杂志 ENR”发布，2019 年中国共有中国交建、中国建筑、中国中铁等 65 家企业上榜进入世界 500 强，数量连续 5 年居各国首位。中国内地 75 家企业入围 2019 年度 ENR“全球最大 250 家国际承包商”，较上年增加 6 家，入榜企业数量再创新高。

（2）“项目生产力论”助推建筑业企业改革发展与转型升级取得了显著成效。

30 多年来，特别是党的十八大以来，广大建筑业企业正是通过学习、借鉴、推广“鲁布革”经验，以工程项目管理为核心，坚持改革发展创新，有力地促进企业管理制度化、标准化、规范化、精细化、信息化和科学化。当初建设主管部门从 50 家试点企业抓起，30 多年来培育了近千家拥有雄厚人力资源和技术、设备、融资等综合实力强的工程总承包领军企业。

中国建筑集团学习推广创新鲁布革工程管理经验，实现了“一最两跨”的目标。30 多年来，企业的产值、利润、纳税分别比 1987 年增长 827 倍、382 倍、363 倍。2019 年，新签合同额为 24821 亿元人民币，同比增长 6.6%；从而以 1815.2 亿美元的年营业收入位列 500 强全球榜单第 21，总营收相较 2018 年增长 16.3%，排名较 2018 年升高两位，2021 年新签合同额 35295 亿元人民币，同比增加 10.3%，蝉联全球上市建筑企业榜首。

中国中铁股份有限公司“推进两大转变，实现两次创业”各项指标排列世界建筑行业第二，大大提升了产业在国民经济中的带动力。特别是高铁施工的先进管理与技术走出国门、影响全球，成为中国铁路建设耀眼的明珠。

中国水利水电集团是首批学习推广鲁布革工程管理经验的示范单位，先后承建了包括鲁布革、小浪底水电站、三峡和南水北调等大型水利水电工程。20 多年来，他们以建设“行业领先，管理一流，品牌影响，具有较强国际竞争力的质量效益型跨国企业集团”为目标，以资本运营和管理创新提升工程总承包项目管理能力，在开拓国内国外水利枢纽建设市场中取得显著的成绩。

中国建筑第五工程局启航于大三线建设时期，改革开放以后由于当时不适应市场经济，一度陷入生存困境，进入 21 世纪特别是党的十八大以来，他们深化工程项目管理，坚持“树信心、定战略、抓落实、育文化”，通过“提质攻坚”和“一引领、四支撑”瞄准智慧建造，精准发力，推动企业转型升级。2019 年实现营业收入超过 1200 亿元，利润额也较同期增加两倍以上，在中建内部排名从原倒数第二一举提升到前三名。2021 年合同额 3000 亿元，营业收入超 1500 亿元。

中国建筑第八工程局秉承“诚信创新、超越共赢”的铁军精神和“高端市场、高端业主、高端项目、高端管理”的市场营销战略，通过研发推广“四新”技术、建立工程总承包信息化网络管理系统，以承建像G20会展博览馆类似的大型体育场馆、医疗卫生、文化旅游、重大国际活动会议中心及机场航站楼等地标性建筑精品著称于世，在国内外被誉为“南征北战的建筑铁军，重大项目建设的先锋”。

北京城建集团作为“兵改工”推广鲁布革工程管理经验的首批试点企业，当年面对市场经济步履维艰，借力改革，冲出困境。特别是近几年来，他们紧紧围绕“调整资本结构、提高融资能力、转变增长方式、完善产业布局”的发展战略，坚持“四清晰、一分明”的项目管理制度，实现了工程承包高端化、地产开发高效化、设计咨询专业化，管理体系科学化，集团发展国际化。

上海建工集团坚持“重点区域、重大项目、深度开发、科学管理”，加快产业结构调整，推进集团可持续发展。2019年，建筑施工业务营业收入约为1600亿元，较上年增长21%；建筑相关工业业务营业收入约为125亿元，较上年增长147%。2021年新签合同额4425.06亿元，较上年同期增长14.4%。

陕西建工集团是西部地区首个施工总承包特级、设计甲级资质及海外经营权的省属大型国有企业集团，多年来坚持省内省外、国内国外并举的经营方针，完成了一大批重点工程建设项目，国内市场覆盖31个省份，国际业务拓展到27个国家。正向稳霸陕西、称雄全国、驰骋国际前进，提前两年进入“千亿陕建”的宏伟目标。

云南建设总公司树立“强化精细管控，打造过程精品”的质量理念，秉持“敬业、协作、担当、品质、责任、创新”的核心价值观，致力于企业文化建设，荣获住房和城乡建设部“精神文明建设先进单位”，被中华全国总工会授予“全国五一劳动奖状”。

中建科工集团是中国最大的钢结构高新技术新型建造企业。是较早推广应用工程项目管理模式，承建当时深圳最高最大的帝王大厦和深圳发展中心，十多年来他们秉承科技管理创新与工业化为核心“双引擎”，从最初中建系统的三级公司发展到一个“创新型、资本型、全球型”具有诸多国家级知识产权的示范企业。

天津天一建设集团是一家集建筑、地产、投资、贸易等为一体的多元化民营企业，集团秉承“严实求精、每时俱新、诚信进取、增创一流”的市场竞争优势。以优化工程项目管理为抓手，坚持每项工程精益求精一次成功，连续十年荣获十项鲁班奖工程，被行业称为鲁班奖工程的专业户。

中国冶建、中国交建、浙江中天、山西四建、四川华西、江苏中亿丰、江苏苏中、河南国基、江西宏盛以及内蒙古兴泰建设、广东正升、南通三建、兴润建设和安徽华力等国有、民营和混合所有制企业也在我国改革开放大潮中应运而生、茁壮成长。正是这样一大批传承“鲁布革”精神，勇于改革创新的建筑业企业，为当今中国城乡面貌巨变和现代化建设作出了巨大贡献，谱写了壮丽的篇章。

（3）“项目生产力论”研究与实践应用为建筑业深化工程项目管理创新和高质量持续发展积累了具有中国特色的宝贵经验。

鲁布革工程管理经验的核心，是注重投入产出，讲求经济效益。强化生产要素动态组合和优化配置，以强烈的竞争意识和科学的管理方法提高时效，积累形成了具有中国特色的宝贵经验和做法。

一是从实践创造和理论探讨上把“项目法施工”初期设想变为可操作的一种新型的工程项目管理模式，并在解放和发展“项目生产力论”上有较大突破和成熟的阐述。形成一套具有中国特色并与国际惯例接轨、适应市场经济、操作性强、比较系统、科学的工程项目管理理论和方法。

二是政府主管部门面对计划经济向市场经济的转型，抓住主要矛盾，及时进行政策指导，制定和建立了以资质管理为手段的四个层次的施工生产组织管理体系。逐步形成了以管理技术密集型的工程总承包企业为龙头，以专业施工企业为骨干，劳务作业队伍为依托，国有与民营（多种经济成分并举），总包与分包，前方与后方，分工协作，互为补充，具有中国特色的建筑业企业组织结构，并在此基础上建立了以项目经理部为责任主体的生产管理组织机构。

三是实行和加强了建筑业企业内部两层管理与组织建设，有力地促进了企业经营机制的转换和行业组织结构的调整。项目生产力揭示了企业与项目层次，项目与劳务层次以及参与项目管理各利益相关方的生产关系，创造了建筑业企业从创新管理理念的高度来规划多种经营，实行多元化发展战略和投、建、营一体化的企业改制再造经验。

四是建立了项目经理责任制制度。培养和造就了一大批懂法律、会经营、善管理、敢担当、作风硬、具有一定专业技术水平的工程管理人才队伍。确定了项目经理在企业中的重要地位和对项目负责的主体责任，加速了项目经理职业化建设，为新时代我国建筑业高质量发展积累了人才资源。目前，我国已有注册建造师资格的项目管理人才近300万。

五是在学习借鉴国际上先进管理技术的同时，有力地促进了我国工程项目管理实践运用和施工技术与工艺创新。自1988年建设部提出加快推进建筑施工技术进步，推广国家级工法改革以来，先后研发编制国家级工法2880项，发布优秀项目管理成果2609项，为我国加入WTO后工程建设领域加快与国际接轨，践行“一带一路”建设，推进中国建造“走出去”奠定了坚实的基础。

六是工程项目管理作为一种新的现代化管理模式，在解放和发展建筑生产力、促进建筑业高质量持续发展过程中显示了越来越强大的生命力，并取得了丰硕成果。30多年来建设和完成了一大批高质量、高速度、高效益的代表工程，全行业已有2600多项工程荣获中国建设质量最高奖“鲁班奖”，上万项工程荣获国家优质工程奖，形成了中国建筑“品牌窗口”，充分展示建筑业当代先进科技水平和国际化“中国建造”实力。

这些基本经验和做法以及取得的辉煌业绩既是30多年来我们推广鲁布革工程管理实践探索中形成的基本制度和理论研究创新成果的升华，也是党的十八大以来建筑业进行“供给侧”结构性改革，寻求经济发展增长新动能，加快推进产业现代化进程中进一步深化工程项目管理创新、促进企业转型升级高质量发展，激励引领广大建设者不忘初心、砥砺前行的宝贵精神财富。

6.1.4 “项目生产力论”的研究深化和创新发展

党的十八届三中全会提出了“推动生产关系和生产力上层建筑与经济基础相适应，必须遵循市场决定资源配置这一市场经济规律”。党的十九大指出中国特色社会主义进入了新时代，再次明确要让市场在资源配置中起决定性作用。同时要更好地发挥政府作用，并科学地判断我国社会的主要矛盾已转化为人民日益增长的美好生活需要和不平衡不充分的发展之间的矛盾。经过改革实践结合学习党的十八大、十九大精神，我们深刻认识到进入新时代，建筑业要保持高质量持续发展，首先要看清楚现代社会消费需求发生的变化给建筑市场带来的挑战。

1. 党的十九大就我国社会主要矛盾的新判断为“项目生产力论”研究深化和创新发展指明了方向

党的十九大关于建设现代化经济体系，把社会主义制度和市场经济有机结合起来，极大地解放和发展社会生产力，极大地解放和增强社会活力的总要求，为巩固推广建筑业改革发展的成功经验，继续深化建设工程管理体制改革，应对市场需求变化，把市场规律、制度建设、工资分配和项目运行机制有机地统一起来，进一步完善项目管理制度，优化组织机构，与时俱进，行稳致远，提质增效指明了方向。

从生产力与生产关系的辩证统一视角来看，党的十九大对我国社会主要矛盾作出了新的判断，深层次地反映了我国经济社会发展的一般规律和特殊规律。随着人民对美好生活的向往，建筑物作为人们生活的生态环境空间不再只是单一质量合格的建筑居住需求，而是要求在突出质量安全保证建筑使用功能基础上，对符合宜居住房全寿命周期的建筑设计、材料生产、质量标准、施工技术及绿色环保、人文管理等都提出了新的要求。这就必然对建设工程项目管理原有组织形态与建造方式造成冲击，同时也必然形成生产力和生产关系新的矛盾。如何把握好在社会经济发展和市场需求变化的大背景下，项目生产力与生产关系的变与不变对我们进一步研究深化创新发展建筑项目生产力，促进新时代建筑业高质量发展至为重要。一是因为随着后工业化、信息化和建筑产业现代化的进程，项目管理的优化升级更能在激烈的国内外市场竞争中具有很强的优势。二是供给侧结构性改革和人民幸福生活水平提高的需求，党和国家以问题为导向，围绕新时代建设工程安全、适用、经济、绿色、美观的方针，对建筑业的各项活动和建筑产品也随之制定了新标准并提出了新的要求。对于建筑产业升级的选择，必然是高质量持续健康发展。三是在组织形态上不少企业实行了项目股份合作制，促使项目分配制度按劳动投入和生产要素的投入占比进行再分配，给项目参与人员带来了强劲的动力。这一共享项目丰收成果的巨大变化有望成为今后研究深化和提升工程项目管理水平的一种新的发展理念和组织形态。

历史唯物主义认为，生产力与生产关系的矛盾始终是人类不同社会形态的基本矛盾，是国家经济社会发展的一般规律。所以生产力和生产关系的矛盾必然要被应用于具体行业的具体时期，并转化为国家经济社会发展的特殊规律。从理论逻辑与实践逻辑来看，在国家经济同一个阶段里，生产力和生产关系都可以有不同的层次。好的经济制度能够不断激发社会活力，把社会主义制度和市场经济有机结合起来，就能不断解放和发展社会生产力的显著优势。30 多年来，建筑业学习推广鲁布革工程管理经验的核心，正是从这一视角出发，从当初计划经济到适应市场经济，再到“项目法”施工和提出“项目生产力论”，为实现新时代不断完善建设工程项目管理制度创新，提升项目生产力水平，促进建筑业高质量、高科技、高效益发展奠定了理论基础。党的十九大关于我国主要矛盾的判断告诉我们在深化提升项目生产力理论研究中，必须注重提升项目生产力三大要素的变化。无论是劳动者需求的改变还是劳动资料和劳动对象的改变，其实质决定了在生产力与生产关系要以满足人们对住房质量、环境保护、功能使用的新需求为主要目标。由此我们得出了在进入新时代应对市场变化给建筑业带来的挑战依然是要加快现代工程项目管理的优化升级，其本质是更要集中体现在推进项目管理中科技的进步与管理创新，最核心的是马克思关于生产力理论与党的十九大习近平新时代中国特色社会主义思想强有力的指导。

2. 习近平新时代中国特色社会主义思想为创新发展和提升项目生产力赋予了新的内涵

党的十九大确立了新时代的指导思想，描绘了新时代实现“两个一百年”奋斗目标的宏伟蓝图，明确指出发展是解决我国一切问题的基础和关键，发展必须是科学发展。而生产力又是判断一个国家经济社会发展的重要指标。实践发展永无止境、认识真理永无止境、理论创新永无止境。任何理论都需要在实践中与时俱进，不断充实、完善和发展。实践提升理论，理论指导实践，实践又为理论发展和创新提供原动力。进入新时代要求我们必须以习近平新时代中国特色社会主义思想为指导，探索规律，勇于实践，不断进行思想观念的更新、发展理念的创新，与时俱进地拓展提升项目生产力水平新的理论内涵，创造新的理论价值，适应新的行业发展脉搏，才能永葆活力。

（1）以新发展理念为指导，不断创新充实完善和提升“项目生产力论”的研究水平。

自从党的十七大提出科学发展观到十九大习近平新时代中国特色社会主义思想，都已为“项目生产力论”研究深化赋予了新的内涵。一是科学发展观和党的十九大报告强化了人的核心地位和作用。建筑业总体上讲是一个劳动密集型的行业，为社会就业吸纳了大量的劳动力。科学发展观和党的十九大报告坚持以人民为中心的发展思想的核心内容和基本方略就是坚持“以人为本”。强调要在建设中国特色社会主义的伟大实践中，包括在工程建设中，特别是工程项目施工现场是脑力劳动和体力劳动的集散地，少则几百人多则上万人，强调以人为本是项目管理工作的重中之重。由于过去相当一段时间忽视对一线操作人员的培养，劳动队伍流动管理松懈，已成为当前项目管理工作的关键问题，所以进一步提升项目生产力水平必须突出劳务层的管理与建设。选择好项目劳务队伍，注重抓好操作工人技能培训，尊重产业工人的主体地位，充分发挥广大建设者的首创精神，调动他们的积极性和创造性都至关重要，我们要依靠全体员工的智慧和力量促进经济、社会和行业又好又快地发展。

二是党的十八大提出“加快产业结构调整，转变经济增长方式”。十八届三中全会又提出“加快转变经济发展方式，调整优化经济结构”。从经济增长方式到发展方式，从调整结构到优化结构，虽是几字之变，但其内涵发生了由数量到质量的提升，强调发展速度和发展质量的高度统一。以 GDP 为例，我国过去 30 年的增长率平均在 9%，但主要是靠资本的投入和劳动力的贡献，其中技术含量不足 30%；而日本 GDP 增长主要靠高科技，约占整个增长率的 70% 以上。所以在推进行业高质量发展，调整优化产业结构同时，更要注重创新驱动，从低端投入向高端管理和高科技含量的施工工艺与关键核心技术研发应用投入，努力提高企业的自主创新能力。

三是新时代我国社会主义主要矛盾是人民日益增长的美好生活需要和不平衡不充分的发展之间的矛盾，这是关系到全局历史性的变化。显然，新的判断从生产力与生产关系视角入手，更有利于我们深化工程项目管理，提升“项目生产力论”研究深化的准确把握。改革开放 40 多年来，特别是学习推广鲁布革工程管理经验 30 多年来，建筑生产力虽然有了巨大的提升和飞跃。但从建筑业生产力发展的历史看，党提出从“落后的社会生产”转向“不平衡、不充分的发展”是有科学依据的，是对理论与实践辩证统一的及时回应。就建筑业来讲，虽然“三个落后”的状况已成为过去式，但由于建筑业是一个劳动密集型行业，过去的生产力水平落后是多方面的，经济增长依靠大量自然资源和廉价劳动力投入，生产方式、队伍素质、技能水平以及生态环境污染、企业国际竞争力低下等问题仍然在一定范围内存在，还很不适应当代实现“下一个一百年”新任务、新目标的需要。必须通过深化改革，加快转变发展方式，紧跟时代脉搏，在习近平新时代中国特色社会主义思想指导下，全面贯彻“创新、协调、绿色、开放、共享”的新发展理念，强调人与自然环境的和谐关系相协调，促进行业发展在内的全面进步，走生产发展、人文发展、绿色发展、科技发展、资源节约、生态良好、管理科学的建筑业高质量发展道路。

（2）深入学习贯彻十九大精神，反思和挖掘“鲁布革冲击”的深刻内涵。

当前在深入学习贯彻党的十九大精神，围绕转变建筑业生产方式与高质量发展的同时，对“鲁布革冲击”进行重新认识和反思，引发了我们对项目生产力内在要求和核心价值的深入思考。鲁布革水电站工程建设经验是对我国计划经济体制下施工生产方式的冲击。一是“鲁布革”把外资引进来，冲击了传统的投资管理体制；二是“鲁布革”把竞争引进来，冲击了工程建设任务的计划分配体制；三是“鲁布革”把工程成本概念引进来，冲击了国有企业只讲施工生产进度，不计经济效益的吃“大锅饭”的非物质生产单位的观念；四是“鲁布革”把先进施工工艺提炼为工法引进来，冲击了施工企业技术滞后、传统落后的施工方法；五是“鲁布革”把科学的组织结构形式引进来，冲击了国有企业以行政建制为主的四级管理、三级核算体制。这五个引进和冲击今天仍然是我们研究挖掘深化建设工程项目管理“时间快、成本低、效益好”三要素，创新发展提升项目生产力水平的本质要求，它为建筑业进入新发展阶段深化工程项目管理形成“低成本竞争，高品质管理，新方式发展，增综合效益”的新经营管理理念提供了驱动力。

回首推广鲁布革工程管理经验和提出“项目生产力论”作为支撑在建筑业生产方式变革中所起的积极作用，再反思建筑业目前存在的问题，可以看到过去 30 多年，我们虽然已经取得了辉煌的业绩，但这个成果还只是阶段性的。进入新时代，以习近平新时代中国特色社会主义思想为指导，充分发挥市场配置资源决定性作用和发挥政府作用，进一步深化建设工程项目管理体制改革，完善工程招标投标制度，营造实现公平竞争、优胜劣汰、规范有序的建筑市场任务还远远没有完成。随着我国供给侧结构性改革的深化，国内外市场竞争激烈，金融危机时起时伏，国内经济体制深层变革、社会结构大幅调整、利益格局发生转换，产业结构不断优化，经济效益有待提高，经济社会发展下行压力持续加大。面对各种纷至沓来的挑战，建筑业必须按照新时代党和国家的战略部署，不断更新发展理念、与时俱进，进一步拓展新的理论内涵，创建新的核心价值体系，适应新的发展脉搏，以更大的政治勇气和行业智慧不失时机地深化建设领域改革，全面审视研究和提升创新“项目生产力论”，解决好当前制约建筑业高质量发展的外部因素及转变发展方式与企业转型升级的深层次问题，从而更好地适应新形势下解放和发展建筑生产力的社会需求。

（3）以问题为导向，创新发展和提升“项目生产力论”，促进建筑业高质量发展与企业转型升级。

改革开放以来，党和国家一直强调改革的目的，最根本在于解放和发展社会生产力，要把解放和发展生产力作为解决社会主义社会基本矛盾，提高人民群众生活福祉的出发点和归宿。建筑业提出创新提升项目生产力，其目的也是要结合行业实际，进一步解放和发展建筑生产力，对不适应提升项目生产力的管理机制进行深层次改革。建筑业生产方式的第一次变革，是针对企业内部管理体制的配套改革而言，主要从施工项目现场管理和后方生活基地建设入手，比较重视解决企业内部资源的配置和运行效率。强化了项目经理在项目管理中的地位和作用，加大了安全、质量、进度和综合效益等目标的管理力度。促进了企业内部经营机制转变和一定程度上建筑生产力的提升，较好地适应了社会主义初级阶段市场经济的建立和发展。

今天站在建筑业持续高质量发展的高起点上来审视和研究提升创新“项目生产力论”，不单是为推进和深化项目管理，促进企业自身发展的问题，更重要的是有利于研究和解决制约建筑业改革发展的外部因素。当前建筑业不但存在“三高一低”的问题（劳动生产率低、产值利润率低、产业集中度低、工程交易成本高），而且还存在着两大突出矛盾，首先是极不合理的产业结构导致产能过剩和建筑市场恶性竞争的矛盾，其次是传统落后的建筑生产方式和建筑业的可持续发展的矛盾。比如，工程招标投标领域不但围标串标的现象严重存在，而且成为滋生腐败的重灾区。如何在政府主导下充分发挥市场配置公共资源的基础性作用，对于治理腐败，规范建筑市场，为企业公开、透明地参与工程招标，依法公平竞争，为促进高质量发展清除障碍，急需有关方面加以研究解决。再者，业主违规肢解工程为什么屡纠不改，国际上通用的工程总承包方式在我国推进了近 20 年却举步艰难等诸如此类的问题，都需要我们进一步在改革发展中认真思考，加以研究，并向政府主管部门提出建设性意见，以便政府出台符合市场规律的相关举措，为企业排忧解难，创造持续高质量发展的外部环境。另外，在经济下行压力大的背景下，不少企业积极响应政府号召，运用 PPP 模式投资城镇化建设项目，但工程后续的风险也需要政策支持予以保障和化解。2008 年，我国为应对世界金融危机，扩内需、保增长，财政拿出四万亿元投资基础设施建设。这么庞大的一揽子投资计划，曾对建筑业的拉动产生了重要的影响，但其经济效益到底如何，随着一大批项目的完工审计，相信会留下不少经验和教训。

重视研究解决好项目生产力与生产关系的问题，更要结合国家深化供给侧结构性改革的要求，研究解决建筑业转型升级中存在的深层次问题，以适应经济发展新常态，做好市场精准定位，进一步拓展经营发展空间。在新形势下，建筑业如何以问题为导向，谋划企业转型升级；如何做到固根基、扬优势、补短板、堵漏洞、增强企业内生动力需要我们深入思考。房屋建筑企业如何从单一的施工承包向基础设施乃至提供各类项目全方位、全过程管理服务的产业链延伸转变；传统产业的项目管理如何向运用信息技术，实现现代项目管理优化升级的转变；较为落后的生产方式和建筑工业化水平如何向新型建造方式和建筑产业现代化转变等。通过这些研究和探索清晰地回答好“为什么转型，向何处转型，怎么转型”的命题，以便结合巩固发展建设工程管理体制配套改革的成功经验和做法，更好地挖掘建筑业深度改革发展的内在潜力，促进和适应新形势下生产关系的变化，提升项目生产力水平，推动和促进建筑业高质量发展与企业转型升级。

总之在总体目标上，就是要以习近平新时代中国特色社会主义思想为指导，通过建筑业企业和广大建设者的不懈努力，加快行业发展方式转变，大力推进新型建造方式。自始至终揪住建设工程项目管理创新这个牛鼻子，努力提高项目治理能力现代化。用新时代建筑业改革发展创新的卓越成果促使建筑业从根本上转变为一个高贡献率产业，一个低碳绿色产业，一个自觉履行社会责任、被社会尊重的诚信产业，一个具有较高技术含量和管理创新水平的现代产业。

但是，我们也要看到，建筑业又是一个很传统的产业和劳务密集型的行业，特别是目前又面临着诸多深层次的矛盾，转变发展方式实现高质量发展是一个艰难的历程，可能需要我们建设工作者几代人的努力，广大的建筑业从业人员注定将担负更多的责任和使命。

3. 创新发展和提升“项目生产力论”必须高度关注建筑生产力要素的变化

深化建设领域改革，创新发展和提升“项目生产力论”，促进建筑业高质量发展和企业转型升级要抓住主要矛盾，善于在重点问题上突破转变。综合 30 多年的改革发展和工程项目管理的理论研究与企业转型升级的实践，可以看出目前建筑业在生产方式上有了很大的变化。

（1）劳动者的变化。劳动者其实就是“劳动的人”，是对从事劳作活动一类人的统称。其一，劳动者可谓参加劳动的人，包括体力劳动者和脑力劳动者；其二，是以自己的劳动收入作为生活资料主要来源的人。从最初计划经济时代大众化“大锅饭”的劳动管理模式，转变为劳务层相对独立的按劳分配运作模式，使得劳动力表现更集约、更专业、更高效。20 世纪 90 年代初期提出来的管理层与劳务层“两层分开”组织生产的方式，使得项目管理目标更突出，管理更顺畅，体现了建筑业生产力的进步。但当时建筑生产力的解放发展主要在于劳务层廉价劳动力和进城务工人员的输出。随着经济社会和建筑产业现代化的推进，建筑活动随之发生了根本性的变化，对劳动者的要求越来越高，逐渐由传统的廉价劳动力输出向专业型、高技能、高素质和综合型过渡。这是因为劳动者作为生产力的主导需求因素，要重视和强调劳动者应对劳动对象应有的综合能力和综合效率。主要表现在三个方面：一是管理人员要有一批具备一定专业知识，特别是高端人才要有技术、会管理、懂法律，会经营与善协调，成为相对的复合型人才。一般业务人员也由单一的某一岗位工作者变成了具备一专多岗位，能够胜任较多工作的综合脑力劳动者；二是新型建造方式要求一线操作工人，具有一定的文化和技术素质，能够适应复杂工艺革新应对综合技能的要求；三是智慧化建造要求有一批劳动者还要能够驾驭先进的技能工具和智能设备。

（2）劳动资料与生产方式的变化。劳动资料也称劳动手段，它是劳动过程中所运用的物资资源或物资条件，是劳动者和劳动对象之间的媒介，其中最重要的是生产工具。马克思曾经说过，各种经济时代的区别不在于生产什么，而在于怎样生产，用什么劳动资料生产。劳动资料因素主要以生产工具和设备作为先进生产力发展水平的关键性标志，体现了极大的进步，先进工器具和设备的使用，降低了劳动强度，提高了劳动效率，改善了作业环境，保障了劳动者的生产安全和职业健康，充分体现了以人为本的发展理念。在这里特别指出的是劳动资料的变化与生产方式变革具有紧密的联系。正如马克思指出的“他的劳动生产条件，也就是他的生产方式，从而劳动过程本身，必须发生革命，必须变革劳动过程的技术条件和社会条件，从而变革生产方式本身以提高生产力”。建筑业在相当长一段时期内始终停留在传统劳动资料的使用上，随着社会进步、科技创新和新型建造方式的发展，极大地刺激了生产力进步，劳动资料也随之改善。新材料、新方法、新工艺、新工具、新设备层出不穷、日新月异。尤其是奥运工程、世博工程、三峡工程、高铁工程、大跨度跨海桥梁和隧道工程掀起的施工技术创新潮，对劳动资料的要求愈来愈向高科技、高效能、高质量和低消耗的发展方向转变，出现了一大批生产能力强、工作效率高、劳动强度低、节能、减排、绿色环保的生产工具，促使劳动资料更应体现智能化、人本化和低碳化。

（3）劳动对象的变化。劳动对象通称为把人们的劳动加在其上的一切物质资料。一般分为两类，一是没有经过加工的自然环境中的物质，如矿山、森林，另一类是经过加工制造的产品，如钢铁、建材及构筑物等。劳动对象是生产力中最必不可少的要素，劳动对象的数量、质量和种类对于生产力的发展具有关键的影响。就建筑业而言，工程管理、建筑质量、建筑造型、建筑功能更是呈现跳跃式发展。尤其是进入新时代，全面实行工程项目管理创新，促进了建筑产品质量和功能质的飞跃。经过 30 多年的发展，劳动对象也在发生着质的飞跃，建筑高度、技术难度、项目规模、体量日渐加大，空间和地下发展日新月异，水利、交通、电力等工程规模不断加大，对建筑业提出新的挑战。同时结构、功能和使用需求持续改进，从而使得劳动对象日渐抽象、复杂。我们应当清醒地认识到，建筑业生产力的进步、生产方式的改进，应当重点关注和引导建筑产品逐渐向科技型、低碳型、智能型和人文型转变。

随着科技进步，建筑业生产方式转变应体现信息时代、科技时代和人文时代对建筑产品的需求，从结构、功能、施工实施和运行管理以及全过程服务均应体现智能型和人文型建筑的高端需求。深刻领会资源节约和环境友好的发展要义，充分体现环保、节能和循环经济，努力实现建筑产品全寿命周期的低碳经济，提升建筑业的整体运营能力。进一步完善建筑功能，加强科学技术和优质产品的建筑应用，加强专利技术、知识产权、优秀工法的挖掘和应用工作，提高建筑设计、建筑施工和建筑产品使用的科技含量，促进建筑业企业在建筑产品全寿命周期各环节中能力和适应的深层次变革已势在必行。

4. 创新发展和提升项目生产力论要着力促进建筑生产关系的转变

我们知道生产关系包括生产资料所有制关系、生产中人与人的关系和商品分配关系。在生产关系中生产资料所有制关系是最基本的，它是人们进行物质资料生产的前提。生产、分配、交换和消费关系在很大程度上是由这种前提决定的，所以是最基本的，最有决定意义的方面，它是区分不同生产方式，判定社会经济结构性质的客观依据。但生产关系的其他方面对生产资料所有制关系也具有重要的影响和制约作用，当他们适应时会对生产资料所有制起巩固发展的作用，反之会起削弱瓦解的作用。

所以在这里有必要指出的是研究创新和发展提升项目生产力，必须重视项目生产关系的研究，因为项目生产关系主要体现在项目管理中各实施主体之间的地位和相互关系，以及利益分配和责权划分对生产关系的转变。主要表现在以下三个方面。

（1）项目管理各利益相关方之间利益关系的转变。

由于参与项目管理各实施主体与利益相关方的所有制组织形式不同，在工程实施招标投标以后，长期以来各实施主体之间的利益关系始终处在彼此独立、甚至相互对立牵制的层面。进入新时代创新发展和提升项目生产力必须在实施项目管理过程中不断调整生产关系，转变生产方式，坚持平等互利、公平公正、共赢互惠的合作原则，倡导建立项目管理目标利益一体化的合作共赢关系，改进承发包模式和合同管理模式，体现责任、权力和利益高度一体化的合作。改变合同管理理念，真正做到以人为本、和谐发展、目标一致的管理风格。改变狭隘的小团体利益追求思想，避免相互扯皮推诿作梗，减少合同纠纷，保持公正、平等、健康的合同履约关系。

（2）项目利益相关方各实施主体之间地位和关系的转变。

当前传统的建设单位、投资单位、设计单位、监理单位以及施工、供应和劳务单位之间的地位和关系已发生了明显的转变。尤其随着工程总承包、代建制、项目管理咨询公司制等多种市场形式的出现，各实施主体之间地位和关系逐渐向平等、互利的方面转变。在建设工程项目管理体制改革的第一次生产方式变革之初，我们提出的“四控制、三管理、一协调”，主要针对承包商管理而言，在生产管理处理上比较注重的是承包商与业主的关系，而把项目参与方各实施主体之间的地位和关系协调一般定为近外层和远外层。由于相互之间所处的地位不同、关系不同，较多层面体现了相互对立、相互矛盾、相互牵制的生产关系，最终导致不同层次之间的协调原则和方法也有所不同，无形中造成了项目管理中的诸多矛盾，不同程度上阻碍了项目生产力的发展。随着国家推进治理体系和治理能力现代化的加快，建筑业生产力的进步决定生产关系也随之转变，以适应五方责任各主体之间的地位和关系，推动项目各利益相关方围绕工程项目总目标建设形成一个大的组合团队，用团队的理念去凝聚，用团队的方法去工作，用团队原则去沟通，最大限度地体现各实施主体之间的共赢合作与和谐高效。

（3）项目各利益相关方实施主体之间责权利划分的转变。

责权利清晰划分是项目管理的特色工作与成功的保证，随着国家建设主管部门对五方责任主体责任划分的新规定，传统的责权利关系已不存在。必须适应项目生产关系与项目生产力提升的需要，充分体现职责明确、责任共担、权力共融、利益共享的管理理念。针对建设项目，各责任主体在划清界限的同时，要充分体现全盘负责的思想，真正做到分工不分家，以高度的责任心对项目负责、对社会负责、对使用者负责；对各方的权力，避免片面追求，在项目范围内既要做到权力渗透、交叉和融合，又要体现权力的科学化和个人性化管理需求。从而进一步研究责权利的引导和约束机制，提高项目各利益相关方实施主体之间的合作层次，围绕项目整体利益相互配合，从长远合作的高度处理合作与利益关系。

6.1.5 创新发展和提升“项目生产力论”研究与实践应用水平，必须准确把握新发展阶段的战略格局

习近平总书记指出，我国正进入高质量的新发展阶段，经济正处于转变发展方式，优化经济结构，转换增长动力的重要战略机遇期。经济发展前景向好，但也面临着结构性、体制性、周期性问题相互交织所带来的困难和挑战。但总体上看机遇大于挑战。站在这个新的起点上，正确认识我们党和人民事业所处的历史方位和发展阶段，既是我们明确党和国家赋予的阶段性任务，又是我们制定行业发展路径的根本依据。伟大出于平凡，理论来源于实践，反过来又指导实践，理论研究只有与实践紧密联系才能发挥作用、产生效益。新阶段促进建筑业高质量发展，必须以习近平新时代中国特色社会主义思想武装头脑，按照发展是第一要务，科技是第一生产力，人才是第一资源，创新是第一动力的原则，紧紧围绕推进和实现建筑产业现代化这个总目标，以不断提升创新项目生产力水平为主线，指导建筑业改革发展创新的全过程，准确把握“五个走向”，坚持“四个创新”，始终着眼“三个提升”，明确转变“两个竞争”。

1. 创新发展和提升项目生产力水平，促进建筑业高质量发展必须准确把握新发展阶段“五个走向”

当今世界科学技术日新月异，新发展阶段项目管理国际化凸显，要义是发展和现代化问题。从工程建设领域来讲，本质是工程项目管理秩序与治理能力的重塑，项目生产要素配置优化的加大，项目管理制度与项目治理体系的不断完善。

随着进入新发展阶段和“新五化”理念的深入，特别是新型城镇化建设速度的加快和人民对美好物质生活的追求，工程项目投资主体多元，建设规模与技术难度不断加大，第四次工业革命方兴未艾，智能建造、智慧工地、信息技术、数字建筑蓬勃发展，将深度改变人类生产与项目管理的组织方式。项目治理机制、项目管理手段、项目职业能力比拼及业主对项目管理高端服务的要求将成为发展提升项目生产力的重要因素，蕴含着极大的机遇与挑战。所以必须紧跟时代步伐，准确把握五个走向，即：工程项目管理由过去推广普及阶段进入了“高品质管理、低成本竞争”新发展阶段的新走向；工程项目管理由传统管理模式转向运用信息技术提升现代项目管理优化升级的新走向；工程项目管理由不同主体的单项施工承包进入了以工程总承包为主流模式的新走向；工程项目管理从以承包商单一管理进入了以项目

寿命期多方责任主体全过程咨询管理为趋势的新走向；工程项目管理从现场文明施工上升到以“党建、人文、科技、绿色”，创新项目文化建设为标志的新走向。推动建筑业高质量发展，必须准确把握上述四个走向，突出管理创新，不断提升项目生产力理论研究和实践的应用水平，从而谋划促进建筑业企业结构调整和管理服务模式的全面升级。

2. 创新发展和提升“项目生产力论”研究与实践应用水平，必须不断加强和深化项目管理“四个创新”

进入新阶段，建筑业高质量发展必然对工程项目管理的变革提出了新的挑战，这里包括对承包方式、过程控制、管理手段、人才储备、装备供给等提出了新的要求。特别是要强化项目管理模式创新与新型建造方式发展的深度融合，应对传统的管理理念、管理制度、管理程序、管理方法等各个方面带来的巨大影响。

因此，必须以认真科学的态度，集思广益，依靠并发挥全行业的智慧，凝成共识，深入研究探索发展新型建造方式背景下的项目管理创新路径。习近平总书记在多种场合都强调创新“惟改革者进，惟创新者强，惟改革创新者胜”。管理创新是深层次的改革，管理为纲，纲举目张，以管理创新总揽全局。管是控制，理是疏导，创新是魂，是认识和实践能力的高级表现，有别于常规和常人的思维，这是企业高质量发展的智慧大脑，因为企业一切经营生产活动都要通过管理来实现。近几年来行业层面一直在倡导建筑业企业转型升级，转型固然重要，但升级才最为关键。管理升级无止境，管理的重心要放在企业和项目层面，最关键的环节是“夯实基础，筑牢根基”。

第一是管理理念创新。理念创新是引领创新发展的原动力。思想是行动的先导，理论是实践的指南，文化是方向的血脉，创新是发展的源泉。工程项目管理的价值已从过去的经济价值转向了社会价值，其管理方法也由过去传统的模式转向信息化、智能化、数字化等现代化管理。项目目标管理也已从过去仅考虑成本、质量、安全、进度转向追求环保、社会效益等多元化指标的卓越化管理。这些转变都将体现项目管理理念的创新，所以坚持项目管理创新必须以党的十九大提出的新发展理念为先导，不断解放思想，树立创新理念，就是要善于用创新的思维去审视研究解放发展项目生产力。

第二是管理技术的创新。技术创新是提升项目生产力的核心要素。要充分运用BIM、大数据、互联网等先进高新技术提升项目管理创新。目前，BIM 技术在施工单位用得很多，但存在着对我国城市建设数据的不安全问题。当前，行业协会应积极组织广大企业、大专院校、科研单位形成产、学、研联动的科研发展中心，结合行业实际研发适用于建筑业使用的 BIM 技术，以此提高行业自主创新能力和企业自主知识产权。

第三是管理机制的创新。机制创新是提升项目生产力的组织根基。传统的方法与现代组织形式以及国际化项目管理组织方法都有不同点。过去建筑企业多为总公司、分公司、工程队三级管理，要转变为以项目为对象的现代项目管理为核心；过去的建造工艺和方式主要是现场作业为主，现在是装配化、绿色化、智慧化方式建造，其组织结构、管理方法、管理手段、制度建设、责任划分都发生了根本性变化。这就要求解决如何把新型建造方式和现代项目管理方法及模式创新深度融合。例如，装配式建筑的项目管理，实质上是 PC + EPC，因为国家要求凡是装配式建筑都要实行工程总承包，并以此来引领总承包企业实施集约化、精细化、专业化、品牌化、国际化的跨越式发展与整体转型升级。

第四是管理模式的创新。模式创新是提升项目生产力的架构支撑。项目管理的主体可以是承包商，也可以是咨询公司和分包单位，其模式也要按照不同企业类别分别选择，比如总承包企业就要研究以推进工程总承包（EPC）为主流模式，兼做新型融资模式（BOT、PPP 等）。同时还要研究当前如何结合一些单位的项目股份制模式，创新项目管理。工程咨询企业主要研究 CM、PM、PMC 等全过程咨询管理的创新商业服务模式。同时要紧紧围绕“一带一路”开放格局，学习借鉴国际上发达国家的项目管理方法，更好地实施“走出去”战略，更高层次地嵌入世界产业链的战略载体。

3. 创新发展提升项目生产力水平，促进建筑业高质量发展必须始终着眼于项目治理体系建设“三个提升”

工程项目管理是以优质产品和最佳效益追求为目的的现代化管理。解放发展建筑生产力必须不断深化项目管理模式创新，紧紧围绕项目经理责任制和项目成本核算制，强化两层建设，全面提升建设工程项目管理理论研究与实践应用的创新水平。

一是要始终坚持以项目经理责任制为核心，加强以项目经理为责任主体的项目团队建设，着力提升建设工程项目治理水平与项目治理能力现代化；二是要大力推进和发展智能化建造，运用信息技术建立形成新型建造方式下工程项目生命周期集成化管理的运行体系，着力提升工程项目管理全过程的创新水平；三是要高度重视以一线操作技能工人培育为基点，突出从业人员岗位技术等级考核，强化劳务层建设，着力提升全员智力结构和行业整体素质。

“三个提升”是要求项目团队切实转变思想观念，加快推进项目治理体系建设和治理能力现代化，强力执行项目管理目标、不断优化项目运作流程，着力提升全员工作效率，严格控制项目成本，建立完善项目管控标准，健全考核机制和奖罚制度。其目的在于促进工程项目管理各利益相关方，首先是项目经理要按照团队精神树立责任意识和创新理念，心无旁骛地抓好项目管理，塑造和践行“以人为本、安全为先、质量为基、科技为源、管理为纲、绩效为佳、创新为魂、奉献为荣”和“成果共享”新的工程项目管理核心价值体系。进一步明确创新发展提升项目生产力水平的核心是坚持把“以人为本，成果共享”作为项目管理与治理的出发点和落脚点；项目管理与治理的永恒主题是确保工程质量与安全生产；项目管理与治理的支撑是科技进步与工艺革新；项目管理与治理的要义是“管理为纲，纲举目张”；项目管理与治理的目标是规避各类风险，实现项目经济、社会和环境最大效益；项目管理与治理的责任是关注民生、履行责任、奉献社会。同时要特别注重建立完善的按生产要素和按劳分配为主体兼顾效率和公平的分配机制，极大地调动了管理者和劳动者积极性，为提升项目生产力水平提供制度保障。并以此激励人心、凝聚团队、增强活力、提高动能，实现工程项目最佳效益。

4. 创新发展和提升项目生产力水平，促进建筑业高质量发展必须加快企业转型升级和转变“两个竞争”

党的十九大提出，我国经济增长已由高速增长转向高质量发展阶段。高质量发展关键是要处理好“量”和“质”的关系。从国家宏观层面讲主要是指国家经济的整体质量和效益的稳定性、均衡性和可持续性，通常用全要素生产力去衡量；从行业层面讲主要是指产业布局合理，效益显著，产业规模不断扩大，结构不断优化，创新驱动力强；从企业微观层面讲主要指企业的产品生产和服务质量以及科技建造水平具有一流的核心竞争力。总的来讲就是品牌战略投入要少，产出要多，效益要好。

当前，由于国内国际诸多不稳定因素的影响，加上受新冠疫情的冲击，经济下行风险显著，建筑市场一方面存在供过于求的矛盾非常突出，供求关系失衡导致了过度竞争，从而加剧了招标投标活动中的不正当竞争，并引发了交易成本过高与寻租和腐败。另一方面国民经济发展进入“新常态”，经济发展动力已从过去依靠资本、劳动力等生产要素投入转换到创新驱动上来。特别是建筑业原有的廉价劳动力红利已快速消失，职工老龄化加剧，高端管理人才短缺加上市场价格波动造成建造成本不断加大。面对如此诸多的问题，建筑业要高质量发展和提高核心竞争力就必须加快企业转型升级和转变“竞争方式”。一是从数量追求转向质量超越；二是从规模扩张转向适度经营；三是从要素投入转向创新驱动引领；四是由粗放式管理转向集约化、精细化管理。当前最关键的是首先要在工程项目招标投标中把过去以无序降低标价、减少费用为主的市场恶性竞争转向以诚信经营、科技领先、质量取胜的品牌企业竞争；建筑市场准入由过去高度关注企业资质高低的竞争转向强化企业复合型高端管理人才培育，提高项目经理专业素质，特别是执业能力的竞争。

总的来讲就是要在创新发展提升项目生产力研究过程中注重通过行业改革发展和企业转型升级来凝聚思想。依靠诚信经营规范行为，依靠创新驱动提升核心竞争力，依靠品牌战略推进建筑业高质量发展。从而打造“中国建造”品牌，为建设社会主义现代经济体系和“十四五”经济社会发展作出新的更大的贡献。

6.2 中国建设工程项目管理实践经验

建设工程项目是一个系统工程，要想有效地控制工程运行，保证工程按照合同要求顺利完成，既要完成对业主在工程质量、工期、HSE等各方面的承诺，又要完成公司制定的项目盈利指标。所以，在工程施工的全过程中，我们认真总结与参建各方对项目进行行之有效的管理经验，探讨更加科学有效的措施和方法，以确保项目工程工序能够合理可控。

6.2.1 建设工程项目管理实践现状分析

经过30多年的发展，我国工程项目管理不管在哪些方面都进步很大。但是仍然存在很多例如管理理念、管理组织、管理技术、管理人才等方面的问题。总的来说，我国工程项目管理的现状主要存在问题有以下几个方面。

1. 管理人员技术及管理经验不足

由于现代工程项目管理在我国的发展只有30多年，所以很多管理模式的技术还处在试验性阶段，管理也处于没有头绪的粗犷型阶段，管理人员水平也是参差不齐，有大部分人员没有经过系统的管理学习，也没有通过可靠的管理资质考试。技术娴熟的懂得各种工程综合知识的高复合型管理人才严重稀缺，更是缺少既熟悉一流的工程管理模式、先进的管理方式，又能熟练掌握工程管理各种软件，具备能综合费用、质量、进度、材料、安全五大类知识的全能人才。

（1）工程项目管理工作的意识比较淡薄

从工程整体的施工来讲，大部分施工人员缺少自我提升管理及质量和安全等方面的意识，并未按照有关规定开展施工，进而使得工程项目管理的工作要求得不到落实，这给施工管理工作造成一定的难度。另外，建筑业正在迅猛发展，然而施工企业并未对工程项目管理的工作做相关改进，例如安全教育与技能培训等，投入的资金较少，进而使得部分培训工作无法顺利地进行，导致施工当中存在诸多问题，使整体施工质量得不到保障。

（2）建设工程项目管理人员的业务水平较低

伴随城市化的进程逐渐加快，对建筑施工的管理与质量造成一定难度，这就需要更为专业的工程项目管理工作者对施工加以管理，所以，需对工程项目的管理人员定期进行培训，提升其综合的素养与专业的技能，从而提升建筑施工管理工作的水准。然而，很多管理人员还没有经过系统化的培训学习就进入了管理实践中，可以说这部分人员的管理意识薄弱甚至不具备可靠的管理能力。现阶段这部分人才缺乏严重，有的是在管理技术和管理方式上存在问题，有的则是跟不上时代的发展，没有积极主动地学习先进的管理方法和流程，对于相关管理软件的应用还不成熟。而且当前我国缺少专业工程项目的管理人员，相关技术的水准较落后，无法对危险因素及时地发现与消除，也对提高管理水准造成极大影响，这是当前所面临比较大的问题。

（3）管理制度还不够完善

当前在建设工程项目中，管理制度方面还存在诸多问题，经常出现无专人负责或是未合理地划分责任等，而且大部分的施工人员安全意识较为淡薄，缺少对防护设施的科学认知，这对优化施工的方案与科学合理地配置施工的资源等极为不利，这部分问题均因施工管理的制度不够完善所引起。在建筑企业发展过程中，其中极其关键的一个影响因素就是在管理方式上还存在诸多问题。在建设工程项目的管理中，有关部门的领导未提前对施工现场加以考察，仅根据以往经验来确定施工计划与工程进度等。然而在实际的施工中，因为地理的环境与天气的条件及施工人员自身等诸多方面存在较大差异，这就使得在施工中存在着各类复杂问题，这些问题均会对施工进度计划的实现造成影响。

（4）工程项目管理的模式不够科学

工程项目管理的模式的不科学，会直接对后期的一系列工作造成影响，最终会对企业经济效益造成影响。如果建筑单位不能正确认识管理的模式的重要性，则不但在工作当中无法选择有效且合理的管理模式，而且还会使得在开展工作各阶段产生一系列问题。没有选择合理管理模式其根本的原因是相关的管理人员未正确认识管理模式，不能意识到在开展工作过程中管理模式发挥出的关键作用。对相关各管理的模式缺乏了解，导致相关的管理人员选取和运用管理模式的时候太过随意，管理模式和实际的状况并不协调，使得管理的结果受到严重影响。一般工程施工的周期比较长，若未对管理模式做出合理化的选择，通常会使得工程的建设成本有所增加，严重地影响到工程的造价管理。

（5）工程项目管理的组织体系未完善

在对建设工程项目进行管理的时候，通常其管理的组织是临时组织的，缺少贯穿整个工程项目的管理组织。一般临时组织相对较为松散，组织当中的管理者往往身兼数职，其专业水平有可能达不到工程项目管理相关标准与要求。在工程完成后通常会自行解散，各自回到其原岗位工作，导致管理人员只有自身的理解和认识，缺乏项目团队的集体经验的传承和延续，出现资源浪费问题。另外，因管理组织的机构有着临时性特征，使得工程项目管理当中的经验得不到很好的梳理、总结和提升，在开展管理工作当中可能还会出现职责不清与互相推诿等问题。

（6）现场的管理存在着问题

在施工现场中主要就是在安全与成本管理方面存在问题。首先是安全管理方面，在建筑工程的施工当中，因为现场人员缺少安全方面的意识，使得频繁出现安全类的事故。之所以出现安全类事故，在很大的程度上是由于在施工现场安全管理方面存在着问题，安全意识不强，安全防护的设施未健全，未对施工人员的操作加以规范。因为施工单位安全方面的意识较弱或是由于施工单位对安全教育培训的工作未到位等，导致现场缺乏特殊岗位人员持证上岗、特殊作业专项措施、特殊环境专业监管的要求，这使得施工现场的安全隐患有所提高。其次是成本管理方面，在施工当中存在着较多浪费的情况，在成本管理方面的意识较弱，使得原材料管理混乱，加工工艺落后，材料回收、周转、保管不力，这使得投入的建设资金有所增多。

2. 缺乏项目顶层决策机构

建筑工程综合效益的实现其实是各类资源的形式转化，其中人力资源处于核心位置。打造一个专业能力强、综合素质高的项目顶层决策机构，可为建筑工程建设目标的达成提供强有力的保障。然而在实际工作中这个阶段的积极作用往往被管理人员忽视，主要表现在以下几个方面。

（1）项目决策深度不够

当前，仍然存在建设单位在前期决策阶段，对项目决策方案的合理性和科学性考虑不充分，盲目拍板决策的情况。然而项目决策阶段是成本管理的重点，即使是同一个项目，不同方案的投资也可能相差甚远。在实际中，项目决策阶段工作未受到应得的重视，仍存在业主一味地寻求低投资，或因项目匆忙上马，压缩决策周期，没有做详细的市场、产品分析和方案比选，就随意敲定方案的行为。然而，筹集资金的数额以及筹资方案都是根据投资估算和项目方案确定的，若后期由于决策失误或方案调整导致项目投资增加，将造成项目建设资金不足，甚至会出现项目烂尾的可能，对项目造成的损失将是无可挽回的。初步设计的依据，也就是设计任务书是项目决策阶段的成果之一，通常在项目决策深度不够的情况下，还会导致后续设计阶段设计依据不充分，从而给成本管理工作带来难度。

（2）设计与成本控制联系不紧密

在我国，设计阶段一般采取设计单位按照业主的要求，对方案进行设计。随后，造价人员通过业主提供的编制条件和设计图纸，对工程项目做出设计概算并展开施工图的预算编制工作。但是，在这样的模式下，经济方面和技术方面双方经常会因为缺少足够有效的沟通交流，很难对成本做到有效的控制，常常造成设计人员对项目实际情况不了解，导致方案设计不够完善。造价人员有时并不做项目工程量的统计，而是仅仅凭工作经验和相关与之类似的方案而做设计概算。此外，也可能由于某些分部分项工程量不明确，现场勘查资料不全，导致对一些费用的计算误差较大，在工程实施过程中需要不断追加投资出现投资管理失控，影响项目目标的正常实现。

（3）设计监督和变更管理不完善

虽然现在设计单位采用终身责任制，而且从方案设计到施工图有完整的设计规范及审图机制作为约束保障。但是，由于项目业主本身对设计内容认识不足，对项目建设的最终要求不清晰，从而导致设计内容不够完善。而且，参与设计阶段建设单位和设计人员对成本进行严格控制的机会少将直接导致设计与项目实施之间的不吻合。我国目前对设计变更方面的管理比较缺乏，设计变更管理意识淡薄，然而在项目实施过程中，难以避免发生设计的变更。但设计变更损失与设计变更发生时间密切相关。如在设计阶段进行设计变更时，所需要的可能只是修改工程图。但若在施工阶段发生，就可能要拆除已施工的项目，并且还需要重新设计图纸和采购，导致项目成本增加、工期延误。

（4）设计单位优化设计成本的积极性较低

在设计阶段的成本管理方面，我国没有明确的标准。因为在方案竞选时，是由相关专家对方案进行评选，评选方法常常采取德尔菲法或打分法等，这使得对方案的评选主观因素影响较大。专家们一般通过对方案的美观程度，项目布局的好坏，以及和周围环境的契合程度等进行评选。因此设计人员常常对设计理念理解不够，对成本控制方面认识不足，为了项目中标，更愿意把精力花在如何把建筑设计的立面效果图炫目，总平面布局夺人眼球，也相应增加了一定的建筑费用。此外，设计单位对工程质量安全问题承担重大责任。在项目的施工图设计工作阶段，有时设计单位为达到结构安全，免于发生事故，项目出图时间紧迫，结构体系在建模过程中没有得到充分优化，通常在与建筑功能不冲突的前提下，加大梁柱截面、增加配筋量、提高混凝土强度等级，进而发生“肥梁、胖柱”等方面的结构设计工作不合理的问题。

3. 现有项目合同管理制度难以实行

近几年来，合同管理在我国工程项目管理领域，特别是在建筑企业已越来越受到企业领导的重视。但也存在许多不足，主要表现在以下几方面。

企业合同管理人员的素质较低。目前企业的合同管理人员往往都是由经营部的一般经营人员担任，对合同管理认识不足，业务水平较低，大部分的合同管理人员仅充当资料员的角色。

企业的管理人员对合同管理的认识不足，企业的管理人员没有认识到合同管理的作用，认为合同的签订仅仅是一种形式，合同签订后锁在抽屉，没有专人对合同进行管理，对合同的实施过程也没有进行监督、检查，不少的项目管理还停留在计划经济时代。

企业的合同管理人员偏少。合同是项目管理的立足点和出发点，但企业能够真正理解和运用合同的人却很少，造成工程项目管理不能充分利用合同和充足的证据进行索赔和补偿，导致项目管理效益的流失。如某企业在改制前，每年承建的工作量在4亿元以上，大小项目四十几个，除总部及分公司设一名专职合同管理员外，其他办事处及项目部均缺少专职的合同管理人员，这种现象在企业（特别是国有企业）普遍存在。只重视质量和进度管理，而轻视合同管理和费用控制，其结果是工程项目干得好，却无效益或亏损。

企业重视不够。合同管理作为工程项目管理的重要组成部分，必须融合于整个工程项目管理中。部分企业对合同的理解较片面，认为合同管理与项目其他管理是分开的，没有必然的关系，重视不足。其实，在工程建设中，没有合同意识，则工程项目整体目标不明；没有合同管理，则项目管理难以形成系统，难以有高效率；没有有效的合同管理，则不可能有有效的工程项目管理，当然就不可能实现工程项目的效益目标。

企业的合同管理制度不健全。现在不少的施工企业缺乏一套严谨的合同管理制度，对合同的起草、审核、签订、履行、变更、中止或终止、解除及合同的监督考核全过程没办法实现系统化、规范化和科学化的管理。

由于目前施工企业的合同管理存在上述问题，因而造成企业合同管理水平偏低，为了适应市场经济的发展，面向国内国际建筑市场竞争，必须提高合同管理水平。

4. 缺乏第三方咨询机构监督

在追求规划及推进速度的同时，建筑施工质量及安全必不可少，受建筑业长期野蛮生长的影响，许多企业有心整治，无心落实，第三方咨询机构就显得尤为重要，相对于企业内部的质量保障体系以及政府部门的工程质量监督方式来说，第三方评估有其独到的优势。工程第三方咨询公司作为独立于承包单位和建设单位之外的，有着专业的评估人员和机制，在工程建设中质量及安全控制工作起着至关重要的作用，为工程项目的质量及安全提供了有效的保障，第三方咨询公司在工程建设中的作用，主要体现在以下几个方面。

（1）对国家相关的法律法规了解透彻，节约工程的投资和成本。第三方咨询机构的工作人员，要求有着专业化的工作经验，对国家相关的法律法规有其专业性的理解，使得工程项目在实施过程中各方面工作均最大限度地符合国家的相关标准。同时，工作人员只有对相关政策的深刻理解，才能灵活掌握，这样就减少了资源的浪费，节约工程的投资成本。

（2）专业化的队伍，能够有效保障工程的质量及安全。第三方咨询机构的队伍专业性强，而且要求具备一定的职业从业资格，要求有一定的工作经验和专业业绩，能够对工程质量控制的要点了如指掌，对质量隐患有着敏锐的直觉和判断力，在对工程建设的质量控制中能迅速抓住重点，对工程中所存在的一些质量问题，能够从理论知识的角度进行分析，并能及时找出行之有效的解决方案，保障了工程质量，为工程建设的顺利展开奠定了良好的基础。

（3）能够抓住工程质量及安全控制工作的重点，保障工程建设的工作能够顺利开展。由于很多企业内部质量保障体系，有着习惯性的流程和规律性，因此，对重点部位的检测力度就相对不足。然而，第三方咨询机构的工作人员的介入能从另外的角度把握工程施工的要点，把重点突出出来，预判项目在建设过程中的质量、管理风险，从而进行有针对性的大密度的检查，使得项目有了横向对比的标尺，通过强制排名达到鼓励先进、督促后进的成效。只有这样，才能对工程质量进行有效的保障。第三方咨询机构的引入可以快速提升工程质量，促进工程管理由传统的粗放式转向精细化。

6.2.2 建设工程项目管理实践经验的建议

我国的建设工程项目管理必须着眼于长远发展，积极对接世界潮流，坚持以行业发展为主线，准确把握建设工程项目管理的发展方向、发展态势，抢占市场竞争的制高点，迎接新的挑战与契机。

1. 市场的不成熟需要相关合同约束机制

提高施工企业合同制度水平主要需加强以下几方面的管理。

（1）提高合同管理人员素质

提高合同管理人员素质既是提高企业合同管理水平的首要任务，又是当前的迫切需要，可从以下四方面着手：

1）建立专门的合同管理组织，配备必要的合同管理人员。企业应建立合同管理专门机构，并依照合同管理人员应具有的素质条件，选择本企业优秀人才担任合同管理人员，或者通过公开招聘方式选拔素质高的人员。

2）定期组织合同管理人员进行培训学习。根据企业与市场的实际情况，组织合同管理人员在职学习及培训。

3）建立岗位责任制。对合同管理人员必须实行岗位责任制，确定他们的责、权、利，建立竞争机制，对企业有贡献的合同管理人员给予奖励。

通过以上途径，全面提升企业合同管理人员的素质，包括他们的思想水平、法制水平、语文水平和业务能力。

（2）提高管理人员的合同管理意识

施工企业必须从思想上真正意识到合同管理的重要性，将企业的各项工作真正纳入合同管理的范畴，切实按合同要求办事。企业领导对合同及合同管理工作要常抓不懈，企业应经常聘请合同专家举办学习班、讲座，办理各种宣传栏等方式提高专业人员的合同管理意识，强化按合同程序办事、认真执行合同要求，加强全员合同管理教育。

（3）建立健全合同管理机构，配备足够的合同管理人员

企业应从组织框架层面建立健全合同管理机构（包括专职机构和兼职机构），使合同管理覆盖到企业的每个层次，延伸到各个角落。设置专职法律顾问，在各个合同管理机构配备足够的合同管理人员，并确定合同管理人员的地位、职能，合同管理部门与其他执行部门的职责范围，合同管理的工作流程、规章制度，最终形成从合同谈判、审核、履行到监督检查，保证合同有效实施的组织保障体系。

（4）建立健全企业的合同管理制度

企业在健全合同管理机制体系的基础上，还必须根据我国的《民法典》（合同编）和相关的法规以及企业自身的实际情况，建立一套完善、可行、合理的合同管理制度。合同管理制度应包含以下两方面。

1）企业应就合同管理全过程的每个环节，建立健全具体的可操作的制度体系，使合同管理有章可循。具体包括：合同的起草、洽谈、评审、签订、交底、学习、责任分解、履约跟踪、变更、中止、解除、终止等。

2）企业各层次都应有自己的合同管理制度。企业管理层要建立健全总的合同管理制度，项目管理层则根据自身的需要补充自己的合同管理制度。同时，企业全体员工必须以企业的合同管理制度为依据，按合同管理制度规定的程序履行职责，认真执行合同要求，对工程合同进行全过程管理。

2. 加强信息技术投入，强化科技管理顶层设计

进入信息技术时代，传统的管理模式和方式已经无法满足工程项目管理的发展要求，所以项目管理信息化和网络化发展成为未来趋势。现阶段，将工程项目和信息技术结合起来，利用计算机技术开展项目管理，不仅提高了工作效率，而且也提

高了管理水平。在未来，项目管理会更加依赖信息技术和相关先进的管理软件，建筑行业首先必须改变管理模式，利用网络化管理手段实施管理。其次要培养信息技术方面的专业人才，不断积累信息管理的经验和方法。此外，要加强企业之间的交流合作，鼓励企业参与到市场竞争中来，并意识到企业自身存在的问题然后进行自我完善。

（1）强调项目全过程管理，推行总承包模式

过去，我们的项目管理仅指建筑工程项目施工管理，与目前通行的项目管理有着较大差别，我们应当强调项目全过程管理的概念，从项目的策划、运作、实施到完成，对客户和业主进行一揽子服务，从而跳出传统工程项目管理仅对工程施工负责的单一服务格局，这对建筑企业在资金、人才、管理水平等方面提出更高的要求。

（2）加强国际合作，适应不同的市场环境

面对竞争日趋激烈的国际市场，建筑企业要积极走联合、联营、合作之路，取长补短，加强国际合作，发挥中国建造优势，不断适应国际市场。

（3）加快项目管理的信息化建设，提高项目管理的效率和水平

现代企业要充分利用企业信息化成果，把所有工程项目纳入企业局域网络中，按生产要素的需求量、需求结构、分布状况及时间要求进行分析预测和跟踪管理，以便对企业所有项目实行动态管理。一方面从微观上将项目部的所有信息，包括要素配置、质量、安全、工期、成本、进度能及时传送递到决策层；另一方面决策层根据市场变化及客户要求，及时调整资源分配，及时向项目部发出指令，促使各项目部能及时按要求实施项目，从而实现项目管理的高效率。

1）建立综合项目管理协同平台

建立综合项目管理协同平台，实现与各分支机构及项目间的协同办公，突出以项目管理为核心的综合信息化应用，对项目成本管理运行情况进行监督管理，实现项目预算与实际对比分析报表进行动态成本核算的分析。

2）建立财务管理系统

建立了完善的财务处理计算机管理系统，支持会计凭证录入，由人工输入或系统自动产生凭证编号、自动记账、凭证审核、月结、年结封账作业等功能。

3）建立办公自动化系统

办公自动化系统（OA）功能完善，包括：工作流管理、事务处理、知识管理、日常办公等子系统。实现信息发布、信息审核、会议管理、任务与通知、行政办公

管理、收发文管理、费用管理、联系单、邮件管理、档案、体系规范、公共文档、图纸、办公用品、用车等管理功能。

（4）牢固树立项目成本至上的概念，建立有效的项目责任成本核算和效益评价体系

项目部作为建筑企业“生产车间”，其成本的好坏直接关系到企业利润的高低。建立有效的成本核算体系，要从经营和财务两个方面双管齐下，根据社会平均水平倒推企业成本并严格控制，从而取得较好的效益。建立科学的效益评价体系，除了成本指标的考核外，还要充分考虑社会效益的发挥，其中包括工期、质量、安全、服务以及文明施工、企业形象在项目上的延伸等。建立有效的项目责任成本核算和效益评价体系之后，要严格奖罚，充分发挥激励和约束机制作用，为全面完成企业的目标作出贡献。

3. 充分发挥技术手段优势，提高管理效率

在工程项目建设的不同阶段，充分挖掘和应用各类新技术，尤其信息管理技术和智能管理模型的投入和应用，为项目创造极大的收益。以下针对某企业项目管理的模式进行总结和梳理。

（1）项目决策阶段

建设单位应基于技术、经济两个视角进行建设方案的可行性论证。利用 BIM 技术针对不同建筑方案所涉及的数据进行转换处理，基于标准数据完成三维模型的建构，通过观察模型可以实现建筑主体结构、景观环境、光照情况、热舒适性等指标效果的仿真显示。同时利用三维模型所反映出的建筑各结构、构件信息进行工程造价的预估，综合比对多项建设方案选取最优结果，为决策方案的编制提供合理依据。

（2）项目设计阶段

1）可视化交底。伴随现代建筑业的发展，建筑物的结构形态、功能需求日渐复杂化，部分关键节点对于施工设计、工艺技术、施工组织提出了较高的要求，因此应基于施工质量验收标准实现建筑工程设计的可视化交底。利用基于 BIM 技术的 Revit 软件构建建筑的三维信息模型，将建筑设计要点直观呈现给施工人员，并详细梳理关键工艺节点、施工流程与安全质量要求，最大限度降低返工率、减少成本浪费问题。同时，在正式开始施工前利用 VR 技术进行施工现场的安全可视化交底，明确定位基坑、脚手架等危险源，引导施工人员充分认识到施工安全管理的重

要性，配合虚拟实景，强化业主对建筑实体的观赏体验，便于业主及早提出问题，降低后续工程变更概率。

2）协同设计。通常在建筑结构设计过程中需综合考虑多项施工设计因素，诸如结构设计、设备设计、机电设计等，应保障各专业间实现良好衔接，避免产生碰撞问题。在此应基于 BIM 协同平台创设信息共享机制，引导不同专业设计人员进行数据交流，可采用文件链接、工作集等方式开展协同性设计，以此解决电梯井、防火分区等特殊要素与其他设计布置间的冲突问题，并利用可视化功能及时查看各细部结构部位有无异型设计问题，提高建设项目设计效率。

3）性能指标模拟分析。设计人员需利用 BIM 技术进行建筑工程项目的节能系统、安全通道、热能传导、通风系统等各指标的模拟分析，综合考察项目运行周期、可持续发展等建设目标，实现对建筑设计方案中涵盖的结构布局、能耗、安全等参数的模拟分析。依托全方位可视化管理发掘出建筑设计中存在的问题，并完成性能指标的调整，将优化的设计方案反馈给专业人员，便于向投资方展示直观模型数据，为后续建筑施工创设完备的前提保障。

4）净高与安全分析。进入深化设计阶段，要求设计单位与建设方构建密切沟通机制，利用 BIM 技术进行诸如管线综合平衡设计等重要节点处的检查，便于及早发现存在的碰撞节点并进行调整，减少后续施工过程中因管线碰撞而导致的返工问题。如何选取 Furor 软件进行沉浸式漫游，在此过程中实现对模型净高、安全防护等情况的分析。

（3）招标投标阶段

1）工程量清单编制。基于 BIM 模型完成工程量清单的编制工作，其模型内部涵盖建筑构件的材质、规格、数量、安装工艺等信息。利用三维立体模型可实现不同构件物理信息、空间位置的直观呈现，进而将生成的工程量清单导出，提高工程量计算精度，也为造价管理工作提供重要参考依据。

2）投标报价优化。利用 BIM 技术完成施工方案、资源配置计划的编制，在模型内部选取进度、成本等参数构建关联性，结合工程实际情况进行资本分析，进而依据进度计划计算出工程项目各阶段材料、设备、资源的利用情况，为施工进度计划的编制提供参考依据。在此基础上，完成资金用量计划的编制工作，提高施工方案、工程造价管理计划编制的合理性，从而更好地提高其报价文件质量。

（4）施工组织阶段

在施工组织阶段利用相应软件可完成如下工作。

1）碰撞检查与施工方案模拟。如采用 Navisworks 软件进行碰撞检查，将地下室管道系统、风管系统模型及碰撞构件等导入 Navisworks 软件中，生成碰撞报告；随后将碰撞构件 ID 号导入 Revit 软件中，跳转到具体的碰撞位置并呈现出三维效果，以此进行施工设计的修改，生成修改后的三维效果图，实现模型深化设计。将施工进度计划输入 Furor 软件中，完成施工模拟方案的编制，利用其过滤器功能实现施工区域、构件的筛选，并进行施工工艺技术、流程的动态模拟，便于制定成本、进度控制目标。

2）工程量统计。利用Revit软件涵盖的数据统计功能实现建设项目的5D模拟，生成不同构件的参数信息，配合计价软件获取构件的价格，自动生成价格统计表。同时，可以在软件中输入项目共享参数，用以查询不同时间节点、施工建设单位、各分项工程的工程量清单，供相关人员完成人力、材料、设备等使用计划的编制工作，实现对施工过程的精细化管理。

3）施工质量控制。管理人员借助 BIM 模型可以及时获取到有关项目的施工信息，动态掌握施工现场具体情况、施工进度、安全质量等信息，便于实现对施工现场的规范化管理。同时，利用 BIM 模型可实现施工质检、监理信息的实时记录。质检人员或监理人员可将其在施工现场检验到的不合格信息即时上传，由施工人员查看 BIM 模型寻找到存在质量问题的具体位置，并结合意见进行改进，优化工程建设质量。

4）施工风险预判与模型渲染。通过汇总项目计划、施工进展等模型，可实现建设项目各阶段风险要素的有效总结，利用不同颜色进行风险要素及其严重性的可视化呈现，为施工管理提供重要参考价值，减小安全事故发生的概率；同时，利用 BIM 技术可动态呈现出不同施工工序所囊括的边界、空间范围，防范因各工序间产生空间冲突而引发机械伤害事故，保障施工安全性；建设项目各参建方还可以借助 BIM 模型实现对施工全过程的智能监控，进一步为施工管理提供可靠技术支持。此外，利用 Revit 软件可将施工设计图纸转换为 NWC 文件，将其导入 Luminous 软件中进行模型渲染，创建出逼真的虚拟现实场景，添加人物、绿化、建筑小品等贴图，优化效果图的展示成果，为甲方提供更加丰富的参考价值。

（5）竣工验收阶段

利用 BIM 模型可存储竣工信息、变更数据，生成工程数量的汇总结果，为监理单位的竣工验收工作创设便捷条件，还有助于提高工程结算效率。同时，利用 BIM 技术还可实现对建筑空间、设施、隐蔽工程等方面的管理，例如利用 BIM 模型可迅速定位消防疏散通道所处位置，并查看周围是否有消防器材、报警设备等，为人流疏散、应急逃生提供重要支持。

4. 加强决策咨询与评估工作

发挥专家智囊团作用，促进咨询评估科学化。

（1）加强项目决策的深度

提高项目决策阶段质量是合理控制建设项目成本的前提。要加强项目决策的深度，就要在项目决策前做好相关的准备工作，尽可能确保所获取数据资料的客观性和精准性。做好相关资料的采集、收集工作，同时采用更加科学合理的结算方式来估算项目成本，进而对后续的施工方向指明正确的路径。在项目投资决策工作过程中，建设单位需要改变对前期决策的认识，对决策阶段予以足够的重视。对项目决策阶段的管理人员提出明确的管理规范和管理措施，使成本控制工作的开展更具有规范性；对应的专业工作人员需要加强对于投资控制方面的信息资料采集、整理以及统计等管理，构建完善的项目信息管理系统，使成本管理工作更具有灵活性；相关人员应该了解项目建设意图，并通过多方案比选和优化，使决策不仅在技术上可行，而且在经济上合理。按照工程成本造价估算的原则，科学地预测投资估算中可能发生的动态变化，尽可能做到投资不留缺口，保证充足的资金，使下阶段工作可以顺利展开。

（2）积极推行 EPC 总承包和全过程工程咨询

多年来我国建设项目通常是施工图设计完成后组织招标投标工作，从而造成施工与设计的职能分离和脱节。大力度推行 EPC 总承包，通过业主把项目设计、采购、施工等过程的全部工程总体发包给拥有对应资质的承包企业，可以使各个阶段相融合，联系更紧密，能够在设计时更加注重设计优化。在 EPC 总承包模式下，选用设计先行的工作方法，充分发挥设计工作的主导作用。组织相关技术人员对方案进行比选，通过对方案设计的先进性、科学合理性以及项目总投资和总工期等进行严格审核，为后续建设项目采购和施工工作提供有利条件。此外，在 EPC 总承包项目工程中，相关设计人员不但需要考虑专业技术的安全性，还要把经济利益与施工实施方面的工作考虑在内。这样可以使整个设计更具有实用性，并且在提高设计质量的同时尽可能控制项目的成本。

全过程工程咨询是对建设工程的全生命周期内的各个阶段所提供的对应工程咨询服务，包含设计、规划在内，涉及组织、管理、经济和技术等方面。通过全过程咨询，能够加强建设项目工程的内在联系，对项目资金进行整体把控，减少管理成本，避免“碎片化”咨询管理。认真统筹建设项目的费用估算、设计管理、材料设备管理、合同管理等，杜绝设计阶段不考虑设计优化，并且确保前期咨询与后期实施数据一致。同时，通过将有资质和实践经验的专业人员聚集在一起，能够进一步完善设计，对设计质量和造价进行严格的把控，争取最大的经济利益。

（3）严格实行项目经理责任制

实行项目经理责任制是减少甚至避免项目效益流失的关键环节。因此，应将项目经理责任制作为加强工程项目管理的基础。

5. 完善工程担保保险制度

（1）进一步完善投标信用担保制度

投标担保是担保人为保障投标人正当从事投标活动而做出的一种承诺。投标信用担保目前已在一些工程上实行，关键是要完善制度，规范操作。根据建筑施工企业现状，采用银行保函、担保公司保证书和投标保证金等方式，具体可由招标人在招标文件中规定。

（2）进一步完善履约信用担保制度

履约担保是担保人为保障承包人履行承包合同而做出的一种承诺。履约担保可以采用银行保函或担保公司担保书、履约保证金的方式，也可以引入承包商的同业担保，即由实力强、信誉好的承包商为其他承包商提供履约担保。对于履约担保，如果是非业主的原因，承包商没能履行合同义务，担保人应承担其担保责任。因此，开展同业担保，由实力强、信誉好的承包商为其他承包商提供履约担保，可以更好地保证工程建设的正常进行。实行履约保证金的，应当按照《招标投标法》的规定执行。《招标投标法》规定：“招标文件要求中标人提供履约保证金的，中标人应当提交”“中标人不履行与招标人订立的合同的，履约保证金不予退还，给招标人造成的损失超过履约保证金数额的，还应当对超过部分予以赔偿”。履约担保可以实行全额担保，也可以实行分段流动担保。对于一些大工程或特大工程，可以由若干担保人共同担保。担保人应当按照担保合同约定的担保份额承担担保责任，没有约定担保份额的，这些担保人承担连带责任，债权人可以要求其中任何一个担保人承担全部担保责任，而其负有担保全部债权实现的义务，并在承担担保责任后有权向债务人追偿，或者要求其他承担连带责任的担保人清偿其应当承担的份额。中小型工程也可以由承包商实行抵押、质押担保。当前，考虑到建筑企业资本构成现状和实施经济、法律、行政等多种手段规范企业履约行为，履约保证金额度可适当低一些，以后根据实施情况逐步提高直至与国际惯例接轨。

（3）进一步完善预付款信用担保制度

预付款担保是指业主预先支付一定数额的工程款以供承包人周转使用，为了保证承包人将这些款项用于工程建设和业主的资金安全而建立的信用担保制度。根据建筑施工企业现状，参照西方发达国家的常规做法，可按下列办法实行：承包人在取得业主提供的工程预付款时，需向业主提供与预付款额相同的银行保函。若承包人不能提供预付款保函，业主可以取消预付款。采用这种办法，既可以有效保障业主合法权益，又可对施工企业提高资本有机构成形成一种激励机制，促使企业合理配置资金，立足长远，增强企业活力，逐步改变企业经营机制，为企业更好地参与竞争奠定经济基础。

（4）进一步完善业主支付信用担保制度

业主支付担保是指业主通过担保人为其提供担保，保证业主按照合同规定的支付条件，如期将工程款支付给承包人。如果业主不按合同支付工程款，将由担保人代为向承包人履行支付责任。业主支付担保，实质上是业主的履约担保。因此，应当与承包商履约担保对等实行，即业主要求承包商提供履约担保的同时也向承包商提供支付担保，业主支付担保可以是银行保函或者是担保公司的担保书。业主支付担保可采用以下办法：业主在进行招标时应出具项目资信证明，在正式签订工程合同时需按合同价款提供银行保函。其担保责任随着业主按照工程进度支付工程款至工程竣工结算结清尾款而逐渐降低直至最终消失。施工中业主因提高建筑标准或扩大规模等需要增加工程造价，在提出设计更改时，应提供相应额度的补充银行保函。建立业主支付信用担保制度，可以规范建筑市场交易行为，有效防止业主拖欠工程款，保障工程建设的顺利完成。

（5）进一步完善保修担保制度

《建筑法》《建设工程质量管理条例》对工程质量保修制度作了明确规定。为了保证保修责任的落实，应建立工程质量的保修担保制度。保修担保可采用银行保函或担保公司担保书、保修保证金等方式，也可以实行承包商的同业担保。保修担保可以包含在履约担保之中，也可以作为一种独立的担保形式。保修担保的期限，应当与法定的保修期限和合同约定的保修期限相一致。

（6）进一步完善工程保险制度

我国已开办建筑工程一切险和安装工程一切险，《建筑法》规定“建筑施工企业必须为从事危险作业的职工办理意外伤害保险，支付保险费”。据此，建筑职工意外伤害保险应属强制性保险，投保人是施工企业，投保对象理所应当包含民技工。同时，还应逐步开办勘察设计、工程监理及其他工程咨询机构的职业责任险等。

6. 建立使用者监督机制

在工程项目建设的过程中，项目的投资人可能同时又是项目的使用者，这时，项目的投资人和项目使用者的角色是统一的，投资人对项目的使用功能、标准等有着明晰的认识，不存在这一关系的信息传递的失误。而在有些项目中，情况就不同了，项目的投资人和使用者是分开的，投资人只是负责投资建设，来获得经济效益或社会效益。而项目的使用者则会更多地考虑项目的使用功能、标准是否符合自己的利益，两者之间会存在着一定的利益冲突。所以，在这种情况下，项目使用者就担当了项目外部治理的重要角色。

这种现象在政府投资项目中体现得尤其明显。在政府投资项目代建制模式中，项目的使用者被赋予了相当的责任和权利。以《北京市政府投资建设项目委托代建合同示范文本》为例，为保证北京市政府投资建设代建项目的顺利实施，充分发挥政府投资效益，严格控制投资概算，使用人需与委托人、代建人三方协商一致，并签订合同。

在合同中，项目的使用人被定义为“对代建项目提出使用功能，协助代建人完成项目建设工作，并在项目建成后实际接收、使用、管理项目的一方”。

使用人具有如下权利：

1）使用人有权对代建项目进行监督，并向委托人反映各种问题。

2）使用人有权对工程变更内容提出意见。

3）使用人有权对委托人核准的变更结果进行申诉上报。

使用人应履行如下义务：

1）使用人应为代建工作提供必要条件。

① 根据项目建议书批复的建设内容、建设规模、建设标准和投资额，按专用合同条款约定提供详细的项目使用需求或功能需求报告。

② 协助代建人办理与代建项目有关的各种审批手续。

③ 按合同约定为代建人提供必要的现场办公和生活条件。

2）使用人应对政府资金使用情况进行监督，并负责政府差额拨款投资项目中自筹资金的筹措，按专用合同条款约定向代建人拨款。

3）使用人应参与项目设计的审查工作，并对专业工作单位的选择过程进行监督。

4）使用人应对代建项目的工程质量和施工进度进行监督，配合完成工程验收，按有关规定办理项目接收手续。

5）使用人应授权一名联系人负责本项目的联络工作。

6）使用人应提出项目运行管理方案，配合代建人组织运行管理人员培训。

（1）建立监控机制

建立监控机制是为了对项目经理的经营决策、经营行为以及经营结果进行客观而有效的审核、检查与控制。工程项目的特点之一是其作为一件完整的产品所具有的不可移动性，这个特点也决定了工程企业及工程项目地理分布特点。这种空间上的距离给公司对工程项目的控制带来了较大的不便，又由于项目经理对工程项目经营权的实际掌握，建立完善的公司监督机制，加强对项目经理行为的约束就显得十分重要。公司层监控机制主要有以下内容。

1）人事监控机制

所谓人事监控机制，主要是公司运用其所掌握的人事选拔任用和解聘权利，通过对选人与用人各环节的严格把关以及根据对工作业绩的考评而采取的解聘行为，来达到监督控制项目运行中最关键的要素——人的目的。对业绩不善的项目经理进行解聘是公司当然的权利，这也是公司权力中最直接的权利。

2）业务监控机制

业务监控是通过公司管理层各业务系统的有效运作，对项目实施过程中进度、质量、成本、职业健康安全、环境管理、合同管理、风险管理情况等进行监控，定期检查项目管理实施规划的执行情况，针对计划执行的偏差及时采取纠偏措施。尽管这些业务属于项目的工作范畴，但公司根据有关管理制度对其进行监控是必要的。这些业务工作进展的情况，会对利益相关者的利益造成直接影响，进而影响公司的利益。

3）财务监控机制

财务监控的前提是健全项目成本核算制度。财务监控主要着力于项目成本控制和资金控制。为达到这个目的，应建立成本核算管理制度，严格资金收支。建立成本快速反应机制，及时反馈项目成本控制及资金运用信息，便于企业管理层进行分析和预测，实现成本目标的控制。

4）项目决策机制

为了充分发挥公司层监控机制作用，公司应建立规范的工程项目决策机制，加强各部门间的约束制衡作用；要制定完善的项目决策流程，并充分发挥项目决策委员会的集中协调作用。对具体业务进行分工时，避免由一个部门或一个人完成一项业务的全过程，而必须由其他部门或人员参与，并且与之衔接的部门能自动地对前面已完成工作的正确性检查。这种制约包括上、下级之间的互相制约、相关部门之间的相互制约。对重要的工作岗位必须采取工作轮换制，这样才能更好地达到监控的效果。对关键岗位应轮换频繁一些，次要的岗位可少一些。从轮换中暴露出存在的问题，揭示出制度的缺陷、管理的缺陷。

（2）完善财务内部控制制度

首先要建立严格的资金收付管理和授权批准制度。成立公司结算中心，规定工程款的收入必须先进入公司结算中心账户。施工企业的资金周转比较频繁，如果管理审批不严格，就会造成不必要的损失。在内控制度建立方面，岗位设置要适当，分工要合理，财务制度要健全。其次要建立成本费用控制系统，编制企业定额，健全成本管理的基础工作，通过对工程成本的客观科学的管理来加强控制工作。再次要加强对项目筹资投资活动的监督控制。为工程项目的顺利实施而进行的必要筹资活动，由公司统一协调安排，项目部不得私自对外进行筹资活动。没有公司的允许，项目部一律不得对外进行投资。最后，要加强对债权债务的控制。工程企业存在的一个突出问题就是债权债务管理混乱，应收应付账款的管理责任模糊。公司应该建立债务管理责任制，坚持对债务进行定期清理、定期分析，避免隐性债务，加强对债务危机的控制。

（3）完善业务管理制度

首先要切实加强各级人员的素质。现代企业竞争的重要因素有三个：资金实力、高品位的产品质量包括良好的售后服务、高素质的人才，但归根结底还是要有高素质的人才，只有高素质的人才才能创造出高品位的产品，切实提高企业资金实力，增加企业的市场竞争力。内部控制制度是否有效，人的品质与素质是关键。

其次，要切实制定适于自己企业的业务内控制度。每个企业均有自己的特色，公司的业务内控制度应该适合自己企业的特点，各业务内控制度之间应接口良好，避免自相矛盾，否则，制度在执行与实际情况发生矛盾或业务之间存在冲突，都会影响制度的严肃性和权威性。

（4）加强企业的内部审计制度

内部审计作为企业内部控制体系的一个重要方面，其主要任务是监督本企业的生产经营活动是否按照所制定的方针政策和计划执行。会计记录是否按国家颁布的会计准则进行、会计报表能否正确反映企业的财务状况和经营、本企业的生产经营有无违反国家财经法纪等。它在履行审计职能、监督经济活动、加强经济管理、提高经济效益等方面发挥着重要作用。我国企业内部审计工作存在的突出问题是企业往往过度依赖财务的控制作用而忽视审计工作的作用。很多企业的审计工作由企业财务人员监管，大大降低了审计工作的效力。正确的做法应该是将财务与审计工作区分开来，让他们分别发挥好核算与审核的作用。比如很多工程企业在项目管控中所实行的会计委派制，实践证明效果并不好，原因就是它混淆了会计的核算与审计审核职能，造成了管理混乱。

（5）健全的法律制度

完善的法律制度具备强制性约束力，成为政府投资项目第三方管理模式下的长效机制，依据法律规章制度确定项目参与各方的权责利，以减少各方所产生的不必要纠纷，对相关主体行为起到约束作用。如政府投资中长期计划和年度计划制度、项目储备制度、人大审批和监督制度、项目风险预防制度、资金来源审查制度等。除了《政府采购法》《民法典》《招标投标法》等相关法律外，第三方管理有专属于自己的法律制度，尤其在第三方准入和专家咨询论证方面建章立制。

（6）提升监管效率

保持高效率的监管才能取得良好的监管效果，监管效率主要从监管队伍和监管方法两方面入手。建立高素质的监管队伍需要专业化的知识、丰富的经验、优秀的品格、过硬的技术。而监管方法的改善就需要监管人员定期或不定期地开展培训与考核活动，不断总结工作经验，在实践中学习探索新的监管方式和技能。

（7）强化以市场化的第三方监管

第三方作为专门的监管机构充分发挥市场监督作用，为社会监督创造平台，第三方组织机构本身由专业人士如建筑师、监理工程师、律师构成，这些专业人士都是经过严格的资格认可后进入到第三方组织机构。由于专业人士来自社会公众，因而第三方组织机构就是维系政府与公众之间的沟通平台。在第三方管理模式中，第三方以工程咨询、社会审计、工程监理等形式参与到政府投资项目的监督活动，在市场经济体制下成为监管投资活动的最主要组织机构，从而更好地为项目的投资决策、建设管理提供全面、公正、科学的社会咨询与服务，不断推进政府投资领域的市场化。

（8）政府投资项目管理模式的选择

在政府投资项目众多管理模式中，各模式都有其自身优劣势和适用范围。认为政府投资项目管理模式的选择依据主要有三种：其一，业主方综合能力，包括业主方项目管理能力、风险承担能力、资金实力与融资能力；其二，项目基本特征，具体有工程建设规模及其复杂程度、对项目目标的要求等；其三，外部环境的影响，包含国家政策的约束、咨询机构水平以及承包商的能力与经验等。

（9）政府观念和职能的转变

在第三方管理模式下，政府不再对项目建设具体过程监管控制，这就要求当地政府从观念上转变以往传统自治的管理方式，实行市场规则，适度放权，实现政府职能从“全能政府”向“有限政府”转变，从管制型政府向服务型政府的转变，从“官本位”向“民本位”的转变，保证市场价值的回归。

（10）政策法规的制定

第三方管理模式是一个政府投资项目的新模式，必须以国家政策法规为支撑。积极营造健全的市场经济条件下的政策环境，规范项目利益相关者的行为。在法规制定上一方面要加强投资立法，制定第三方管理模式配套的法律体系；另一方面要加强行政程序立法，约束政府行为，为公共项目的顺利实施提供制度保障。

（11）对第三方的审核

第三方管理模式的核心是第三方监管，这就需要政府赋予第三方明确的法律地位，使其能够合理规范地参与到公共项目建设中来。一方面要严格审核第三方的资质、诚信、实力和项目管理能力；另一方面政府应与第三方保持经济利益脱离关系，使第三方处于独立地位，不受政府的任何干扰。经政府审核招标，第三方通过签订合约对项目的质量、进度、投资、安全等问题严守把关。

（12）项目信息透明度

项目信息的透明度不仅有利于项目工作的展开，而且有利于提高政府的公信力。通过政府公告、咨询会、听证会、网络公开等形式进行广泛的信息交流，充分发挥政府信息对人民群众的生产生活和经济社会活动的服务作用，落实群众的知情权和监督权。同时，透明开放的项目信息能够协调各部门积极建设公共项目，加强项目主体的管理力度。除此之外，切实做好政府信息公开工作，能够避免政府的暗箱操作，为建设廉洁高效的政府作出积极的贡献。

6.3 建筑工程项目管理创新模式与应用

6.3.1 建筑工程项目管理模式的现状

1. 建筑工程项目管理体系有待完善

（1）项目管理和项目管理体系的概念

项目管理（Project Management），简称为PM，主要是指为实现对资源的科学有效利用，管理单位借助系统运行的特点和相关理论体系，对运行系统全面分析，确保项目资源得到合理利用，同时有利于确保对项目施工进行全面、系统地管理。项目管理运用，有利于管理层针对项目实行全面分析和控制，通过相关组织活动以实现项目目标。因此项目管理的运用，对构建项目管理体系产生重要的推动作用。项目管理体系是综合了项目管理涉及的项目组织、项目协调、项目施工和控制运行等方面，是对项目施工的施工质量、经济投入和施工工期的科学预估和检验，是检验现代建筑工程发展的关键因素。

（2）项目管理体系的运行现状

项目管理体系是现代工程项目管理的出发点和检验依据，是确保项目管理稳定进行的理论依据。应加强对项目管理的研究，以实现对现代建筑工程运行的系统分析，进而确保现代建筑工程的稳定运行和持续改进。由于项目管理工作在现代建筑工程的运用，同时受施工质量管理和相关项目的应用影响，造成项目管理工作运行不够全面、科学，严重制约项目管理体系对现代建筑工程的指导作用。例如项目管理运行中，由于对施工质量管理不够科学，容易导致建筑施工质量不符合施工要求，进而产生严重的施工维护和返工现象，加大了建筑工程施工成本，容易引发施工过程中的安全事故。

（3）构建建筑工程项目管理体系重要性

建筑工程项目管理体系的构建有利于实现对施工技术和施工成本的科学控制。加强对施工技术和相关施工管理的指导，确保科学的施工技术、合理的管理政策指导现代建筑工程的运行，实现构建项目体系对现代建筑工程产生的经济效益和安全效益。构建项目管理体系，有利于实现对施工过程中相关问题的科学处理，实现项目管理体系处理问题的高效性和实效性。

2. 建筑工程项目管理理念比较落后

（1）我国建筑工程项目管理理念的现状

我国对于工程项目管理理念的应用还不十分健全，目前人们对于工程项目管理的认识还停留在技术层面上，认为只要不断更新优化施工技术，保证施工安全和施工进度就能保证工程项目顺利完成，并能达成管理目标。但是实际上工程项目管理理念在工程发展中起着重要作用，人们对于其价值和优势的认识还有待进一步提升。在实际工程项目施工中，业主经常会以施工总承包形式进行发包，以此代替项目管理，这种方式必然会影响到项目管理的有效性。此外，对于工程项目管理的法律制度还不健全，虽然在工程施工方面已经有了相关制度的保障，但是对于工程项目管理模式的实施标准却还不明确具体。目前建筑工程项目管理理念的现状主要表现为以下几点。

1）观念陈旧，机制落后。随着我国经济体制的改善，从原来我国建筑工程的管理模式向现代模式进行转变，在企业内部对控制缺乏足够的重视，缺少完整的控制体系，主要凭经验积累和主观臆想。许多只有单一的检查，并没有进行检查前的管理控制，也就是许多的检查只有等待任务结束以后才能进行，进行的只是事后控制，并没有建立健全的管理机制，影响工程项目实施效果。

2）工程建设人员素质较差。我国的建筑企业队伍素质整体较低，并且结构层次也不尽合理。主要是由于建筑施工工人大部分都为进城务工人员，文化水平普遍较低。技术人员流动性非常大，难以进行统一的技术业务培训，技术水平参差不齐，施工质量难以得到保证，因此有些技术方案难以实行，造成每个工程项目之间的质量差别非常大。所以，施工人员素质较低成为工程质量的障碍，也阻碍了其发展。

3）合同管理意识差，工程索赔较多。如为了避免麻烦，对于项目以外的项目单价在签订合同时，中标人与投标人两者就应该做出详细规定。施工过程中对业主及材料供应商不履行约定义务的及时提出及索赔，通过、计划、组织、控制和协调等活动实现预定的成本目标，才能更好地使建筑工程顺利进行。

4）安全管理认识不足。安全意识是做好建筑施工现场安全工作的关键，施工安全是施工现场所需要注意的关键问题，许多建筑企业虽然建立了安全生产责任制，但是其施工现场的管理人员不注重安全生产责任制，未能真正认识到建筑施工安全生产的核心所在和责任重大。所以，导致工程频繁出现事故，影响工程进展。

建筑工程项目管理理念的创新，需要从以下几个方面入手。

1）更换观念，转换机制。对于传统的建筑工程管理，需要改变传统观念，改革机构设置与部门职能，按照市场经济体制转换项目管理经营机构。有针对性地设立相关部门，方便管理。将各项管理的职能进行统一、有机组合并对其管控，突出合同管理的中心地位，强化合同管理的控制功能，克服合同管理与资金管理、成本控制相脱离的弊端。对于施工过程中易出现的问题，就需要设立相关的人员对施工技术问题进行研究，为建设一流工程和创造最佳效益提供有力的技术支持。对各部门进行调整配置，形成现场施工管理与合同管理、成本管理协调一致的管理机制，解决现场调度长期存在的问题，以此来提高文明施工水平和企业经济效益，为工程的发展起到决定性的作用。

2）建立完善的管理组织机构，进行全方位系统化管理。完善的管理机构会促进企业的发展。只有建立完善的管理组织机构，制定健全的工作制度，并确定各方面的业务关系，才能有效地对各个方面进行管理。为确保工程施工质量，要对职工进行质量重要性教育，强化全员质量意识，从根本上保证其安全运行。

3）应用信息技术进行现代化管理。随着信息化水平的提高，采用先进的现代化管理手段来提高项目管理水平势在必行，利用现代化的信息技术加强项目实施全过程智能管控将对施工企业管理水平的提高、投资效益的改善、工程质量的保证等有着重大的作用。

4）强化员工素质，加强安全管理。员工的素质是安全管理最为基础的要素之一，因员工素质较低，现场缺乏培训、教育，往往会出现工程质量水平降低、建设周期加长等问题。其中存在的习惯性违章和一些隐患问题不制止，管理人员对施工安全管理的不重视造成了管理职能上下脱节，工作失控，所以，需要加强员工的素质，只有提高了员工的素质，才能从根本上改变。

3. 建筑工程的管理方法不完善

（1）我国建筑工程的管理方法现状

传统的建筑工程项目管理，因为没有科学合理的管理方法，致使管理人员在实际的工程管理中仅仅根据自己的经验来开展工作，而经验不足和认识偏差容易导致施工出现事故和风险，同时施工效率受到很大的影响，且严重影响了工程的质量和安全，延误工程项目进度。严重的甚至会导致建筑企业会被相关政府部门和建筑企业记录不良信用，这些问题都是因为没有科学合理的建筑工程项目管理方法所造成的。

（2）建筑工程施工项目管理方法的优化措施

1）成本管理的优化措施

成本管理主要的作用就是对建筑工程项目在实际实施过程当中所有的成本支出进行管控。高质量高水平的成本管理不仅可以有效降低建筑企业的总体成本，还可极大地提升企业整体经济收益，提升企业品牌形象。因此企业和项目部在实际工作当中必须要对成本管理方法进行优化。首先，管理人员要准确地认识到成本管理的重要性，并在这种意识的引导下积极努力地投身于对成本管理优化的研究中，实现全员、全过程、全方位的成本管控。其次，在进行成本管理优化的过程当中必须结合具体项目，制定出有针对性的优化措施，要充分体现技术创新和改进所带来的成本节约和效益提升。最后，相关的管理人员必须要保证成本管理范围的全面性，保证每一个施工环节的成本支出都涵盖在成本管理的范围之内，加强成本计划管控，细化计划文件，严格过程管控，有效利用成本管控台账，确保计划与实际的吻合。

2）质量管理优化措施

质量管理的主要作用就是保证整体建筑工程项目的施工质量。在完善的质量管理机制下，建筑企业不仅可以极大地提升自身的施工质量，在一定程度上还可以极大地提升自身企业的市场竞争力，树立其良好的行业形象。因此，建筑工程施工企业要想获得进一步的发展，就必须要对质量管理进行不断地优化。首先，必须要对公司内部的质量管理人员进行定期的在职培训，将质量管理的重要性告知给每一位受训人员，使其不断地强化自身质量管理意识；其次，在实际进行管理的过程当中必须要不断地总结管理经验，有意识地将一些新的质量管理理念应用到实际工作当中，并结合实际情况对新的质量管理进行完善；最后，相关管理人员必须要把握好每一个重要的质量管理环节，例如施工前准备阶段的质量管理或者施工过程中的质量管理等。

3）安全管理优化措施

安全管理的主要作用就是保障人的施工安全，从某种意义上来说，也是建筑企业的生命线，相关的建筑工程从业管理人员必须要重视对于安全管理的强化工作。首先，必须要强化施工人员的执行力，在对施工人员进行培训的过程中要告知每一位受训人员必须要严格地按照安全施工方案实施；其次，要制定出完善的现场管理和奖惩制度，加强监管和考核，强调持证上岗，做好安全交底，进而提升施工人员的整体安全施工水平；最后，相关管理人员必须要成立专项监督小组，对施工现场进行定期的全面检查及不定期的突击检查，一旦发现施工人员不能按照安全施工标准进行施工，必须要及时地对其进行纠正，以此来保证安全管理能够得到有效的优化，进而保证施工人员的人身安全。同时健全信息化技术，做好智能管控工作，杜绝不安全行为和安全隐患，从根本上创建安全的作业环境和人文环境。

（3）建筑工程项目施工质量管理方法

1）重视全方位的工程项目质量管理

建筑企业在进行质量管理工作时，往往只注重某一个施工环节的质量管理。但是，随着经济的发展，社会的进步，建设项目规模越来越大，建设要求越来越高，并且建设周期越来越长，所以每一个环节的质量管理工作都至关重要，因此对于企业来说，务必要重视全方位的工程项目质量管理工作才能够保证最终的工程质量。工程质量形成于施工环节，整体工程的质量是每个施工环节质量的一个总和，而全方位的工程项目质量管理工作则代表着企业的整体质量水平。当前，市场竞争加剧，优质是建筑企业在市场竞争当中取胜的一个制胜法宝，同时也是建筑企业树立良好市场信誉，打造优秀市场品牌的一个最重要的竞争因素。劣质的工程必然会损害企业的形象，不利于企业的长远发展，所以在当前激烈竞争的市场背景下，企业要想从整体上提升建筑工程的质量水平，那么就务必要重视全方位的工程项目质量管理工作。抓好项目质量管理工作，务必要选好项目经理，配备好项目管理人员，尤其是质量管理人员。每一个企业在具体的建筑工程项目实施过程当中，都应该由专门的项目经理来负责质量管理工作的开展。项目经理作为项目质量的第一责任人以及整体工程质量形成过程的一个总指挥，既要保持自身良好的职业素养，又要具备一定的管理经验。在工作的开展过程当中真正地将质量放在第一位，努力为企业打造优质建筑工程做好每一项工作。由技术人员以及管理人员组成的项目队伍，是履行质量职能的骨干力量，也是执行质量计划实施全过程质量管控的实际工作人员，所以企业必须要配备好项目质量管理人员。

2）注重生产细节

当前，建设工程建设规模往往比较大，任何一个细节的问题都可能会影响到整个工程的质量。而且，由于建设工程普遍是全方位交叉作业，多种工种交织，施工现场人员混杂，各种机械设备以及原材料众多，所以，要想进行有效的管理是十分不易的。这就需要建设工程施工质量管理工作人员，注意每一个细节之处，尤其要保障细部施工阶段的施工质量。建设工程施工质量管理工作难度比较大，而这种难度主要体现在细部施工阶段的施工质量管理方面。一些细节性的问题不易发现，也不好控制，但是对整个建筑工程项目质量影响又非常的大。所以，更应该引起相关管理工作人员的注意。建筑工程施工过程当中，质量管理人员要注重大面积施工以外的细小部分施工，关注细微之处的处理。这些细小之处是影响整个工程外观以及质量的重要部位，也是体现整体施工管理水平和施工技术工艺水平的关键部位，做好细部施工阶段的质量管控，就能够对整个工程质量的管理工作起到决定性作用。在施工过程当中，应对一些细微之处的施工作出明确的规定或者规范和要求，现场的施工人员和质量管理人员就必须要依据自身的管理经验和技术水平，对其进行严格把关。施工质量管理工作重点应该放在合理安排交叉作业、注重成品保护方面，合理地进行各工序的安排，解决好各分项工程施工的先后顺序至关重要。

3）建立完善的质量管控体系和明确的质量管理目标

顺利开展建筑工程施工质量管理工作的前提是要建立起完善的质量管控体系和明确的质量管理目标。质量体系是实现质量保证所需要的一种组织结构，对于企业来说，要想促进质量管理工作的顺利开展，首先应该保证质量管控体系建立的完善性和科学性。完善的质量管控体系，能够覆盖工程质量形成的全过程，并且在实际的质量管控工作开展过程当中得到有效的运行。科学的质量管理体系能够对施工现场的质量职能进行合理的分配，健全与落实各项管理制度，提高质量管理工作的执行力度。而建立明确的质量管理目标也是十分必要的，每个施工企业的质量管理工作的开展都应该有一定的目标。如企业为了满足市场需要而创设优质工程，那么就需要设定一个可达成的质量管理目标。在具体工作开展的过程当中要对总体的管理目标进行分解、细化，明确每一个分部分项工程的质量目标，在此基础之上，结合每个分项工程的技术要求，施工难易程度以及施工人员的技术水平等突出质量管理的重点、难点，在工作开展过程当中，逐一进行跟踪管控，最终确保工程项目管理既定质量目标实现。总之，建立完善的质量监控体系和明确的质量管理目标，有利于打造直观的质量标准，推动建筑施工企业质量管理工作的顺利进行。

6.3.2 建筑工程项目管理中创新模式的意义

1. 优化配置施工资源

（1）施工资源的优化可以有效、适时、适量地配置各施工要素以满足工程项目施工所需的要求。如在人员优化这一环节，不仅要对作业人员进行优化，还应对项目管理人员进行优化，坚持实行人、证、岗，三位一体，杜绝出现无证上岗、人不在岗、人岗不符等管理乱象。在材料优化方面，对于使用量比较大的原材料可以直接与生产厂家建立直接合作关系，如钢筋的采购，由厂家直接向项目供应材料，就可以有效避免市场上以次充好、质量不达标的钢筋流入施工现场，工程质量得到保障。

（2）在工程项目实施过程中，始终与项目管理的创新发展分不开，包括建设工程中的人员管理、材料采购、技术方案制定等，这些部分出现的问题都可以通过对管理的创新来得到解决。通过科学的管理实现企业的发展、员工安全意识的提高、为施工工期等提供保证。在出现问题时也能准确地提供优化施工技术方案的方法，及时进行合理的调整。积极落实建设工程项目资源管理计划，避免资源浪费，实现对资源的优化配置，创造良好的施工环境，提高项目运营水平。

（3）建筑工程管理创新涉及工程管理的各个环节，包括人员管理、材料采购、技术方案制定等，通过创新管理可发挥管理人员最大的效用，并优化施工技术方案，落实科学的材料管理、安全管理、进度管理、质量管理方法，从而实现资源的优化配置，提高人员、材料、机械设备的使用效率，减少和避免资源浪费现象，创建良好的施工环境。

2. 促进管理科学化的发展

（1）随着经济技术的不断发展，人们对于工程项目的要求越来越严格，建筑业企业要在激烈的市场竞争中脱颖而出，其工程管理的模式需要进行与时俱进的创新，不断地引入先进的管理方法和管理技术，可以促进建筑业企业在管理创新模式不断朝着科学化合理化的方向发展，以确保建设工程项目的开发更加高效有序。

（2）科学管理是建设工程管理的必然发展方向，尤其在生产力不断提高的新时期，建设工程管理要积极引入先进的科学技术，采用科学的管理方法，更新管理模式，提高工程管理效率。而创新是实现建设工程科学管理的有效途径之一，是建筑业企业发展的不竭动力，通过创新有利于完善工程管理体制，摒弃不合理的管理方式，从而提高建筑业企业的工程管理水平。

6.3.3　建筑工程项目管理中创新模式的应用

1. 创新管理技术

项目管理是一项系统化的综合管理过程。为了不断提高项目的管理效果和水平，特别是大型工程项目的建设，必然需要创新应用各种现代管理方法和信息技术。创新管理方法应该通过信息技术的应用和贯穿，提升管理的综合效力。

（1）现代管理方法在项目上的应用

现代管理方法（含技术）是人类生产和生活活动经验的科学总结和提炼，不仅体现了现代化大生产的客观规律，而且反映了现代管理科学的发展方向。

现代管理方法包括理念、技术和方法的集成。具体包括方针目标管理、文化管理、体系管理、风险管理、模式管理、统计技术、信息技术、六西格玛、集成技术等。现代管理方法的表现形式又包括定量和定性方法。

现代管理方法产生于现代工业和技术革命的过程，是伴随着生产和技术的不断提升而持续改进、互动提高的。从基本层面上讲，管理方法没有十全十美的，必须充分考虑和分析管理方法之间的特点和缺陷后，才能客观合理地应用。工程建设项目往往需要把这些现代管理方法融合集成后使用。

（2）现代管理方法与信息技术在项目上的创新应用

现代管理方法的重要标志是方式的信息化，信息化是应用先进的计算机网络技术去整合企业现有的施工、经营、设计、制造、管理，及时为企业的实施层、战略层、决策层提供准确而有效的数据信息，以便对需求迅速作出反应，提升企业的核心竞争力。

1）现代信息技术与项目信息技术

现代信息技术正在突飞猛进地发展，给项目管理带来许多新的应用，特别是互联网的使用，使得信息流通高度网络化。它不仅表现在项目内部，而且还表现在跨国承包商组织之间、承包商与业主之间、承包商与外界环境之间。

现代信息技术对现代项目管理有很好的促进作用，同时又会带来很大的冲击。人们必须全面评估它的影响，特别是可能产生的负面影响，以使人们的管理理念、管理方法、管理手段更适应现代工程的特殊性。它加快了项目管理信息系统中的信息反馈速度和系统的反应速度，人们能够及时查询工程进展的信息，进而能及时地发现问题，作出决策。例如项目的透明度增加，人们能够了解项目全貌，加强监督作用。总目标容易贯彻，项目经理和上层领导容易发现问题。下层管理人员和执行人员也更快、更容易了解和领会上层的意图，使得各方面协调更为容易。信息的可靠性增加，各部门人员可以直接查询和使用其他部门的信息，这样不仅可以减少信息的加工和处理工作量，而且避免在传输过程中信息丢失或失真。

与传统的信息处理和传输方法相比，现代信息技术有更大的信息容量。人们使用信息宽度和广度大大增加。例如项目管理职能人员可以从互联网上直接查询最新的工程招标信息、原材料市场信息等。使人们更科学、更方便地进行大型的、复杂的项目以及远程项目的管理，如国际投资项目、国际工程等。它虽然加快了工程项目中信息的传输速度，但有时也会产生副作用；信息传递过程中会出现安全隐患，这对保密工作提出了很大的挑战；信息传递过程中可能会造成信息失真变形，使项目管理者采取措施解决问题和风险的难度加大；人们通过非正式的沟通获得信息，会干扰对上层指令、方针、政策、意图的全面准确的理解，结果造成执行上的错位。

2）项目信息化与现代管理方法的结合

项目信息化是一种集成技术，关键在于信息的集成和共享。是一个系统工程，是一个人机合一的系统工程，包括项目领导和员工理念的信息化，项目决策、管理组织信息化，设计加工应用信息化等。它的实现是一个过程，包含了人才培养、咨询服务、方案设计、设备采购、网络建设、软件应用开发等。

3）现代管理方法与项目信息化的互动

一方面，项目信息化需要现代管理方法的应用，另一方面，现代管理方法也需要信息技术的支撑，二者相辅相成共同提高。

在项目的实施过程中，各种新技术的开发和应用总是与新的管理思想、管理理念和管理方法相联系、相融合。包括客户关系管理、供应链管理、项目资源计划、电子商务等技术无一例外都与组织、管理和业务流程的重组再造、虚拟项目、网络营销、学习型组织、核心竞争力、知识管理、风险管理等流行的管理思想紧密相连。信息技术与管理思想变革的日益融合推动了项目信息化由事务处理阶段向智能化阶段的转变，从而极大地丰富了项目信息化的内涵，提升了现代管理方法的绩效。

2. 创新管理体制

五大发展理念中首要的便是创新。创新是社会发展、国民经济实力增强、行业可持续发展的前提和基础，也是建筑业生产方式变革的必然。在创新模式下，项目管理的内涵主要体现在以下几个方面：

（1）项目管理观念的实质性改变

项目管理工作不再是单纯的现场管理、资源管理和基本的目标管理，而应侧重于方法管理、能力提升管理和核心竞争力积淀管理，同时还应兼顾政府和企业管理职能中的人文环境管理和社会意识形态管理。从而使得项目管理工作既依托于项目本身，又服务于社会大众；既体现项目实施水平，又展现行业社会内涵；既提高自身层次，又提升行业整体水平。

（2）项目管理行为的原则性转变

创新项目管理，就应从具体的项目管理行为着手，应在传统的项目管理的计划、组织、实施、检查、处理等行为模式基础上更多地改变为行为意识的加强和规范、实施过程和环节的模块化以及运行结果的同质化和标准化，使得项目管理工作由更多的强制式和被动式管理转变为自发式和主动式管理，着力提高管理效率，改变管理效果。

（3）项目管理成果的百花齐放

创新项目管理，就应鼓励和挖掘不同表现形式和不同管理侧重的项目管理成果，应加强培植力度，使得项目管理成果在既定的方针、政策和管理模式下体现不同的形式，从而更好地适应不同地域、不同时期、不同项目的管理工作需要，做到共性要求和个性突出的有机结合，更好地引领建筑业项目管理工作可持续发展。

（4）项目管理理论的深化

在现有国内外项目管理理论的基础上，力争形成项目管理特有的方法论和管理观，既要体现全过程项目管理和专项（或特定过程）项目管理工作方法的区别，又要体现项目管理工作基本理论的唯一性和不同层面项目管理工作的有机结合，由更多的经验式管理上升到理论科学，由模块化管理物化为系统的管理定式，避免管理工作的随机性和盲从性。

6.3.4 建设工程项目管理体系创新的应用

1. 项目管理体系的创新

项目管理体系创新必须通过观念创新、制度创新、技术创新和经营创新来实现。观念创新是前提条件，制度创新是决定因素，技术创新是时代要求，经营创新是最终目标。

（1）工程项目管理体系

工程项目管理应实行项目经理负责制，项目经理是工程项目经企业领导授权的最高领导及第一责任人，享有法定的各项权利及义务，一般由现场管理经验丰富、专业技术精湛、践行执行力强的建造师担任项目经理。根据工程项目的综合实际情况，独立组建符合工程需要的项目部，具体实施工程项目开工前、施工中、竣（交）工等各阶段工作，完成工程项目的质量、进度、技术、成本、安全等各项既定目标。

（2）工程项目管理体系存在的问题现状

多年来我国的项目管理取得的成绩是显著的，但目前质量事故、工期拖延、费用超支等问题仍然不少，特别是近两年来出现的多起重大建筑工程质量事故，不仅给国家和人民的生命财产造成了巨大的损失，同时也造成了不良的社会影响。其主要原因都是由于建筑工程项目管理不完善、管理机制不规范所造成的。

造成建筑工程项目管理不完善现状的成因是多方面的。既有人为方面的原因，也有技术等方面的原因。

一是部分领导重视程度不够或认识不到位，职业道德水准不高等造成资源浪费的现象严重；二是项目中专业性和技术性强的专业人员较少，对于项目资金和技术的管理，想管而管不好，聘请专业人员又缺少资金的两难境地；三是缺乏内部制约和外部有效监督的机制。

（3）项目管理体系创新的内容

1）项目管理体系的观念创新

管理人员要转变传统观念，把市场意识贯穿始终，要善于分析项目自身的市场特性，寻找盈利增长点，要坚决执行项目管理责任制、责权利高度统一的项目运作原则。

多从主观方面挖掘管理增效益的因素，而不是把效益低，甚至亏损的原因归结于客观因素，或者直接强调为目前市场存在的某些不规范现象导致，要切实从管理细节入手，增强项目管理预见性，加强过程控制。严格控制项目资金、物资、技术和协作队伍发包合同管理，认真建立各种台账，实行责任成本分析制，共同把好项目责任成本控制关，通过管理项目，促进各类业务人员相互学习、掌握、熟悉项目管理程序。

加强人才队伍建设，要坚定用制度和管理者自身的人格魅力来影响和带领队伍的信心。干部、工人的思想教育，培养和锻炼过硬的管理班子和项目队伍。确定协作队伍后，要尽可能地为他们创造良好的施工条件，以同等对待实现“双赢”。

正确树立保密意识，对项目班子、管理人员和员工进行严格的教育，对项目运作、管理等方面的事务实行层级保密。总之，就是要以成本管理为中心环节，加强项目财务、技术、分包和物资管理，规范管理行为，有效降低成本，向管理要效益。

2）项目管理体系的制度创新

创新和完善项目管理责任制度，加强对项目责任制的考评，将责任指标细化为进度、安全、文明施工、材料管理、劳动力管理、技术、质量、成本、结算管理等多项内容，并且详细制定考评标准，以此来规范项目部及项目经理的责任范围和行为。

建立健全风险抵押金制度，推行项目经理责任制。如有的企业建立“自筹资金、自主经营、自负盈亏”的经营机制，由项目经理按工程产值的一定比例，拿出较大数量的风险抵押金，对项目全责经营，盈利重奖，亏则重罚，形成一种“责任、风险、权利、受益”四位一体的管理模式，改变以往项目承包“包盈不包亏”的状况。体现出了五个新特点：一是确定了项目是成本中心，企业是利润中心的职责关系；二是加大了利润分成比例；三是提高了经济承包兑现额度；四是扩大了承包兑现人员范围；五是多劳多得的合理性得到发挥。

目前有的企业的成本管理，基本上停留在“事后算”的被动控制为主，尚未建立起比较科学的成本控制体系。因此，要侧重于对实际成本的控制，建立完善内部控制和制衡制度，抓好项目成本管理与核算的基础工作，强化项目成本费用的日常管理，实施对施工现场成本管理的过程控制，建立成本考核的预警机制，保证项目承包责任制落到实处。

3）项目管理体系的技术创新

积极推广新技术应用，首先加快在建工程建设，大力推进生产、管理等各个领域的信息化管理和项目创优申报工作的进程，狠抓工程项目创优工作，工程质量总体水平不断提高，大力实施“走出去”战略，开拓企业更大的生存发展空间。全面提升企业管理水平，建立起项目考核评价体系，推进项目经理队伍职业化步伐。推行技术进步和创新，选择科技含量高，能尽快提升施工能力的项目，大胆投入，重点突破。确保科技创新资金到位。

4）项目管理体系的经营创新

坚持目标责任制管理，科学设置考核指标，强化经济效益和成本控制指标的刚性考核力度。坚持经营工作的规范化、科学化的日常管理，维护和改善经营管理流程。加强外联工作，着眼长远发展，确立分解市场开发目标，确保生产经营任务持续饱满，同时要集思广益、拓宽范围，开辟新的经济增长点。坚持以人为本，以合理薪酬管理体系为重点，以推进绩效考核管理为手段，全面改善奖励激励机制，突破阻碍企业发展的人力资源瓶颈。用企业发展战略规划思考当前的经营管理。特别是在企业的战略定位和发展目标确立后，必须尽快总结在建工程管理项目实施经验，提炼工程管理特色，建立协作队伍准入管理体系文件，培育企业核心竞争力，确保企业的健康、持续、稳定发展。

（4）项目管理体系创新的基本框架和特征

1）企业应依据工程项目管理的全面活动要素，构筑出工作标准、管理标准和工程技术标准三大系列标准框架。以每个系列的各项具体工作、具体事务、技术要求和施工工序为一个小单元，结合本工程项目的特点制定出具体标准。

其中，工作标准主要包括项目部各级各类组织机构工作标准、各项职能业务工作标准及全员的岗位工作标准；管理标准主要针对项目的管理客体，分项制定相应的管理标准；技术标准主要依据所负工程的施工项目范围，分项分工序制定出相应的施工操作技术规范。三类标准之间相互关联，从而构成一个较为严密完整的项目管理标准体系，使项目的一切管理活动都始终处于标准的控制和调节之下。

2）工程项目全面标准化管理的四个基本特征总结如下：

① 创新性。工程项目全面标准化管理是对以往传统管理方式的一种扬弃和创新，突出制度标准管理，避免人为管理的随意性。

② 科学性。工程项目全面标准化管理是一种科学的管理方式，其核心是制定标准，而标准是对重复性事物和概念所作的统一规定，是以科学技术和实践经验的综合成果为基础而形成的作为共同遵守的准则和依据。

③ 系统性。工程项目全面标准化管理是按照系统工程的要求。根据项目管理

的实际需要，坚持继承与创新相结合的原则，将项目管理规章进行系统的整理和归类，形成一套与项目管理相适应的标准体系，从而使工程项目全过程各项工作的开展、管理的实施、技术规范的执行全面纳入标准化管理的范畴。

④ 实用性。工程项目全面标准化管理是依据项目实际制定各项标准，每项标准既有总体要求，又有细化要求；既有原则性规定，又有具体性要求；既有定性指标，又有定量指标。这样制定的标准，不仅针对性强，且可操作性强，又便于考核。因而，能使职工在执行中既知道执行什么样的标准，又懂得如何去落实标准，从而具有较强的实用性。

2. 项目管理体系创新的原则

要想在建设工程项目管理创新中取得成效就必须遵循以下四个原则。

（1）市场竞争原则。首先，创新要适应市场发展的需要，只有高素质的企业在激烈竞争的市场中，才能及时确定自身的市场定位，才能够适应千变万化的市场需求，才能在市场中生存、发展，项目管理的创新要有利于适应生产力的发展和市场的需要，有利于企业文化及品牌效应的提升。

（2）科学协调原则。工程项目现场管理要科学协调与地方的关系。办理完善的手续对工程项目管理是必要的，这些工作也是现场工程管理的重要组成部分，必须处理好与地方的关系。不能盲目、无计划地施工，要协调和处理好各个施工环节之间的关系，才能更好地提升项目实施效率。

（3）有效联系原则。工程现场管理要保证各参建单位的有效联系。目前，由于工程项目规模的逐步扩大，在一般工程项目中都是通过多个单位协同合作，共同参与建设，这就会造成各个参建单位之间发生不可避免的矛盾，如果矛盾处理不及时和不恰当，则容易在建设之中出现扯皮返工等现象。因此，只有把各参建单位关系协调好，避免发生各种冲突，才能确保工程质量和工期得到有效控制，这就需要我们对现场管理进行创新，畅通沟通渠道，改进沟通方法，有效采用现代信息技术和手段保证与各个参建单位的有效联系。

（4）科学管理原则。工程现场管理要实施科学的质量管控，现场工程管理力度将直接影响工程进度和质量。要控制好工程质量，必须要对工程整体情况有及时的和全面的了解，形成有效的科学监督，这样才能创新管理。建筑工程质量的形成是一个有序的系统过程，其质量的高低综合体现了项目决策、项目设计、项目施工和项目验收等各阶段各环节的工作质量。通过对咨询、监理、施工单位等各个项目参与方严格合同履行进行全面、全过程项目管理来实现项目最终目标。

3. 工程项目管理体系的流程

（1）工程项目管理体系的基本流程

1）设定基本方向，设定流程再造的总目标、总方向、总思路，具体包括确定组织战略目标，目标分解，成立再造流程的组织机构，设定再造流程的出发点，确定再造流程的基本方针，给出流程再造的可行性分析。

2）现状分析并确认改造目标，在调研分析的基础上设定具体的再造目标及标准。具体包括组织外部环境分析，服务满意度调查，现行流程状态分析，再造的基本设想和目标，给定再造成功的判别标准。

3）确定再造流程方案，具体包括流程设计创意，流程设计方案，确定再造的基本路径，设定先后工作顺序和重点，人员配备等。

4）制定详细的再造工作计划，具体包括工作计划目标、时间等的确认，预算计划，责任、任务分解，监督、考核办法，具体的行动策略与计划等。

（2）工程项目管理体系创新的运作实施

项目管理体系在创新和应用这一科学管理方法中，应该着重把握三个环节。

1）依据工程项目管理的内在要求，建立与之相适应的标准化管理体系。为推动和指导工程项目全面标准化管理的实施，制定工程项目全面标准化管理实施细则。要求每个工程项目从始至终按照标准化管理的思路，参照工程项目全面标准化管理实施细则制定健全本项目的全面管理标准，为实施工程项目全面标准化管理提供依据和前提。

2）加强思想引导，营造良好的实施环境。一种新的管理方式的实施，须有强有力的思想和组织保证，才能步入正常运行轨道。推行之初，必须针对职工思想出现的各种模糊认识和消极反应，采取多种形式反复宣传实行标准化管理的必要性，以澄清认识，形成共识，营造良好的实施氛围。同时，为使全面标准化管理在工程项目得以有序持久地开展，各项目部都成立相应的组织领导机构，由项目党政主管挂帅，并建立条块分工的职能部门责任制，除认真执行本部门工作标准外，还负责分工范围内有关标准的检查落实。力求凡是部门职权范围内的事务，均可以按标准规定自主处置，从而使标准化管理逐步成为项目管理的主导。工程项目全面标准化管理涉及面宽，内容广泛，如果没有重点泛泛而抓，往往难以奏效，必须在顾及全面的同时，坚持把对全局影响最大、尚属薄弱环节的管理标准作为重点落实。因此，要侧重于管理标准，分列条目，包括项目管理的主要要素。这些管理标准对实现项目管理目标关系重大，抓好了这些重点，就抓住了关键，带动了全局。做到表彰先进，树立样板，交流经验，取长补短，以典型引路，指导和推动工程项目全面标准化管理在其他项目部的开展。同时，通过评选工程项目全面标准化管理先进单位及优秀项目部和优秀项目经理活动，也可以起到有效促进作用。

3）健全激励与约束机制，增强标准化管理的强制力。为使各项标准都能充分发挥效能，项目部应制定有贯彻标准化管理的激励与约束措施，把落实标准化管理与职工的切身利益联系起来。基本原则和做法是严格按标准办事、奖惩分明，从而使标准的执行，形成互相督促、互相监控、共同运行机制，使项目生产力要素的配置始终保持良好的状态。

4. 工程项目管理体系创新的方法与思路

（1）培养创新型人才

人才作为一种独特的资源，是企业发展过程中最宝贵的财富。企业在管理层面上应奉行以人为中心的管理理念，人力资源的管理工作要做到实处。不仅要充分吸收优秀的人才，加强企业人才储备，而且要通过不断地培训职工的各职业技能，激励人才，建立一套适合的奖励机制和评价机制。同时，企业也要加强文化和理念建设，加强企业凝聚力，增强员工对企业的信任度。

（2）对观念进行更新，重视机制的转换

想要在观念上进行更新，企业首先就要完成项目管理经营机构的转换，应该以建立市场经济体制为契机，以对职工进行深入的形势与任务教育为基础来对机构设置和部门职能进行改革。从机构上来说，为了使合同管理的控制功能得到强化，突出合同的中心管理地位，企业应设置市场合同部、工程技术部和施工管理部等组织机构，以克服资金管理、成本控制与合同管理互相脱离的弊端，将计划管理、成本管理、合同管理、财务管理和结算管理集成一体。为了更好地利用工程新技术、新材料、新工艺和新设备，企业需要在足够重视重大施工技术问题的超前研究和科研攻关的基础上专门设立工程技术部门，并为创造最佳效益和建设一流工程提供技术方面的有力支持。

（3）建立创新性的组织机构

由于历史的原因，项目这个名词的定义是以项目签订合同后，作为自己确定的范围。项目经理部随着项目合同的签订产生，又随合同终止而解体。项目部门代表了企业，其本身是独立的，有其明确的职责。但要求项目部门的运作和企业快速发展的步调必须相结合。因此，有必要将建设工程项目管理的内容在空间上有所增长，从市场跟踪、签订合同、合同履行到取得社会效益、经济效益等全过程进行有效的管理，这就要求建立健全项目部门的组织机构，制定项目部门管理定位。

（4）建立以沟通为主体的进度目标控制管理

在工程进度管理过程中，项目的参建各方有时只考虑自身的利益而忽视了项目的整体利益，在项目参与过程中难以协调，导致项目的整体目标失控。为了使项目实现其进度目标，项目的管理者应对项目各成员及项目相关利益者关系进行有效沟通协调，避免不必要的误解和争端，最大限度地保证进度目标的实现。

（5）建立以技术协调为核心的质量目标控制管理

在工程质量管理过程中，技术上的瓶颈，协调上的失败往往是导致项目质量失控的根本原因。在进行质量目标控制管理中，一方面要建立科学严密的协调管理程序，做好各项协调工作，对项目中出现的各种错误进行客观分析与控制，通过程序化、标准化来减少人为差错；另一方面重视对技术的创新，合理引用新技术、新工艺、新装备，采用新的生产方式，在新技术的体系下确保项目质量目标的实现。

（6）建立以合同为载体的投资目标控制管理

在工程投资管理过程中，项目参建各方通常通过签订合同来确定职责、规范各自行为，项目管理者以合同为载体，通过确定对目标控制有利的承发包模式、合同结构、拟订合同条款、参加合同谈判、处理合同执行过程中的问题以及做好防止索赔等工作来有效地保障投资目标的实现。

（7）加强成本核算和质量管理

项目管理的核心之一是成本核算，要建立成本管理的责任体系与运行机制，把项目部作为项目成本管理的指挥中心负责合同成本目标的总控制。通过对合同单价的分解、调整、综合、平衡，确定内部核算单价，提出目标成本指导性计划，对作业层成本运行与管理进行指导和监督。作业层负责执行管理层制定下达的目标成本分解指标，严格按照内部核算单价控制成本消耗，自负盈亏。技术负责人负责组织技术人员优化施工方案，改进技术措施，鼓励能工巧匠开展技术革新和工艺创新，为有效实施成本控制提供技术手段。以合同为依据组织编制施工成本预算计划，确定项目目标成本，并负责层层分解和监督成本执行。对项目成本运行及实际消耗状况进行管控。

总之，技术创新的实质是应用创新的知识和新技术、新工艺、新装备，采用新的生产方式和经营管理模式，提高产品的技术含量、附加值和市场竞争力，占据市场并实现市场价值。项目管理只有在强有力的创新技术的支持下才能得以顺利实施，才能保证质量和进度，才能获取最大经济效益。同时技术创新还为体制创新、结构创新和机制创新提供支持和保障，是项目管理创新的基础。

5. 工程项目管理体系创新的意义

（1）创新工程项目管理的主要效果

创新工程项目管理是适应施工管理体制改革、强化工程项目管理的一种有效形式。它的实施对于确保工期和质量、提高经济效益以及加强职工队伍建设都具有积极的作用。

一是改善了管理状况。由于标准化管理体系的建立，把项目的各项管理要素组成更加严密的有机整体，改变了以往项目部领导事无巨细、事必躬亲的管理方式，使项目部领导能够有更多的精力想全局、抓重点，争取了工作的超前性和主动权。同时，业务职能部门因有了确定的职责和标准，增强了工作的主动性，提高了工作效率。

二是增强了管理实效。由于标准化管理将项目的工作、管理、技术要求，制定出定性、定量的规范，可操作性强，加之奖惩严明，改变了以往工作无章可循的弊端，使职工逐步养成了按标准办事的作风，增强了管理的力度和效果。

三是提高了管理素质。健全的管理标准，为大批新走上管理岗位的人员提供了管理依据，为施展才干创造了条件，为企业发展生产经营锻造了大批的经营管理人才。

四是促进了工程质量的提高和安全生产形势的稳定。实行工程项目全面标准化管理，为工程质量和安全生产确立了更高的起点和目标，有力地促进了工程项目质量的提高和安全形势的持续稳定。

五是加快了施工生产任务的完成。工程项目实行标准化管理，使生产要素得到优化配置，促进了项目管理的整体优化，提高了合同履约水平，取得了良好的经济效益。实行工程项目全面标准化管理，明晰了项目的责权利关系，促使职工在施工生产中加强责任成本核算。

（2）工程项目管理体系创新的意义

建筑工程项目作为企业施工的主战场，不仅可以成为企业形象展示的窗口，还可以成为企业经济的源泉来使经济效益有保障，甚至还可以成为摇篮来培养和造就企业的管理人才。一般情况下，企业通过组建分级管理机构的形式来实施项目管理的创新，这样才能达到按期给顾客提供既安全又优质的产品的目标，实现经济收益。实践证明，在质量监控、资金管理、施工管理和安全保证等方面，组建分级管理机构的模式取得的成果是不可否认的，但它也存在诸多问题，比如管理人员冗余、无法合理有效配置资源等。而且项目管理随着我国越来越复杂的建筑工程环境也日益变得复杂。在对以上情况进行综合考虑的基础上，建筑企业应该意识到需要对项目管理实行更加严格的要求。所以，建筑企业需要不断总结经验，在建筑工程项目管理的创新上不断摸索，最终使施工管理体制改革得到深化。

6.4 建筑工程项目治理体系创新

6.4.1 满足新发展理念的内在要求

对于项目治理而言，其作为国家的一种治理手段，应符合国家的发展要求，顺应时代的发展潮流，因此，应满足新发展理念的内在要求。

1. 重视创新发展理念

对于项目治理而言，所谓创新就是在选择项目时应根据实际状况和发展需求，不断创新思路，使得管理工作更具操作性、实践性。不断提高项目治理的效果。此外，除了对项目的创新，也应该推动项目治理机制的创新，针对当前存在的问题，实现项目客体选择机制、资金分配机制、运行机制以及项目考核机制的创新。

2. 注重协调发展理念

对项目治理的协调主要是对不同地区、领域和项目客体之间的协调。对不同地区的协调，主要是指在下放项目时更加注重向边远地区和欠发达地区倾斜，通过项目的扶持和项目资金的投入，协调不同地区的发展，减缓差距，以促进共同发展、共同富裕的实现。对不同领域的协调，主要是指在项目的选择上注重不同领域之间的协调，既注重项目所带来的经济增长，也注重项目的政治、文化、社会等多方面的效益，从而促进社会的全面发展。对不同项目客体的协调，主要是指项目下放的条件，应注重公平公正，避免出现“赢者通吃、输者全无”的情况，以实现项目治理的初衷。

3. 强化绿色发展理念

在项目治理中强调绿色发展，就是一方面继续坚持绿色发展的道路，另一方面探寻更多的生态发展项目。在以往的治理过程中，由于过于追求经济效益或政绩效果，选择的大多是能够马上显现效益的粗放型项目，对当地的资源和环境造成很大的浪费和破坏。因此，在项目的选择上应注意人与自然的和谐共生，走绿色发展道路。此外，有的区域虽然资源丰富，但生态环境承载力较弱，无法通过对资源的合理利用，达到治理的良好效果，因此，需要基层政府，在生态环境修复的基础上，结合地方优势，选择合适的生态发展项目。如发展生态旅游、发展绿色种植业、养殖业等。

4. 拓展开放发展理念

所谓拓展开放发展理念，就是不再局限于项目本身，而是以项目为依托，借助独特的区域优势和丰富的资源，引进区域外的资金和技术，突破由于资金和技术不足导致的发展困境，加大项目效果，推动本区域的发展。此外，还要合理借助国际力量，治理是任何国家都无法回避的，关系到国家稳定与发展的重要问题。因此，合理引进国外先进的治理经验和治理技术，为治理提供外在推力。同时，也要走出去，以人类命运共同体为指导，将中国的治理经验传递给与中国具有相同发展困境的国家，实现共赢共享共发展。

5. 促进共享发展理念

促进共享的发展理念，要立足于社会资源、管理技术共享。从行业、政府的层面，更好地引导市场的健康发展，适度统一市场、统一价格、统筹供应、统筹保障。从市场的开发和市场监管的层面，规范市场运行，杜绝不正常的市场竞争，更好地引导市场价格，合理定价，有效地监督价格行为，促进建筑业市场的稳定发展。同时，加大统筹供应力度，确保资源的有效供应和使用。充分利用好住房和城乡建设部四库一平台的技术优势和信息优势，通过信息平台的监管途径，进一步规范项目管理的行为，让管理者能够第一时间了解、学习、掌握国家有关政策法规，加强新技术、新工艺、新方法、新材料及时推广应用。

6.4.2 充分体现项目治理的社会性

对于项目治理而言，可以从内外两个方面来提升社会性。

（1）从行业政府的层面，自我完善和发展是获取合法性认同的一个重要途径。政府通过加强自身建设，提升治理力度，体现治理价值，让建筑业受益，获得社会的好评，取得社会大众的认同。具体主要应当加强以下几方面工作。

1）加强企业资质管理和招标投标管理工作。进一步优化和理顺现有企业的资质体系，避免资质影响市场的公平竞争，尤其避免资质作为市场准入的敲门砖。资质成为影响建筑业市场正常运行的一个关键环节，通过四库一平台的监管加强对相应资质企业的正常市场行为进行深层次的监督。避免资质的借用、套用以及资质维持的不正常行为影响资质体系的健康运行。避免单纯性的业绩的要求和评价，也避免同一业绩在不同企业资质之间分割、肢解和互用，影响基本建设市场的真正的实施效果。另外，目前存在一定程度的资质乱象，借用、套用资质到处可见。招标投标中不能片面地强调对于某一个项目必须达到什么资质层次的企业才能承担任务。在要求资质的同时，要加大对应的监管力度。有很多企业在某种程度上靠出卖资质维持运行，没有真正的生产力，既不利于企业的发展，又扰乱了市场秩序。应当强调专业能力和建设经验或真正的市场业绩，尤其强调实施队伍的专业水平，取代单一的以企业资质为唯一判断的评判原则。

加强招标投标管理，就招标信息的发布、投标单位筛选、评价等过程环节进行优化和改进。对不同企业在不同项目的招标投标工作，不要一味地按照一个模式要求，更多地体现建设方和发包方的意愿。从行业政府的层面主要抓违规行为和违规运作。将主动的选择权留给建设单位，由建设单位去合理、客观地评价。主管部门主要在于加强项目建设的绩效评价和目标认定，健全后评价制度。严格管控在项目建设过程中存在的问题，及时地掌控、及时地判断、及时地处理，加大招标投标工作的责任追究的力度。前期的工作可以根据建设方的需求，适当地放宽，加大后续的监管力度，用倒逼机制规范招标投标行为。我们目前前期的工作很严格，但是变相地为后期的不正常奠定了政策基础和政策支撑，这是市场的不正常行为和不健康行为。

2）加强质量安全和文明的监管。对质量工作更多地强调质量细节和质量过程管控。加强质量责任制度的建立和质量责任制的追究，确定质量体系，强调质量责任，强化责任的追究，更好地体现和落实建筑业五大主体责任制质量责任终身制的追究原则。在更大层面上，提倡从资源的质量，到工艺的质量、生产过程控制、过程验收把关以及总体功能验收层层把关，确保项目质量不出问题。加大安全管控力度，强调和加大安全投入，强调现场安全投入的标准化和原则性。就现场安全工作，确定安全责任制，更好地落实责任制，责任到人，责任到岗。在更多的层面上强调过程环节工艺和生产组织的安全性。强调过程把关和过程管控，加强现场安全文明的管控力度。

现场文明主要是从现场的场景布局、设施布置以及正常运行综合层面来考虑。一方面注重人的安全文明行为，另一方面注重场景的文明表达，再一方面考虑到现场与周边环境的文明匹配。体现建筑业市场和建设项目的实施与区域文明高度一致，和谐统一。坚持以人为本，加强人文关怀。就现场的安全文明工作提高管控力度，加大人本关怀投入。强化人的生命和职业健康安全，更好地理解人和关心人。优化建筑作业环境以及周边的环境，不仅场内做到以人为本，而且要做到场地周边以人为本以及场地所在地域以人为本。加强现场周边防护，更好地做好现场绿色运行，避免扰民和干扰正常的社会秩序，更好地关注周边的环境群体。加大市场监管力度，加强正常运行管理。

（2）从政府外部来看，或者说从政府的治理效果来看，要想获取社会合法性，就必须满足社会发展需求。

1）体现市场的公平、公正行为。首先是招标投标工作的公平、公正。加强招标管理，避免招标文件、招标意图以及招标人的不合理要求、不公正要求、霸王条款和强势群体的强制约定对弱势群体的伤害。强化招标工作的规范性和原则性，就招标投标法有关的内容和要求进一步细化。对招标责任的落实以及招标责任的追究予以明确，对招标工作的错误引导和招标工作的不公正待遇提出社会监管。其次，强化规范投标行为，避免不正当竞争行为和尔虞我诈的市场运作。避免承包人的不诚信行为，通过平台的监管，加大对投标人的监管力度。加大对投标人业绩、承诺以及投标的实际运行行为的管控和处罚力度。强化市场的准入和退出机制，对不诚信或不正常的投标人予以原则性的市场惩戒和政策处罚，逐渐地规范健康的市场行为。改进审计工作，加强工程审计、竣工审计与工程概预算和成本管理工作之间的和谐统一。避免不同的职业标准和不同的管控原则在工程上的不一致。尤其避免审计工作对正常的招标投标合作行为和公正的发承包之间的利益造成干预和影响，避免审计原则与概预算原则之间不一致。更好地体现审计工作的原则把关和招标投标工作市场的公平、公正运行之间的高度统一。加强过程结算和竣工结算工作，在结算工作中，应当坚持实事求是、尊重客观，更好地体现发承包双方之间利益的保障和真正的公平、公正原则的体现。

2）双赢互惠原则。双赢互惠主要是体现在发承包双方，其更多的基础工作在于合同的约定和合同管理工作的正常。加强合同管理，加强合同责任的落实是关键。发承包双方坚持正确的合同管理观念，规避过去行业中存在的不正常的合同理念，如低报价中标，靠索赔盈利。通过现场实施变相地增加变更、增加签证来获取不正当的承包人收益，对发包方的正常权益受到影响。从公平、公正的原则和双赢互惠的原则出发，发承包双方应当充分考虑对方的权益，考虑到相关方利益的识别以及相关方利益的确保，真正体现双赢互惠和互谅互让的合同管理原则。坚持项目在实际实施过程中，根据项目的客观现实，实事求是地、客观地评价各自的利益，充分地体现合作的正常和交易的公平。

3）互谅互让。合作双方以及实施各主体之间应当体现互谅互让。对项目实施过程中存在的非原则性问题和冲突能够客观面对、友情让步，积极友好地处理各自的工作，体现更好的合作理念。对于相关的损失，应当一分为二的、认真地面对和处理。对于市场的价格问题、不利因素的影响问题以及不可预见的干扰问题或者其他的人为和管理因素所引起的不正常现象或不正常的实施影响，双方或者多方能够客观地面对和正确地处理。坚持长远合作和互利共赢的原则，更好地为项目做好各自的工作，体现围绕项目的团队意识和团队合作精神，创建和谐融洽的团队群体。

6.4.3 工程项目治理体系构成的关键要素

建设工程项目治理理论研究充分体现了科学化、现代化的创新理念，为新阶段运用现代管理技术和先进方法对工程项目进行全员、全方位、全过程的管控，并为建立相应的治理体系奠定了基础。其要点就是要在全面贯彻落实国家治理战略和相关政策法规的同时，紧扣建设工程项目管理责任制这一基本制度，通过巩固完善、遵守执行、提升发展各项项目管理制度水平，强化和形成项目管理过程规范化、标准化、精细化和个性化发展多角色、多元化完整闭环系统的治理框架体系。应该说它是建立在制度化、精细化、规范化、标准化、体系化、个性化、现代化乃至上升到国际化发展基础上的复合型监管和治理制度的综合，最大限度地减少管理所占用的资源和降低管理成本为主要目标的治理方法，其本质也是一种对企业战略和项目目标分解细化和落实的全方位体系化保障过程，是让项目参与方的不同企业战略规划能够有效贯彻实施到参与某一项目每个环节并发挥助推作用。是以工程项目为对象，制度化为基础，精细化为保证，规范化为前提，标准化为尺度，体系化为保障，个性化为需求，数据化为依据，信息化为手段，现代化为目标，国际化为方向，把服务者的焦点聚集到满足被服务者的需求上，以获得工程项目更高的效率，更强的竞争力。

项目治理所涉及的核心内容：

（1）项目成功标准和可交付成果验收标准；

（2）用于识别、升级和解决项目期间问题的流程；

（3）项目团队、组织团体和外部干系人之间的关系；

（4）项目组织图，包括项目角色定义；

（5）信息沟通程序；

（6）项目决策流程；

（7）协调项目治理和组织战略指南；

（8）项目生命周期方法；

（9）阶段节点或阶段审查流程；

（10）对超出项目经理权限的预算、范围、质量和进度变更的审批流程；

（11）保证内部干系人遵守项目过程要求的流程。

基于上述要素所涉及的工程项目治理体系框架如图 6-1 和图 6-2 所示。

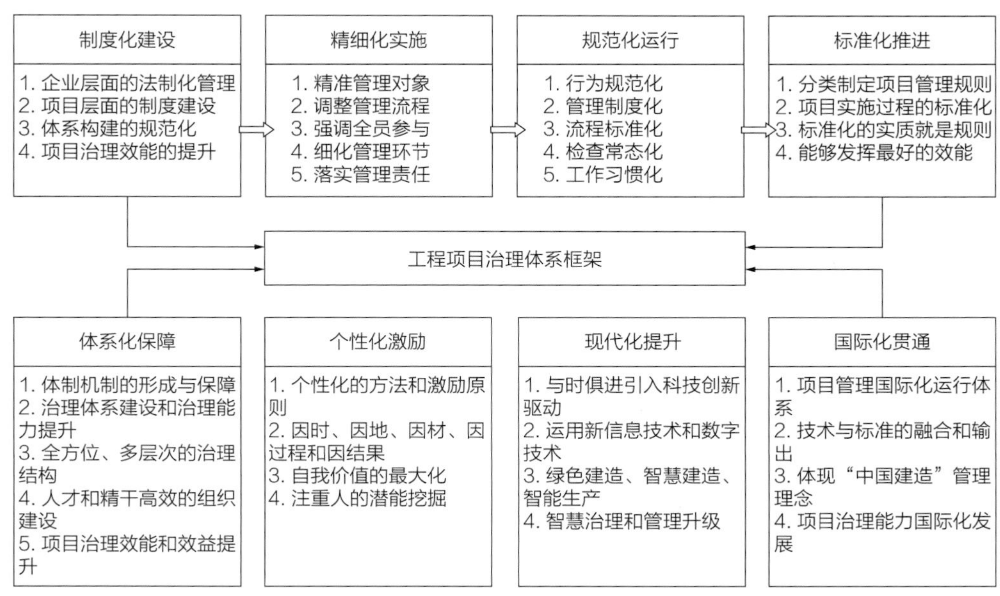

图 6-1　工程项目治理体系框架

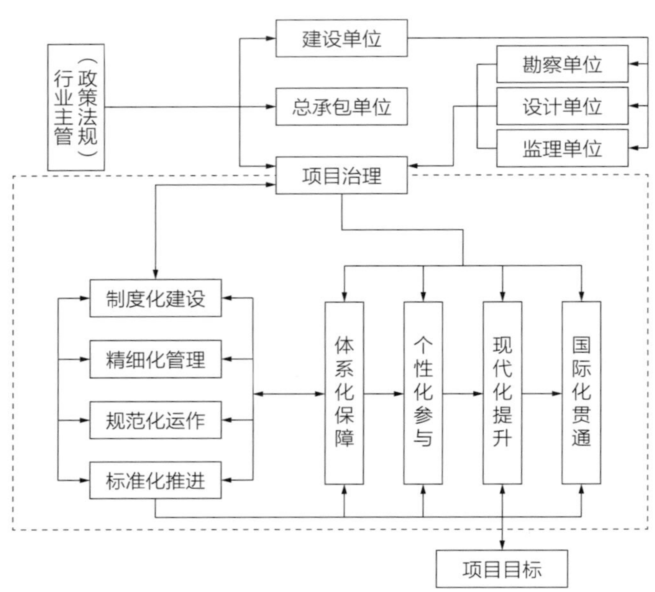

图 6-2　建设工程项目治理体系框架构建图

1. 项目治理的制度化建设

治理工作的前提是有一套系统完善的项目运行和评价制度体系，在制度体系的运行约束和规范下，使得项目实施或控制的每一个环节得到干预。制度本身是来自成功实践经验和管理方式的转化变革而形成。制度化管理是企业和项目分别为项目治理铺垫的一个基础，是企业实行法制化管理和项目治理的基本准则。是以企业各项管理制度为标准，丈量企业和约束员工的行为。针对工程项目而言，其实质就是依靠由企业和项目制度建设到规范体系构建的具体客观性的体制机制来进行科学管理，也是项目体系建立和有效运行的根基所在，在推进项目治理体系与治理能力现代化建设过程中必须自始至终坚持巩固好、遵守执行好、完善健全好有利于企业发展和项目管理成功的各项制度，并使其转化为项目治理的效能。

2. 项目治理的精细化实施

精细化管理是一种管理理念和项目文化。有了制度和标准及规范，企业能否贯彻执行落实好，最关键的是要精准管理对象，调整管理流程，强调全员参与、全过程精细化。精细化管理是项目治理体系建设创新的内在要求。其以“精、准、细、严”为原则，实现社会化大生产和社会分工细化对工程项目进行全过程、全方位、全面的现代化管理。它包括落实管理责任，将管理责任具体化、明确化，用最具体的量化指标取代笼统模糊的管理要求和一般制度。充分体现由粗放式管理向集约化管理的根本转变，由传统经验式的管理向现代科学化管理的根本转变。有效运用精细化管理的原则和方法，以切实提高建筑项目生产力水平，促进建筑业高质量发展，因而精细化管理是项目治理体系建设与创新的必然要求。

项目治理的精细化是在标准化和规范化管理的前提下，对人的行为、物的状态、生产过程细节以及最终的成果体现精准细致、精益求精的原则。要把管理工作的重点和关键性控制点细化到每个过程的每一个细部环节。如大体积混凝土浇筑，从场地清理到基本条件的具备，应细化到模板的支设、模板表面的处理、模板缝的封堵、钢筋的绑扎就位、精准的定位以及混凝土浇筑的分区、分段、浇筑的流量幅度、架体平衡以及最终的养护、拆模、过程监控等一系列环节作为控制的主要关键点。由过去粗线条的控制工作转变为精准细致的治理工作。细部的环节得到了有效控制，总体的质量就能够确保，效益和进度以及其他方面都能得到实质性的改善。

3. 项目治理的规范化运行

规范化运行是在现有标准基础上严格实施，对照标准管控实际和实施过程，就人员的行为、工艺实施过程以及质量管控严格执行既定标准，规范运行。规范是在标准的前提下，是要求行为执行标准，从而达到规范。规范化和标准化在本质上区别并不大，但在项目治理体系建设中，规范化管理应是制度化和标准化管理层面的有序提升，是项目治理体系创新的关键内容。其特征是必须有一套系统的价值观体系，对项目管理活动起到整合作用。尽管规范化管理最终也要落实到制度化和标准化管理层面上，但并不等于制度化管理。它包括首先要制定部门职能与职责，其次建立运行规章制度，理顺管理运作流程，形成工作标准。同时，坚持业绩逐级考核，以制度和标准为准绳，以规范为最终目的，实现行为规范化、管理制度化、流程标准化、检查常态化、工作习惯化。其内涵是项目管理主体在规范化和标准化管理基础上对生产流程、管理科学流程进行科学细化和合理优化不断升级的过程。

4. 项目治理的标准化推进

项目治理应按照一定的准则来运行，其准则在很大程度上取决于项目运行各环节、各阶段以及各个关键性控制点均有严格的实施标准。标准的实质就是规则，是项目实施必须遵循的准则和依据，虽然标准的性质有范围、对象及法律约束性分类，尽管分类方法、适用范围和对象不同，但目的都是为使得项目运作流畅，效益显著。标准是通过对各相关制度进行梳理、总结完善、分类有序形成的。标准化是规范化管理的基石，是在统一的管理制度和流程化、数字化基础上，对项目管理和项目建设活动进行优化，以获得项目管理的最佳生产秩序和效益为目标，通过制定、发布、实施统一的标准推动项目各实施系统工作规范化。同时项目治理的标准化程度是衡量一个企业科技进步与项目管理水平的重要标准，是项目治理体系建设和治理能力现代化的核心内容。项目管理的最佳生产秩序就是通过实施标准，使标准化的对象有序和秩序化程度提高，发挥最好的效能。社会上有些观点认为“三流企业卖苦力，二流企业卖产品，一流企业卖专利，超级企业卖标准”，这就是实施标准化管理工作和战略的缘由和意义所在。因此在项目治理过程中要大力倡导推行标准化，按标准化的对象和作用分类制定项目管理规则，以有序地改进项目实施过程和服务质量，实现项目管理成果升级。制定相应的标准化程序，成为相对稳定的行动纲领和能与各实施主体共享的准则，从而达到提高互换性和利用外部资源的能力与项目效率和管理协作综合提升的治理能力。新时代推进治理体系建设和治理能力现代化都需要标准化作为其坚固的基础，尤其是在信息时代，标准化自然成为了项目治理的核心。

5. 项目治理的体系化保障

项目治理体系与治理能力现代化需要有一个长效机制做保障。这个机制来源于三个核心要素，一是依赖于从企业到项目的基础性制度化建设，再到标准化推进、规范化运作、精细化管理和个性化渗透这样一个全方位、多层次的治理结构；二是通过优秀高素质的管理技术人才和精干高效的组织机构建设；三是营造良好的治理环境氛围，步步为营，持续项目迭代优化。总的就是要依据运作流程和治理体系现代化建设的要求去实施，其中包括，确定目标，分解问题，细化方案，落地执行，管控考核，结果反馈，总结提升。以切实提高工程项目治理现代化建设效能和全体员工参与项目治理的责任感和使命感。

6. 项目治理的个性化激励

个性化管理顾名思义就是非一般大众化的独特管理。它是基于管理对象的实际和不同特点，从管理开始起点到目标的实现全过程，采取不同的方法和激励措施，给予被管理者提供独特的优质服务。是一种因时、因地、因材、因过程和结果而进行的独特的管理方式。其目的就是立足于管理者和被管理者能够有效地协调起来，以达到人的自我价值的最大化，从而保证工程项目目标和效能的有效实现。最大限度地发挥开发管理者的优势和潜能，使之更富有积极性、创造性和先进性，为企业和项目作出更大的贡献。个性化管理是项目治理体系过程中非常重要的不可缺少的组成部分。这是因为每个项目在制定其管理制度流程和方法时都必然要考虑本实施主体和项目所具有的实际情况，不宜一味地照搬照抄现成或别人的东西。同样一种制度在其他主体或某一项目适用，可能在另一个主体和项目上反而起到反作用。另一方面个性化管理强调在管理中充分注重人性的要素，充分开发挖掘人的智慧潜能，发挥人的主观性、能动性，创造性会给项目治理优化提供个人成长和发展的机会，也是项目主体与个人在科学管理上实现双赢的一个平台。

项目治理在严密的制度和标准规范运行的基础上，强化项目实施环节中的规范运行。同时，项目治理应体现对个性化的激励原则。要充分体现在过程环节中实施工作、管理工作、技术工作的创新。尤其是在具体实施过程中，针对方案优化、决策优化、管理线路优化以及作业效率、作业质量和作业水平提升等方面倡导个性化体现。要充分挖掘项目运行过程中的个性资源，通过创新更好地促动项目实施的效率和效益提升。

7. 项目治理的现代化提升

加快项目治理体系现代化建设其实质是项目管理由低级向高级优化升级的突破性变化，最终目的是在于提升项目治理和治理能力现代化水平，是推进和实现建筑产业现代化的必然要求。项目治理现代化建设必须坚持以工程项目为载体，以系统论为基础，以集约化为原则，在依制（制度化）、依标（标准化）、依规（规范化）治理的同时，要与时俱进引入科技创新驱动，广泛运用新信息技术和数字技术，通过“互联网＋”实现工程项目“互联协同、绿色建造、资源优化、智能生产、智慧治理和管理升级”。切实提高项目生产力水平，确保每一个工程项目建设都能达到共治、高效、优质、低耗的最佳经济效益和社会效果，全面促进新阶段建筑业高质量绿色发展与企业转型升级。

8. 项目治理的国际化贯通

国际化管理实质上是某一产品的制造或建造过程所形成的管理标准、规范和方式，能够适应不同地区和国家相关行业的要求。推进项目治理体系创新的方向目标，就是要将治理体系建设升华为国际化发展的需要。换言之，就是要将我国建筑产品在建造过程中形成的管理制度、技术标准、行为规范和运行方式，能够被大多数国家承认，成为与国际化接轨的标准，以实现我国工程项目治理体系和经济全球化与项目管理国际化发展深度融合接轨。我国建设工程项目管理从当初学习推广鲁布革工程管理经验开始，先后经历了学习推广、实践探索、提高完善和创新发展的过程。从学习“国内工程国外打法”到今天“国外工程国内打法”，建立形成的一整套既适应于中国建设工程项目管理实际又符合国际项目管理发展趋势的“三位一体”和“四控制、三管理、一协调”及“四个一项目管理总目标”的中国建设工程项目管理新型运行体系。特别是面向经济全球化背景下的“一带一路”建设，就是要通过实现“五通”加快我国基础设施建设开发模式、施工技术、规范标准与沿线国家发展需求的深度融合和输出，为我国工程项目管理创新与项目治理体系和治理能力现代化赋予新的内涵。充分体现新时代“中国建造”管理理念、管理技术、管理机制和管理模式的自主创新能力，有效地促进了我国建设工程项目管理与项目治理能力现代化向国际化发展。

推进工程项目治理体系和治理能力现代化是一个企业和项目管理制度完备程度和执行能力全方位提升，并形成有效制衡机制的集中体现。首先是制度化约束，就是要求企业和员工树立制度意识，发挥制度优势，坚持靠制度管理，在制度面前人人平等，不允许任何人有超越制度的约束；二是推进治理体系建设和治理能力现代化必须坚持社会治理、企业治理、项目治理有机结合，以制度进行行为约束，以德治加强员工引领，激励与责罚并重，为推进治理体系和治理能力现代化提供良好的环境和条件，建立和完善规范的公共秩序；三是协同推进、良性互动的项目治理体系是一个有机的整体和系统，从项目各参与方到项目各层次各相关利益方按照各自职责共同围绕统一的项目管理目标，做到优势互补、相互协调、合作共赢；四是重在工程项目效率提高，推进治理体系建设和治理能力现代化，最根本的在于各项制度保障有利于企业持续发展，有利于提升项目生产力水平和项目获得最佳效益，有利于履行社会责任，切实地将制度化建设转化为治理效能。

6.4.4 与国家治理体系和治理能力现代化相契合

1. 树立国家治理体系和治理能力现代化的理念

从历史发展来看，我国的治理体系和治理能力是和我国国情相匹配的。但随着国际国内形势的不断变化，矛盾日益显现，推动治理体系和治理能力现代化也愈发变得必要和紧迫。因此，在项目治理的过程中，以国家需求和时代潮流为导向，学习并树立国家治理体系和治理能力现代化的理念，即树立以政治意识、大局意识、核心意识、看齐意识这四个意识为核心的法治观念和民主观念。理念是行动的先导，只有牢固树立治理现代化的理念，才能在实践中予以体现。建筑业治理和建设工程项目治理要严格遵照国家治理体系和治理能力要求，与我国的国情和建筑行业实际紧密结合，体现治理工作与行业和项目建设的高度统一和对应。

2. 不断提升治理体系和治理能力现代化的水平

对于项目治理而言，治理现代化水平的提升，主要有三个方面的要求，即治理主体、治理过程和治理工具。首先，治理主体作为治理的关键性因素，其治理能力和治理效率对治理效果的影响极为显著。所以，应提升治理主体的素质，包括品质素质和能力素质，同时，实行严格的岗位责任制和考核制，建立起监督问责制。其次，应根据国家治理体系和治理能力现代化的总体要求，建立健全评估体系，对项目治理的每一环节是否符合标准进行检验，并及时改正完善，使其符合总体要求。最后，要善于利用治理工具，在信息化的今天，对于信息技术的利用，不仅有利于提高治理效率，而且有利于治理过程的公开化、透明化。除了信息技术外，历史背景、风俗习惯、乡规民约等也是一种重要的治理工具。

治理主体是项目和企业。一方面，从项目的正常运行的角度，规范相关的规定和要求，规范项目运作行为。另一方面，从企业的层面上，强化企业的担当和企业规范的政治意识、行业意识、政策意识以及专业技术要求和市场运行机制的要求。更多地完善各类管理制度体系，确定管理职责和市场主体责任之间的必然联系。

治理过程的细化和严密，是治理现代化水平提升的基础工作。强化项目运行和市场运作，在过程环节中强化过程的法治体系和市场的运行机制体系。以法为准绳，以行业政策和市场原则为基础，规范市场的运行，规范项目的运作，规范实施过程中的每一个环节。

加强治理工具的建设。强化网络信息平台，强化市场监管平台，强化建筑业统一的监督实施、运作惩戒和处罚平台。加强信息共享、信息流通和信息警戒机制，体现项目治理工具的先进性、有效性和合理性。

3. 积极引导社会参与以确保治理的民主性

积极引导社会参与，就是政府在治理过程中，向民众开放参与和沟通渠道，以提升民众的参与积极性，这不仅有利于体现治理的初衷，也有利于实现国家治理体系和治理能力现代化的总目标。由此，在项目治理中，需要积极引导民众参与，建立并完善沟通渠道，坚持民主集中，鼓励民众提出自己的意见和建议，并采纳合理的部分。加强建筑业公众监督平台的建设工作，从各省市到住房和城乡建设部，建立统一的市场民主治理监管平台，及时地获取市场不正常的运行信息，接受广大企业和从业者的监督，畅通监管渠道，扩大监管范围，广泛地收集各个层面、各个群体之间的意见和建议。充分体现建筑业民主治理政策导向，更多地体现群众治理和市场治理以及各层面企业治理的基本治理原则。通过信息的反馈，更好地改变治理方式和方法，以便于达到最佳的治理效果，促进建筑业的公平、公正、合法、合理市场环境营造。

6.4.5 建设工程项目管理与治理道德与项目文化建设

1. 加强项目管理与治理的道德建设

项目管理人员的法定权利及其角色要求其能够清楚地了解项目管理的法律和职业道德，项目管理人员的职业道德是项目管理团队建设的基本要求，良好的职业道德将规范项目管理团队建设，规范团队成员行为，使团队的要求变成自己的自觉行动。

我国在过去的职业教育过程中，更多强调的是政治思想教育，忽视职业道德教育，加上在向市场经济过渡的过程中，过分重视经济利益，对道德要求缺失。特别在工程项目管理领域，在项目管理团队建设过程中，团队成员没有道德要求和约束，致使质量问题、经济问题、安全问题、进度问题等层出不穷，成为治理腐败的重点领域。因此，加强工程项目管理的道德建设显得十分重要。

（1）作为职业项目管理人员应建立以下职业要求：

1）职业行为方面：包括利益冲突回避，不接受不法收入、补贴，准确、完整活动记录，尊重和保护知识产权，重视职业素养、技能、知识的提高等。

2）与业主、承包商、供应商等的关系方面：包括公正、诚实、完整和准确提供信息，尊重和维护关系单位工作信息的机密性，不利用其谋取利益。

3）与公众和社会的关系方面：包括履行和遵守法律、道德义务，尊重活动所在地的规则、习俗，遵守职业标准，确保公众利益免受损害。

（2）项目管理团队的责任有以下几点：

1）遵守项目所在地的法律法规、政策、规则、要求，不组织、参与或协助任何可能导致负面影响的活动，防止发生犯罪、职业过失、渎职等行为。

2）保持团队行为、程序公正，不能组织、参与或协助任何有损于机构诚信、名誉、财产和法律的活动。

3）积极审查与可能存在道德违规的其他单位、机构的合作。

4）保证信息准确、完整和真实。

2. 加强项目文化建设

（1）项目文化的定义与特征

项目文化建设的目的就是让项目管理成员有明确的目标、熟悉团队的运作程序和规定、遵守共同的诺言、进行良好的沟通、建立信任合作的关系。对有不同的背景并持有不同观点的临时组建的一次性的项目管理团队成员，建立信任、合作关系，统一项目管理团队的观点、目标、使命、价值观、基本原则。项目文化建设的内容要结合项目特点、条件、项目所在地的文化背景等，应当具备以下的一些特征。

1）周期性

周期性是项目文化建设过程中的首要特点。因为项目大多是一次性的，并且它们的周期是同步的。所以，当一个项目呈现有规律的周期性，项目文化中也肯定会有生命周期的特征体现出来，并且会随着项目的进程发展，产生关联的联动。

2）影响性

项目文化在很大程度上受企业文化的积极促进，并且从企业文化中诞生出来，因此项目文化与企业文化一定有会形成相互影响的关系。

3）独特性

项目文化一般具有个性、不重复等特征，而不是简单拿来就可以使用的。由于项目涉及的资源、环境、目标、成员都不尽相同，项目的文化建设必然要独具特色，实事求是，并根据项目的实际情况来改变。

4）困难性

项目文化的发展实践是要根据实际情况来进行调整，如果项目周期很短，那么项目文化的要求就必然更高，所以在一个较短的时期内完成项目的文化建设是比较困难的，有一定的困难性。

5）功利性

项目文化最终都是为了项目目标服务，这就要求项目文化针对项目的具体情况，对有利于项目的因素进行推动和倡导，并在较短时间发挥它的积极作用，所以说，项目是一种有功利性的商业文化。

6）针对性

项目文化建设活动要有针对性，活动内容因时、因地制定，要达到全员参与、统一步调，凝聚情感、责任，争先创优，增强爱心，发挥组织优势，尊重彼此习俗、宗教，增强主人翁意识、团队意识等目的。

（2）项目文化的作用

文化管理与营销是企业经营活动、企业管理中的最高地位的体现，突出体现文化管理和文化营销这两大方面，在创建项目文化的时候就显得十分必要。

1）项目文化和项目管理都是以工程项目为基础，工程项目给实施企业带来经济效益，项目文化和项目管理融合在一起，能够为企业带来直接的社会效益和良好的经济效益，从而体现了文化管理是企业管理的最高载体。

2）有效的工程项目是企业赖以生存和发展的命根子。良好项目文化的搭建，能直接带来后续工程项目的承建，能更多、更好地增加企业的发展空间与机会，能有效地促进企业的品牌传播和形象提升，项目文化能把文化营销的功效体现得淋漓尽致。

（3）项目经理是项目文化的主宰

企业任命什么样的项目经理，就会带领出什么样的项目团队，从而也就会表现出相应的项目文化。项目经理不仅仅在项目管理和项目建设上能够发挥巨大的作用，而且也可以营造出独具自身特色的项目文化。

从这个方面上来说，项目经理的称呼不只是一种表面现象，更是文化蕴含的一种体现。作为这种表象，项目经理文化是社会主义市场经济下的、高科技信息时代以及建筑行业不断进步的产物。项目经理应当归属于现代社会团体中一个特别层次的存在，这个层次的人员具有与众不同的行为方式、思想方式和价值观展现。

项目的成功与失败不单纯是由项目经理的综合素质来决定的，更取决于项目成员对项目文化氛围的营造。企业项目文化的发展，要根植于底层员工的基本核心价值观，寻求具有核心凝聚力、向心力的优良价值系统，把员工和项目文化管理理念融为一体，以此能够使其发挥巨大的力量和丰富的智慧。

作为项目的管理者，应当从大众心理上入手，尤其是核心管理层的基本需求。在当今信息高速发展的社会，项目组成员普遍存在参与项目中的热情与获得项目成功的强烈渴望。项目管理者应当竭尽所能去满足员工的这一需要，形成一种既有民主，又有集中，既有社会主义核心价值观，又有现代人普遍具有的个人价值体现的公司项目文化建设新局面。

（4）建设工程项目文化现状

当前我国建筑业项目文化建设工作参差不齐，绝大多数企业把文化建设狭隘地理解为思想政治教育和道德文明建设，将项目文化建设与文化活动混为一谈，认为文化就是娱乐、健身、对外宣传、形象包装以及所谓的格言、锦句的提炼等。有的企业则把文化建设的概念过于虚化，认为企业的一切都是文化。这与当前市场要求的诚信、和谐、创新和以人为本的主流理念存在一定差距，严重地制约了企业的发展。

1）营造和谐环境，创建和谐文化

创建和谐社会，其基本核心在于和谐。和谐社会的主要成分是和谐企业。创建和谐企业有三个方面，首先是个体和谐，个体和谐靠先天养成，也就是说我们企业中的每个人自身都是和谐的，德、智、体全面发展，正如毛泽东主席曾经讲过的，“做一个高尚的人、纯粹的人，脱离了低级趣味的人、有益于人民的人”。其次是人与环境的和谐。人与环境的和谐靠建设，要努力为职工营造好的工作环境，好的生活环境，让大家感到舒适、安逸、有归属感。最后是人与人的和谐。人与人的和谐靠制度建设，制度体系的完善，分工的到位，就会从根本上杜绝矛盾和冲突，使得各个层面都能够和谐运行。

项目和谐文化建设，尤其应注重现场和谐、管理层与劳务层的和谐、劳务层与劳务层之间的和谐。建筑业实行项目管理模式已有 30 多年，可以说各方面、各层次管理已日渐成熟，管理人员素质、技术水平已基本到位。其关键一点在于管理层与劳务层之间的配合机制以及劳务层的教育机制，这是项目管理的难点，也是未来强化管理的重点之一。不能回避劳务层的素质问题，在某种层面上，安全事故、质量事故、聚众闹事等，不完全是由于管理不到位，其实质在于现场教育跟不上，管理氛围不和谐和人员素质低下。因此，现场和谐文化建设至关重要，要充分发挥党政工团以及群众组织的作用，充分利用好文体、卫生、教育等民间活动阵地，以人为本，实实在在地关心劳务作业人员的工作、生活，处处为他们着想，加强管理与劳务的深层次沟通，营造一种和谐的现场文化氛围。

2）加强制度建设，规范项目行为

“没有规矩，不成方圆”。加强项目文化建设，必须强化制度建设。制度是行为规范的原则，制度是意识净化的标准，制度是激情动力的指向，制度是工作质量的保证。无论是管理层还是劳务作业层，无论是价值观念的统一还是行为举止的规范，都需要科学、合理、健全的制度体系。在企业文化研究工作中可以制定一些《理念识别规范手册》《员工行为规范手册》等，从企业宗旨、核心理念、市场观、质量观到职业道德、工作纪律，甚至基本礼仪进行严格规定，让广大员工有规可依，立矩必依。当今社会处于制度管理时代，作为项目管理人员，要在制度建设上下功夫，要善于制定制度，善于执行制度，善于用制度管人管事，而并非人管，人管的时代是落后的时代。要在项目内部建立理念制度、文化制度、学习制度、工作制度、行为制度、服务制度、形象制度、品牌制度和诚信制度，要让制度促进文化，要让制度保障运行，要让制度提升层次。

3）注重人才教育，提高职工素质

“百年大计，教育为本”，企业的发展，人才是关键，要善于培育人才，利用人才，发掘人才。人才素质的提高，核心在于教育。要从长远的高度，从可持续发展的层面形成人才教育体系。要在企业内部营造学习氛围，形成全面教育机制。要注重直接教育和间接教育相结合，例行常规和潜移默化相结合，思想政治和业务工作相结合。从技术到管理、从安全到质量、从思想到行为加强各层次人员的全方位教育工作，确保职工素质的综合提高。尤其项目管理层要千方百计地做好劳务作业层的教育工作，让大家了解项目，理解管理，端正态度，全心投入，干好自己应干的工作。从大局和项目的整体利益出发，体现自身价值。分清善恶，明辨美丑，培育高尚的为用户服务、为社会服务的思想情操。和谐工作氛围，和谐生活氛围，营造理想的项目运行环境，确保安全，确保健康。

4）塑造项目品牌，扩大社会影响

企业战略的重要方面在于品牌战略，品牌决定生存，品牌主宰市场，品牌影响成败。人要有品牌，组织要有品牌，企业更得要有品牌。品牌是形象，品牌是质量，品牌是认可，品牌也是实力。建筑企业品牌的核心是项目品牌，项目品牌的主体是现场，现场的关键是管理和文化。

抓好现场管理，规范现场行为，保证实施过程和项目成果的高质量是品牌树立的根本。社会大众认可企业，首先认可的是项目，认可项目的第一直观是现场。通过现场人员的文明行为、文明语言、文明标识、文明宣传和建筑公害的有效处理、工程周边的环境保护以及实实在在的工程质量来定位企业和项目的品牌，我们要相信，群众的眼睛是亮的，舆论的影响力是大的，应当始终坚持“干一个项目，树一座丰碑，创一个品牌，占一方市场”的经营理念，从长远发展的高度做好每一项工作。

5）强化诚信意识，健全服务体系

诚信是中华民族的优良传统，服务是企业经营的根本宗旨。中国人历来诚信传家，但随着市场经济的深入开展，社会风气出现了不尽如人意之处，作为建筑业应当加强诚信文化建设。诚信是一个广义的概念，可以分为诚和信两个方面：诚，是诚恳、诚挚、诚实，即为人诚恳，待人诚挚，处事诚实；信，是信用、信誉、信心，即讲究信用，注重信誉，树立信心，这几者缺一不可。无论是企业还是项目，无论是经营管理人员还是劳务作业人员，都应当秉承诚信经营、以义制利，注重信用，言必信、行必果，最大限度地满足发包人和用户的需求，诚信待人，团结同事，取信于所有的合作方，共同营造和谐的项目文化环境。

此外，还应当健全各个层次的服务体系，包括为社会服务，为企业服务，为项目服务；服务于发包人，服务于用户，服务于广大职工。从管理理念到制度制定和执行落实，都应强化服务意识，注重服务质量。

面对飞速发展的社会格局，面对知识经济和全球经济一体化的挑战，工程项目文化建设是 21 世纪工程项目建设的内在需求；是体现工程建设项目新思想、新观念的唯一途径；是增强项目活力、提高市场竞争力的切实需要；是发挥员工积极性、挖掘智慧的力量源泉；是增强员工凝聚力和向心力的有力措施；是团队精神的最佳塑造形式；是提高项目管理水平、提高管理效益的最佳机制；也是营造和谐氛围和良好环境的可靠保证。因此，建筑业企业应当把文化建设作为一项重要工作，常抓不懈、创新发展，努力提升项目管理与治理水平。

参考文献

[1] 丛培经，贾宏俊等．工程项目管理［M］．北京：中国建筑工业出版社，2017.

[2] 成虎等．建筑工程合同管理与索赔［M］．南京：东南大学出版社，2020.

[3] 郑卫国．建筑工程行业建设项目合同管理问题的分析与研究［J］．济南：科技信息．2012（11）.

[4] 宁锋霞．项目管理中采购成本如何管理［J］．北京：现代商业，2009（04）.

[5] 李金纯．工程项目管理策划与工程分包控制［J］．昆明：民营科技，2011（10）.

[6] 谷东育．项目管理公司的采购管理［J］．北京：建设监理，2014（04）.

[7] 李宇松．建设工程项目风险管理研究与实践［D］．吉林大学，2014.

[8] 杨志军．建筑工程的风险控制研究［D］．大连理工大学，2003.

[9] 崔星．建筑工程项目中基于供应链管理的物料采购管理研究［D］．浙江工业大学，2012.

[10] 田波．建筑供应链环境下的工程项目采购管理研究［D］．合肥工业大学，2008.

[11] 朱馥．建设项目全过程造价管理存在的问题及对策［J］．北京：科技资讯，2008（19）.

[12] 范舒．工程项目造价全过程控制研究［D］．西南财经大学，2013.

[13] 叶宏．建筑企业项目成本控制思路［J］．北京：科技创新导报，2009（34）.

[14] 史建峰．建设工程管理有效性分析及研究［J］．南昌：江西建材，2017（13）：267+271.

[15] 张启志．基于计算机信息技术在建设工程管理中的探讨［J］．北京：电子测试，2016（07）：76−77.

[16] 台双良，李青灿，刘洋，王金双．建设工程管理师执业资格设置研究［J］．哈尔滨：工程管理学报，2014，28（02）：37−40.

[17] 许炳，于浩．基于平衡记分卡的建筑施工企业项目管理绩效评价研究［J］．北京：建筑经济，2008.

[18] 周澍．基于 DEA 的项目监理机构管理绩效评价模型应用研究［D］．厦门大学，2009.

[19] 龙剑雄．EPC 总承包模式下工程项目采购管理模式及绩效评价研究［D］．西安建筑科技大学，2011.

[20] 王亮东．跨流域调水工程项目建设管理模式的选择与管理绩效评价［D］．河海大学，2006.